iD 실내건축시공학

김형대 저

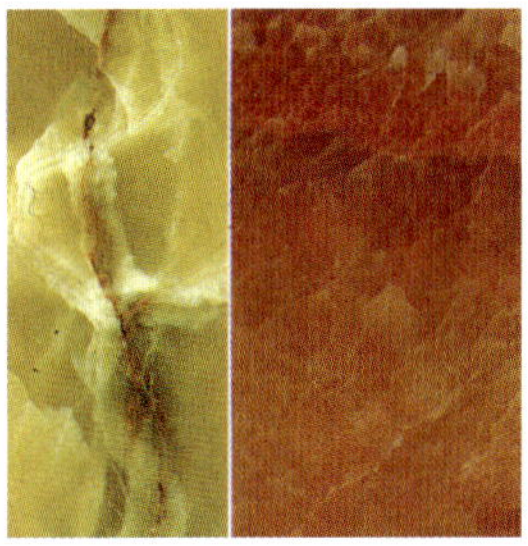

머리말

국민소득 1천불 시대가 넘어가며 실내환경에 대한 인식이 많이 변화함에 따라 실내건축도 많은 발전을 가져왔다. 이러한 발전은 아파트의 실내를 고급화시켰으며, 식당 · 의류점 · 극장 등 상업공간의 인테리어를 선진국 수준에 이르게 했다. 요즘 한국의 실내건축시공 수준은 세계적 수준에 이르렀으나 현장견학의 한계, 교수자료 확보의 미비, 건축시공 교재에 의존하는 실내건축시공 교재 등의 이유로 학교에서의 실내건축 시공 교육은 실무에 부응하지 못하고 있는 실정이다.

이 책은 이러한 문제점을 보완하기 위하여 실내건축시공에 부응할 수 있는 내용으로 집필했다. 학생들이 실내건축시공 방법을 쉽게 이해할 수 있고, 실무 적응에 큰 무리가 없도록 많은 **현장사진 · 재료 · 공구 및 장비 · 상세도**와 함께 기본적인 **이론**을 기술했다.

이 책이 부족한 점은 있지만 배우는 학생들에겐 이해되기 쉽고, 가르치는 교수들에겐 가르치기 좋은 책이 되길 바라는 마음이다.

이 책 저술을 위한 자료수집에 도움을 준 (주)계선의 최명구 상무님과 관계자 여러분, 제자 표기준, 김대원에게 고마움을 표하며, 출판에 애를 많이 쓴 기문당 편집부의 직원들과 강해작 사장님께 감사를 드린다.

2006년 1월

서울 연지골에서

김 형 대

CONTENTS

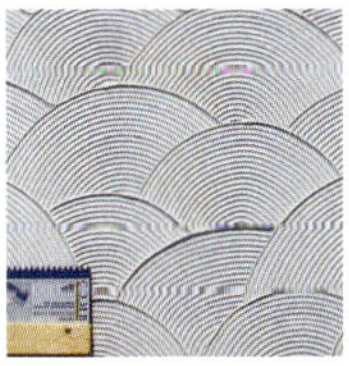

CONTENTS

CONTENTS

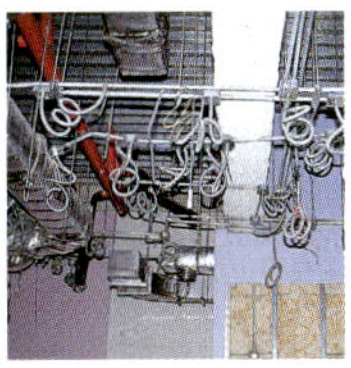

CHAPTER 1

실내건축시공 총론

1.1 개 요

1.1.1 실내건축시공의 의의와 목적

1. 실내건축시공의 의의

실내건축시공이란 실내건축설계도에 의해 지정된 구조·시공방식에 따라 우리들의 생활에 편리하고 아름다운 실내건축물을 생산하는 일체의 기술적, 경제적, 예술적 활동과정을 말한다. 즉 구조·기능·미(건축의 3요소)를 갖춘 가장 경제적으로 가장 빠른 기간 내에 가장 견고하게 구축하는 실내건축기술을 실내건축시공이라 한다.

2. 실내건축시공의 목적

실내건축물에 대한 요구는 시대와 민족에 따라 다르며, 각 개인의 경제사정·사용목적 등에 따라 다르게 되나 건축의 구조, 기능, 미, 경제, 위생 등의 기본적인 5요소는 어떤 건축물에 있어서도 반드시 필요한 공통적 요소라고 할 수 있다. 이러한 인간의 실내건축물에 대한 여러 욕망과 건축기본 5요소에 대하여 가장 좋은 결과를 제시하는 것이 실내건축시공의 목적이다.

1.1.2 건축구조의 분류와 하중의 분류

1. 건축구조의 분류

● 건축구조의 사용 재료에 따른 분류

① **나무구조(목구조)** : 목재를 접합 연결하여 뼈대를 구성하고 접합부분은 철물로 보강하여 내구적으로 한 것이다.

② **벽돌구조** : 벽돌을 쌓아 구축한 것으로, 바깥 벽은 판석·타일·페인트 등으로 마감하거나 붉은 벽돌로 치장쌓기를 한다. 바닥 슬래브는 대부분 철근콘크리트조로 한다.

③ **시멘트블록 구조** : 블록을 쌓아 구축한 것으로, 벽돌구조에 비해 공사가 빠르고 공사비가 적게 든다.

④ **돌구조** : 돌을 쌓아올려 벽체를 구성한 것으로서, 모두 돌만 써서 마무리할 때도 있으나 보통은 콘크리트벽 또는 시멘트 벽돌 벽면에 판석을 붙인다.

⑤ **철근콘크리트 구조** : 철근을 조립하고 바깥쪽에 거푸집을 조립한 다음, 여기에 콘크리트를 부어 경화시켜서 일체적으로 만든 구조이다. 내구, 내화, 내진상 가장 완전한 구조체이다.

⑥ **철골 구조** : 형강을 볼트조임과 용접으로 조립한 구조이다. 큰 스팬의 구조가 가능하다. 고층건축에 주로 쓰인다.

⑦ **철골 · 철근콘크리트 구조** : 철골조의 각 부분을 철근콘크리트로 피복한 구조이며, 내진상 가장 완전한 구조체이다.

구성양식에 의한 분류

① **조적식 구조** : 벽돌구조 · 시멘트블록 구조 · 돌구조와 같이 하나하나의 재료를 모탈을 써서 쌓아올린 구조이다. 이 구조는 교착도가 전 구조체의 강도를 좌우한다.

② **가구식 구조** : 목구조 · 철골구조와 같이 긴 부재를 조립하여 구축한 것으로서, 각 부재의 짜임새나 접합상태에 따라서 건축의 강도가 좌우된다.

③ **일체식 구조** : 철근콘크리트 구조, 철골 · 철근콘크리트 구조와 같이 전 구조체가 일체가 되게 철근 · 철골에 콘크리트를 부어 만든 것으로, 각 구조부분이 모두 균등한 강도를 낼 수 있는 가장 합리적인 구조이다.

시공과정에 의한 분류

시공할 때에 물을 사용하느냐의 여부에 따라 다음 두 가지로 분류할 수 있다.

① **습식 구조** : 미장 또는 철근콘크리트에서와 같이 시공할 때 시멘트를 사용하므로 물을 사용하는 공정을 가진 구조이다.

② **건식 구조** : 뼈대를 가구식으로 하여 경량철골 · 철골 · 조립재 등을 짜 맞추는 구조로서, 시멘트를 사용하지 않으므로 물을 사용하지 않는 구조이다.

2. 하중의 분류

하중(Load)은 건축물에 작용하는 외력을 말하며, 건축물은 규모와 높이, 건물 내부와 외부의 상황에 따라 다른 하중을 받는다.

장기하중

① 고정하중(정하중) : 건축물 자체의 무게

② 적재하중(이동하중) : 사람, 가구, 물품, 기계 등의 무게

③ 건설하중(시공하중) : 건설시 자재, 장비 등의 임시적 무게

● 단기하중

① 풍하중 : 최대기록 풍속에 의한 하중

② 적설하중 : 최대기록 적설고에 의한 하중

③ 우수하중 : 최대기록 강우량에 의한 하중

④ 지진하중

⑤ 온도하중

(A) 정하중 : 고정하중

(B) 동하중 : 적재하중, 충격하중

1.1.3 건축시공의 현대화를 위한 요소

① 단순화(Simplification) ⎫
② 전문화(Specialization) ⎬ 3s
③ 규격화(Standardization) ⎭
④ 시공의 기계화

⑤ 건식화

⑥ 시공기술 개발

⑦ 도급 현대화

⑧ Q.T.C 만족(Quality, Quantity, Time, Cost)

1.1.4 공사발주관계자

1. 실내건축주 (Owner · Client)

도급공사에 있어서 주문자로 계약서상에선 「갑」이라 칭한다. 공사의 발주처이다.

2. 공사관리자 (Inspector)

공사감독이라고도 하며, 도급자가 설계도서와 시방서에 따라 공사를 충실히 완수할 수 있도록 공사를 감독한다.

1.1.5 도급자 (Contractor)

공사의 시공을 맡은 사람(시공회사)을 도급자라 하고 원도급자, 재도급자, 하도급자 등으로 분류할 수 있다. 도급자는 적정(최소)한 공사비와 노력으로 가장 우수한 실내건축공사를 생산해야 한다. 도급자는 공사 중 인접구역에 피해를 주었으면 피해보상의 책임을 지며 현장 안전관리에 대한 손상도 책임을 진다. 계약서상에선 「을」이라 칭한다.

1. 원도급자 (Main contractor)

건축주와 직접 도급계약을 하고 자재 구입, 노무동원 등 일체의 현장시공업무를 책임지고 시행하는 도급자를 말한다. 그러나 원도급자는 다시 공종별로 하도급자에게 시공시키고 전체 공사를 감독하는 것이 일반적이다.

2. **재도급자 (Recontractor)**

도급공사의 전부를 건축주와는 관계없이 원도급자에게 도급받아 공사를 시행하는 도급자를 말한다. 현 건설업법에서는 공사 전부를 재도급주는 것은 금지되어 있다.

3. **하도급자 (Subcontractor) – 협력업체(단종업체)**

원도급자에 종속되어 직종별(목공, 도장, 타일 등) 전문업자에 의한 하도급 제도로 시행되고 있다.

1.1.6 노무자 (Laborer)

건설 노무자는 공사현장에서 주로 육체적 노동을 하고 보수를 받는 사람으로서 각 직종별로 숙련공, 조력공으로 구분된다.

● **고용형태는 다음과 같다.**

① 정용노무자 : 하도급자에 고용되어 있고, 그 전문직의 공종장(반장)을 중심으로 한 기능노무자이다.

② 직용노무자 : 원도급자에 직접 고용되어 임금을 받는 노무자이며 잡역 등의 일을 한다.

③ 임시고용노무자 : 미숙련 날품 노무자로서 주로 보조노무자이고 임금도 싸다.

● **임금 형태는 다음과 같다.**

① 정액 임금제 : 기성고에 관계없이 근로시간 또는 근로일수에 따라 임금을 지불하는 것이고, 작업의 품질 향상은 기대할 수 있으나 노무관리 · 능률증진에는 불합리하다.

② 기성고 임금제 : 작업 수행량에 따라 임금이 지불되는 일종의 도급임금제로 능률 향상은 기대할 수 있으나 작업 정밀도는 저하될 우려가 있다.

1.2 공사 실시, 입찰, 계약 방법

공사를 실시할 때에는 도급방식으로 하거나 직영방식으로 한다. 일반적으로 도급방식이 행해진다.

1.2.1 직영공사

건축주가 계획을 세우고 직접 재료 구입 · 공종별 하도급자 동원을 하여 일체의 공사를 건축주 책임으로 시행하는 공사방식이다.

장점 : ① 도급경쟁의 피해 등을 피할 수 있다.
② 공사관리를 잘 할 경우에는 공사비가 절약된다.

단점 : 재료의 낭비 또는 잉여, 시공관리 능력 부족 등으로 공사비 증대와 함께 공사기일도 연장되기 쉽다.

1.2.2 도급공사(도급의 분류)

공사실시방식에 따라 일식도급, 분할도급, 공동도급으로 나뉜다.

1. 일식도급(총괄도급)

실내건축공사 전부를 도급자에게 맡겨 공사에 필요한 재료 · 노무 · 현장시공업무 일체를 일괄하여 시행시키는 방법으로 현행 방법 중 가장 일반적인 방법이다.

장점 : ① 계약 및 감독이 간단하다.
② 공사비가 확정되고 공사의 시공 책임한계가 명백하다.

단점 : ① 도급자의 이윤이 가산되어 공사비가 증대된다.
② 공사의 질이 직영에 비해 떨어질 수 있다.

2. 분할도급

총괄도급자의 하도급에 많이 이용되며, 각 공종별(목공사, 타일공사, 전기공사 등)로 세분하여 도급주는 방식이다.

장점 : 전문공사 업자(협력업체)의 기술이 강화되고 복잡한 공사내용이 전문화되어 공사의 우수성과 확실성을 기대할 수 있다.

단점 : 공사 전체 관리가 복잡하다.

3. 공동도급 (Joint Venture · Consociam)

2개 이상의 회사가 공동출자하여 기업체를 조직해서 한 회사의 입장에 서서 공사를 맡아 시공하는 방식으로 기술, 자본 및 위험 등의 부담을 분산 · 감소시킬 목적으로 생긴 것이다.

장점 : ① 기술, 자본, 위험부담의 분산 · 감소
② 기술의 확충, 강화 및 경험의 증대
③ 공사계획과 시공이행의 확실

단점 : 현장관리의 곤란

1.2.3 도급금의 분류

공사비 지급방법에 따라 정액도급과 실비정산식 도급으로 나뉜다. 일반적으로 정액도급이 행해진다.

1. 정액도급(총액도급)

공사비 총액만을 결정하고 경쟁입찰에 부쳐 최저 입찰자와 계약을 체결하는 것이다.

장점 : ① 공사관리 업무가 간단하다.
② 경쟁입찰로 공사비를 절약할 수 있다.
③ 총공사비가 판명되어 실내건축주가 자금 예정을 할 수 있다.

단점 : ① 최저 입찰가격이 반드시 합리적인 최저가격이 아닐 수도 있다.
② 공사변경에 따른 도급금액의 증감이 곤란하고, 이로 인해 실내건축주와 도급자 사이에 분쟁이 일어나기 쉽다.
③ 이윤관계로 공사의 마지막이 조악해질 우려가 있다.

2. 실비정산식 도급

직영 및 도급제도 중에서 장점만을 택한 제도이다. 이 제도는 실내건축주 · 실내건축시공자가 공사에 소요되는 실비와 이것에 대한 보수를 미리 협의하여 정한 후 공사진행에 따라 미리 결정해 놓은 공사비를 건축주로부터 받아 하도급자에게 지불하고 이에 대한 일정 비율의 이윤을 받는 방식이다.

장점 : ① 실내건축주, 시공자가 서로 신용을 지킬 경우 우수한 공사가 된다.
② 시공자는 불의의 손해를 입을 우려가 없으므로 양심적이고 우수한 공사를 할 수 있다.

단점 : 시공자가 비교적 안심하여 공사에 임하게 되므로 공사기간이 연장되고 공사비가 증가할 수 있다.

Turn-key base 도급

시공회사가 금융, 설계, 시공, 시운전까지 주문자가 필요로 하는 모든 것을 조달하여 주문자에게 인도하는 도급계약방식으로, 일반적으로 설계와 시공을 함께 맡아 시행한다. "건축주는 열쇠만 돌리면 쓸 수 있다."는 뜻에서 나온 용어이다.

장점 : ① 설계, 시공이 동일하므로 애로가 적다.
② 공사비의 절감과 공기단축이 가능하다.

단점 : ① 우수한 설계가 되기 어렵다.
② 과다경쟁으로 인한 덤핑의 우려가 있다.

1.2.4 도급업자 선정방식 (입찰의 분류)

1. 일반공개경쟁입찰

공개경쟁입찰이라고도 하며 인터넷 · 신문 · 잡지 등에 공사의 종류 · 입찰자의 자격 · 입찰규정 등을 널리 공고하여 입찰자를 모집하고 경쟁입찰을 시키는 방법이다.

장점 : ① 공사비가 적게 들고 정실개입이 적다.
② 응찰자가 많으므로 담합의 우려가 적다.
단점 : ① 부적격 업자에게 낙찰될 수 있다.
② 과대경쟁으로 공사가 조잡하게 되기 쉽다.

2. 지명경쟁입찰

실내건축주가 시공에 가장 적합하다고 인정되는 몇 개의 업체를 지명하여 경쟁입찰에 붙이는 것을 말한다. 지명을 할 때에는 시공회사의 자본, 신용, 과거실적, 기술능력 등을 상세히 조사하여 가장 적당한 업자들을 지명해야 한다.

장점 : ① 양질의 시공결과를 얻을 수 있다.
② 시공능력이 부족한 자에게 낙찰될 위험성이 적다.
단점 : 입찰자가 한정되어 있어서 담합의 우려가 있다.

3. 특명입찰(수의계약)

공사의 시공에 가장 적합하다고 인정되는 1명의 업자를 선정, 지명하여 입찰시키는 방법이다. 수의계약이라고도 한다.

장점 : 입찰수속이 간단하다.
단점 : ① 불순한 일이 발생되기 쉽다.
② 공사비가 증가할 우려가 있다.

1.2.5 입찰순서와 방법

1. 입찰과 개찰

① 건축주는 입찰에 붙일 공사를 인터넷 · 신문 · 잡지 등에 공고하여 널리 입찰자를 모집한다.(입찰공고)
② 입찰자로부터 등록을 받는다.(참가등록)
③ 현장설명(현설) 기일에 설명을 듣는다.(설계도서 교부, 현장설명, 질의응답)
④ 정하는 견적기간 내에 견적을 한다.(견적)
⑤ 정한 기일에 입찰을 한다.(입찰등록, 입찰)
⑥ 입찰자가 제출한 입찰서를 개찰한다.(개찰, 재입찰, 수의계약)
⑦ 낙찰자를 결정한다.(낙찰, 계약, 착공)

낙찰자를 결정하기 전 미리 명세내역을 꾸며 공사예정가격을 확정하여 두고 입찰금액이 그 이내인 자에게 낙찰시킨다. 입찰가격이 가장 낮은 자에게 낙찰시키면 무모한 경쟁을 할 수도 있으므로 미리 최저 가격을 설정하고 예정가격과 최저가격의 범위 내에서 최저 또는 입찰금액의 평균에 가장 가까운 자에게 낙찰시키는 것이 좋은 공사를 할 수 있다.

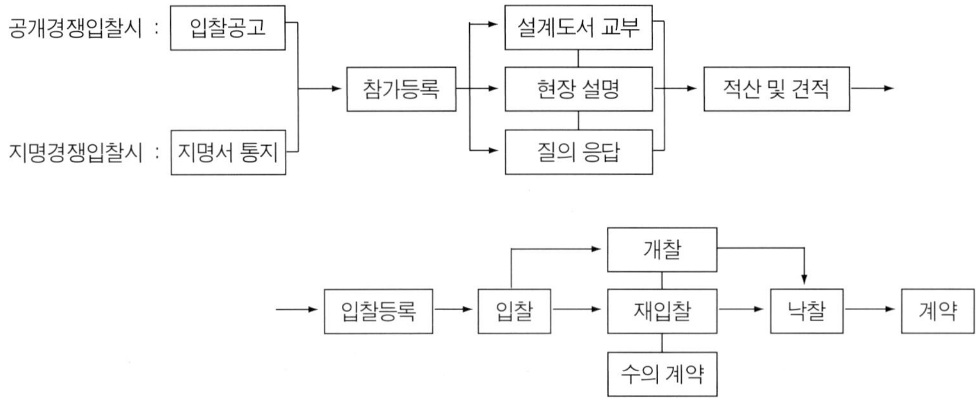

견적

견적이란 공사에 소요되는 비용을 대강 산출하는 작업을 말하며, 설계도서를 받고 현장 설명을 들은 후 입찰할 때까지의 기간을 견적기간이라 한다.

입찰자는 입찰도서와 현장설명서에 의해 적산 및 견적으로 입찰가를 추정한다.

입찰공고 내용

① 공사명칭과 장소

② 설계도서 열람장소

③ 입찰보증금

④ 입찰자격

⑤ 입찰방법

⑥ 현장설명 일시 및 장소

⑦ 낙찰에 관한 사항

⑧ 유의사항

개찰

① 개찰이란 입찰의 결과를 확인하는 작업으로 공개로 실시되는 경우와 비공개로 실시되는 경우가 있다.

② 개찰의 방법은 입찰 설명서에 기재된다.

③ 재입찰 : 개찰 결과 입찰가격이 예정가격을 초과할 때에는 일정기간 후 희망자에 한하여 재입찰한다.

④ 수의계약(隨意契約) : 재입찰 후에도 예정가격 초과시 최저입찰자로부터 순차적으로 교섭하여 희망자와 예정가격 이내로 계약을 체결한다.

낙찰자 선정방법

① 최저가 낙찰제

예정가격 범위 내에서 가장 낮은 가격(최저가격)으로 입찰한 자를 선정하는 방법으로 덤핑으로 인한 부실시공이 우려된다.

② 저가(低價) 심의제

예정가격 85% 이하 업체 중 공사 수행능력을 심의하여 선정하며 공사비 내역, 공사계획, 경영실적, 기술경험 등 전반에 대한 심의 후 결정하는 방법이다.

③ 부찰제(제한적 평균가 낙찰제)

예정가격과 예정가격의 85% 이상 금액의 입찰자 사이에서 평균금액을 산출하여 이 평균금액 밑으로 가장 접근된 입찰자를 낙찰자로 선정하는 방식이다.

공사의 질 및 유지에 안전한 방법으로 부정입찰의 소지가 적다. 관공사 등에서 많이 행해진다.

④ 적격(適格) 낙찰제도(적격심사제도)

입찰가격·기술능력을 포함한 종합적인 판단으로 최저가 입찰자를 낙찰자로 선정하는 제도이다.

2. 재입찰, 재삼입찰

첫 입찰에서 예정가격 이내의 낙찰자가 없을 때 다시 입찰공고를 하여 희망자에게 입찰시키는 것을 재입찰이라 하며, 재입찰에서 낙찰자가 없으면 재삼입찰을 한다.

입찰심사 결과 낙찰자가 결정되면 발주자로부터 당해 낙찰자에게 그 뜻이 통지된다. 낙찰자는 낙찰통지서를 접수하고 그 내용을 받아들이면 이행보증금을 적립하는 등 정식계약을 위한 수속을 하고 소정의 기일과 장소에서 계약을 체결하게 된다.

3. 수의 계약

재입찰, 재삼입찰을 하여도 낙찰자가 없을 때에는 최저입찰자로부터 차례로 교섭, 계약조건과 공사비를 협의 조절하여 낙찰시킨다.

4. 입찰보증

낙찰이 되어도 계약을 체결할 의사가 없는 입찰자의 입찰 참가를 방지하기 위한 제도로 응찰자는 입찰보증금을 수표, 현금 등으로 입찰 전에 납입해야 한다. 입찰보증 금액은 입찰가에 대한 백분율로 지시하는 경우와 일정액을 지시하는 경우 등이 있는데 입찰안내서에 명시된 바에 따른다. 낙찰자가 계약을 체결하면 공사계약보증금으로 대체된다.

1.2.6 공사계약 체결과 계약서류

1. 계약체결

낙찰자가 결정되면 실내건축주와 도급자가 계약서류에 서명날인하면 법률적인 계약이 성립된다.

계약체결과 동시에 건축주와 도급자간에는 다음과 같은 권리와 의무가 발생한다.

① 실내건축주(**갑**)는 인테리어를 축조시킬 것과 완성된 인테리어를 취득할 권리를 갖고, 계약 내용에 따라 공사비 지불의 의무를 갖는다.

② 도급자(**을**)는 실내 설계도서에 따라 공사완성의 의무를 지고, 계약에 의한 공사비 청구의 권리를 갖는다.

2. 계약서류

공사도급계약서에는 도급계약서, 공사도급계약 약관, 설계도서, 시방서, 내역서(공사비 내역명세서), B.Q.(Bill of Quantity), 현장설명서, 질의응답서 등을 2통 작성하여 건축주와 도급자가 각각 1통씩 보관하도록 한다.

도급계약서의 내용

① 공사내용(도면, 시방서)
② 도급대금액
③ 착공시기와 완공시기
④ 도급액의 지불시기와 지불방법
⑤ 설계 변경 및 공사 중지시 도급액 변경과 손해부담
⑥ 천재지변으로 인한 손해부담
⑦ 물가변동에 따른 도급액
⑧ 제3자가 입은 손해부담
⑨ 검사 및 인도시기
⑩ 하자보수기간
⑪ 도급자 및 실내건축주의 불이행 문제
⑫ 계약위반시의 분쟁해결 방법

1.2.7 도급금액 지불방법

1. 전도금

착공금이라고도 하며 실내건축주가 도급자에게 공사 착수 전에 상당액(도급금액의 1/3~1/5 정도)을 지불하는 것을 말한다. 전도금 지불은 도급자의 공사비 부담을 절감시켜 도급자가 공사를 진행하는 데 편리를 제공한다.

2. 기성고

기성불 또는 중간불이라고도 하며, 계약과 동시에 지불시기와 횟수를 정하거나 또는 공사의 진척에 따라 지불하는 방법으로, 공사총액 9/10를 한도로 하고 있다.

3. 준공불

공사 완성 후 준공검사(또는 사용검사)를 필하고 공사비 잔액 모두를 지불받는 것을 말한다.

1.3 공사계획

1.3.1 공사계획의 의의

공사를 원활하고 능률적으로 시행하기 위한 계획을 공사계획이라 한다.

실내건축공사는 각종 공사의 시공순서를 충분히 검토하여 공사중에 시공자재 반입 및 노무 동원이 중단되지 않도록 주도면밀하게 계획하여 공사계획을 수립해야 한다.

시공계획은 현장소장 또는 현장경험이 많은 기사가 결정해야 하며, 일단 정해진 공정은 시공 도중에 자주 변경되지 않아야 하며, 설계변경이나 현장의 사정으로 공정을 변경해야 할 때에 시공자는 설계자 · 실내건축주와 협의하여 조치를 취하도록 한다.

1.3.2 공사계획의 준비

공사계획을 수립하려면 먼저 설계도면, sample board, 자재수량 등을 충분히 파악하여 그 공사의 실정에 맞는 계획을 세워야 한다.

① 설계조사 : 설계도서를 여러 번 숙독하여 실내설계의 특징, 공사의 규모, 자재의 종류 등을 충분히 알아야 한다.

② 수량조사 : 타일공사량, 도장공사량, 무늬목공사량, 석고보드공사량, 벽돌공사량, 미장공사량 등 각 부분 공사의 공사량을 산출한다.

③ 기타 조사 : 해체공사량, 건물내 자재운반법, 폐자재 반출, 간이화장실 설치 여부, 급배수, 자재 공급, 노동력 공급 등을 상세히 조사해야 한다.

이들 중 특히 공사에 소요되는 공사순서, 하도급자(협력회사) 선정, 자재의 주문 · 반입 및 저장 등의 짜임새는 그 공사의 우열을 결정하게 되므로 충분한 준비를 해야 한다.

1.3.3 공사계획의 내용

공사계획의 궁극적인 목적은 실내시공을 빠르게, 좋게, 경제적으로 완성하자는 데 있는 것이므로 계획을 적절하게 수립되지 않으면 안 된다.

공사계획에서 취급되는 사항은 다음과 같다.

① 일반조사

㉠ 설계도서 파악 · 숙지

㉡ 공사내용 파악

㉢ 현장 제문제 파악

② 공정표 작성

③ 실행예산 산정

④ 자재계획 ⑤ 재해방지

⑥ 하도급자 결정 ⑦ 현장원 편성

위와 같은 사항에 대하여 조사해야 하며, 공사계획은 시공자의 임무 중에서 가장 중요하다는 것을 잊어서는 안 된다.

1. 현장원의 편성

도급계약이 체결되면 시공자는 우선 실내건축의 시공업무를 담당하는 현장조직인원을 선정해야 한다. 현장원의 편성은 공사의 우열과 시공자간의 이해관계에 중요한 요소가 되므로 신중히 해야 한다. 현장원의 편성에 있어 조직과 각 부서원의 수는 공사의 종류, 규모, 시공 정도에 따라 달라질 수 있다.

2. 실행예산의 편성과 조절

실행예산은 공사수량을 정밀히 계상하고 자재, 노무 등의 원가를 기입하여 공사원가를 산출한 공사실시의 예산서이다.

도급견적은 낙찰을 위한 경쟁입찰을 주로 한 것이라서 견적시간의 부족, 조사 미비 등으로 세밀하고 구체적인 검토를 하지 못한 것이 통례이므로 공사실시에 있어서 실제 가능한 예산을 새로 편성하여 시공시의 예산 기준이 되게 해야 한다.

따라서 실행예산은 엄밀한 검토를 하고, 발주종목별로 계약한 도급대금 내에서 이윤과 함께 공사가 완결될 수 있도록 계획을 수립해야 한다.

3. 하도급자의 선정

실행예산이 결정되면 시공자는 실행예산에 기준하여 각 직종별로 하도급자를 결정하게 되는데 직종별 전문하도급자는 일반적으로 노무자를 직접 지휘하여 공사를 완료하게 된다. 따라서 그 역량은 공사의 결과에 직접 영향을 주는 중요한 역할을 하므로 하도급자의 선정에 신중을 기해야 한다.

현재의 실내건축공사에 있어서 각 부분의 공사를 하도급인에게 실시케 한다. 따라서 공사의 양부는 하도급인과 숙련공의 능력에 의해 많이 좌우된다. 하도급인은 반장들에게 업무를 예속시키는 경우가 대부분이므로 하도급인의 능력은 반장들의 기술과 능력 여하로 지배되는 상태이다. 따라서 우수한 공사를 하기 위해서는 신용 있고 성실한 하도급인을 선정함은 물론, 유능한 반장들이 있는 하도급자를 선정해야 한다. 반장은 각기 자기의 전문기술에 능통하고, 많은 노무자를 통솔해 나갈 수 있는 능력과 열성을 가진 사람이어야 한다.

4. 재료의 선정 및 노력의 결정

재료는 노동력과 동시에 필요한 수량이 필요한 시간에 공급되어야 하고 시공중 재료의 부족이나 불량한 재료가 반입되었을 경우 등으로 공사의 진행이 중단되는 일이 있어서는 안 된다. 그러므로 재료를 주문할 때에는 필요한 수량이 제때에 차질 없이 공급될 수 있는지 자세히 조사하여 주문해야 한다.

재료의 선정에 있어서 주의할 점은 다음과 같다.

① 외관이 우수할 것.
② 규격이 정확할 것.
③ 물리적, 화학적으로 품질이 우량할 것.
④ 공사하기가 편리할 것.

공사착공 전 확인사항

① 도면 및 시방서 등에 표기된 공사개요
② 착공일자 및 준공일자
③ 공사계약금액 및 내역
④ 계약이행보증서 및 보험계약서 제출에 관한 사항
⑤ 공사대금 지급방법(현금, 어음 등), 공사진행별 대금지불 시기
⑥ 하자보증방법, 하자보증기간, 하자보증금액 등
⑦ 공사시공으로 인한 기능공 등 제3자가 입은 손해부담에 대한 사항으로 제3자 보험, 산업재해보험(산재보험), 공사보험, 근로자 재해보상보험 등
⑧ 설계변경에 따른 도급액의 변경 및 공기지연에 따른 지체보상금의 지급방법에 관한 사항
⑨ 물가변동으로 인하 도급금액의 변경에 따른 연동제에 관한 사항
⑩ 공사 중 천재지변 및 기타 불가항력 시에 대한 공사기간 연장, 손해부담액 등에 관한 사항
⑪ 설계변경, 기타 계약내용 변경시 정신에 관한 사항
⑫ 건축주가 자재지급시 그 내용과 방법에 대한 사항
⑬ 계약에 대한 분쟁 발생시 해결방법에 관한 사항
⑭ 가설울타리, 낙하물 방지시설, 보호망 등 작업시 안전시설에 관한 사항
⑮ 설계도서상의 작업범위와 기타 공사에 대한 작업범위
⑯ 준공검사 방법
⑰ 준공검사 시기 및 건축물 인도 시기

5. 공정계획의 의의 및 공정표 작성

(1) 공정계획의 개요

공정계획이란 공사계획을 기본으로 공사기간 내에 공사를 완성할 수 있도록 공사내용 및 공사규모를 확인하여 각 공정별 작업에 필요한 소요기간을 계산하고, 공정의 순위계획

Network 공정표

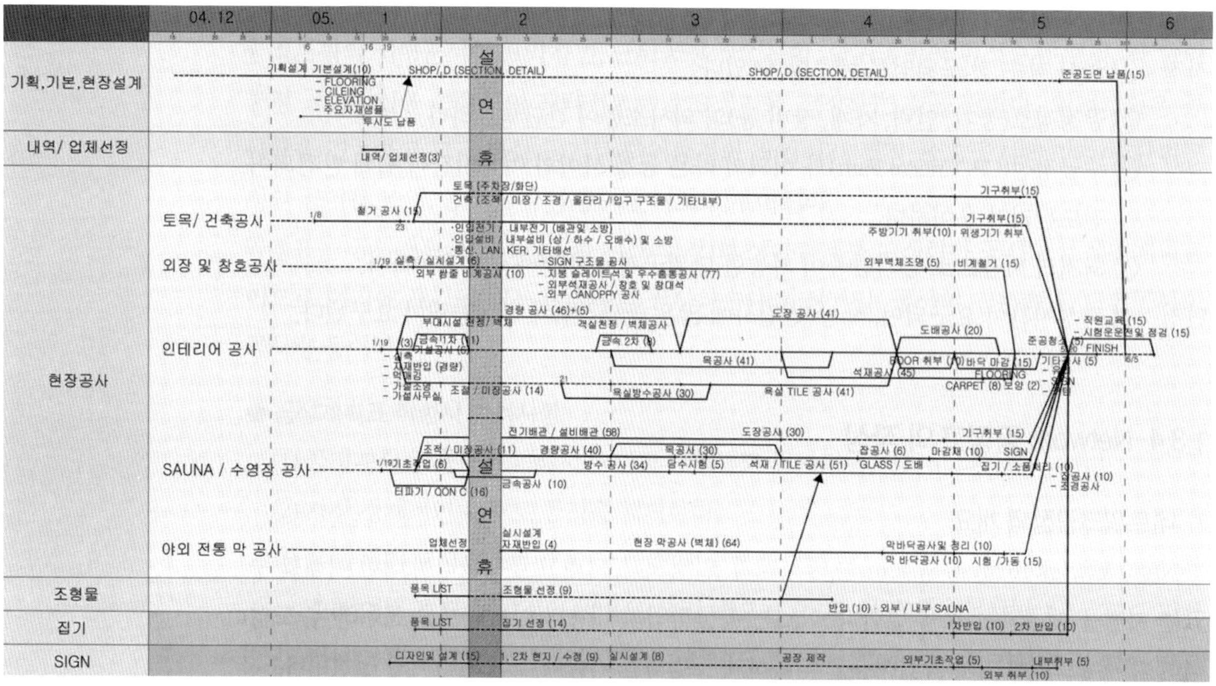

Bar chart 공정표(막대공정표)

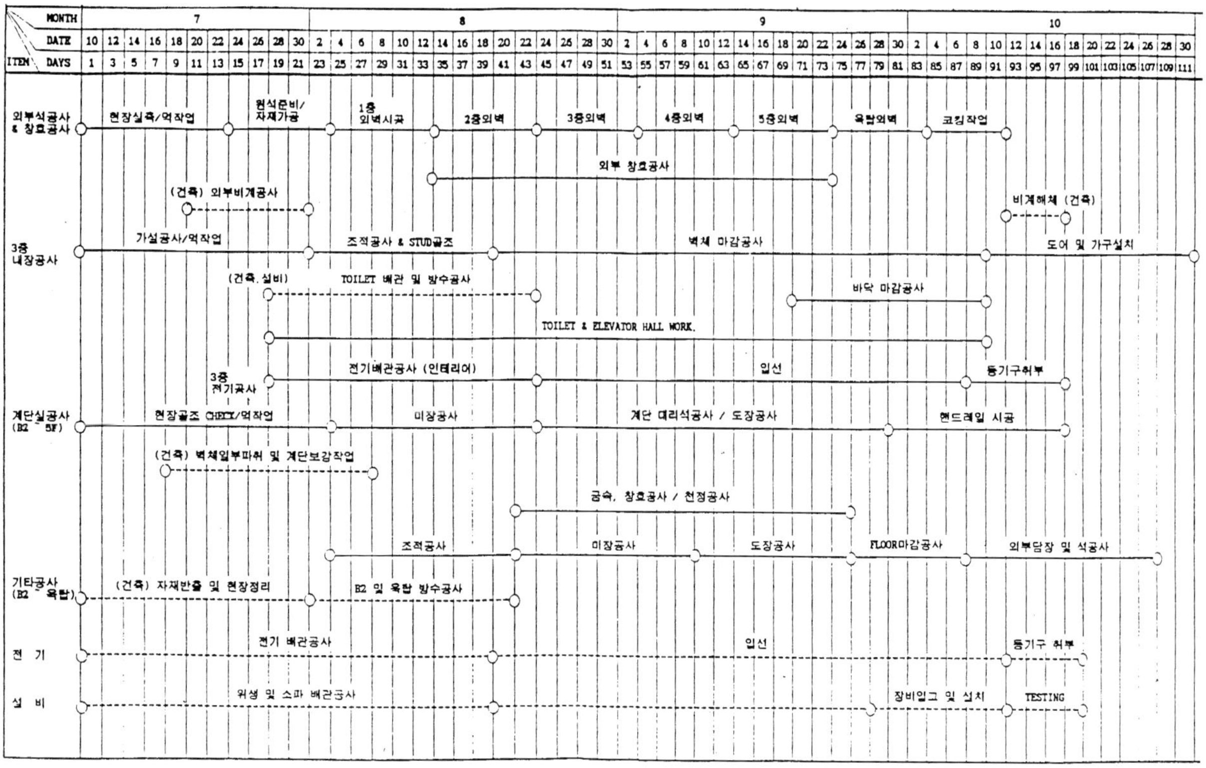

표 1-2 네트워크 용어

용어		내용
프로젝트	Project	네트워크에서 표현하고자 하는 대상공사
네트워크	Network	작업의 순서관계를 화살선(→)과 동그라미(○)로 표현하는 망상도
화살선형 네트워크	Arrow Type Network	화살선으로 작업을 나타내는 네트워크로서 일명 i-j 식 네트워크라고도 함
서클형 네트워크	Circle Type Network	동그라미 작업을 나타내는 네트워크로서 프리스던스식 네트워크라고 함
공 정 도		네트워크에 의한 공장관리용의 도표
타임 네트워크	Time Network	각 작업을 소요시간에 의하여 표시한 공정도
로직 네트워크	Logic Network	각 작업을 소요시간에 관계없이 표현한 공정도
작업, 활동	Activity, Job	전체 계획사업을 구성하는 하나 하나의 개별단위작업을 표시하며 시간과 자원을 필요로 함
패 스	Path	네트워크 중에서 둘 이상의 작업이 이어지는 경로
선행작업	Predecessor	앞에 있는 작업을 뒤에 있는 작업에 대하여 선행작업 또는 전공정이라고 함
후속작업	Successor	앞의 작업으로부터 후방의 작업을 볼 경우, 후속작업 또는 후공정이라고 함
모의작업, 더미	Dummy	화살형 네트워크에 있어서 바르게 표현하지 못하는 작업의 상호관계를 나타내기 위하여 사용하는 점선 화살선(PDM 네트워크에는 존재하지 않음)
결합점, 단계	Node, Event	화살형 네트워크에 있어서 작업(혹은 더미)과 작업을 결합하는 점 및 프로젝트의 개시점 혹은 종료점
소요시간	Duration	작업을 수행하는데 필요한 시간

표 1-3 일정계산 용어

용어		내용
시간견적		작업의 소요시간을 계산, 견적하는 것
일정계산 시간계산	Time Analysis	네트워크상에서 소요시간을 기본적으로 작업시간, 결합점시간, 공기, 플로트 등을 계산하는 것
작업시간		작업의 개시 또는 종료시간
가장 빠른 착수시간	Earliest Starting Time(EST)	작업을 시작하는 가장 빠른 시간
가장 빠른 종료시간	Earliest Finishing Time(EFT)	작업을 종료하는 가장 빠른 시간
가장 늦은 착수시간	Latest Starting Time(LST)	프로젝트의 공기에 영향이 없는 범위 내에서 작업을 가장 늦게 시작해도 좋은 시간

용　어		내　용
가장 늦은 종료시간	Latest Finishing Time(LFT)	프로젝트의 공기에 영향이 없는 범위 내에서 작업을 가장 늦게 종료해도 좋은 시간
결합점 시간	Node Time	화살선형 네트워크에 있어서 시간계산된 결합점의 시간
공　기	Duration	프로젝트를 수행하기 위하여 필요한 시간
잔 공 기	Remaining Duration	어느 결합점에서 종료 접합점에 이르는 최장패스의 소요시간
주공정선	Critical Path	공사의 소요시간을 결정할 수 있는 경로로, 최초의 작업으로부터 최종 작업에 이르는 공정중 시간적으로 가장 긴 공정들을 연결한 경로
결합점 여유	Slack	공사 최종 단계에 있어서 완료예정일을 변경하지 않는 범위 내에서 각 결합점에 허용할 수 있는 시간적 여유
작업여유	Float	공사의 전체 공기에 영향을 주지 않는 한도 내에서 각 작업에 허용되는 시간적 여유
총 여 유	Total Float TF=LS-ES	모든 선행작업이 가작 빠른 착수시간으로 착수되고, 또한 모든 후속작업이 가장 늦은 착수시간으로 착수될 때 이용 가능한 작업 여유시간
자유여유	Free Float	모든 작업이 가장 빠른 착수시간으로 작업될 때 해당 작업이 이용 가능한 여유시간으로, 후속작업에 영향을 주지 않는 여유시간

(2) 주요용어의 정의

1) 결합점(단계 : Event, Node)

결합점은 네트워크 공정표에서 작업과 작업간을 연결하는 단계로서 다음과 같은 구성요소를 갖는다.

① 작업의 시작이나 완료시점을 나타낸다.

② 다른 작업과의 연결시점을 나타낸다.

③ 공사 중에 뜻이 있고 주목할 만한 상태의 시점을 표시한다.

④ 시간이나 자원을 전혀 필요로 하지 않는다.

⑤ 일반적으로 동그라미(○)로 표시한다.

⑥ 각 결합점마다 번호를 부여하여 식별을 통한 관리에 변하도록 한다.

⑦ 결합점 번호에서 선행 결합점의 번호는 후속 결합점의 번호보다 작아야 하며, 작업의 편의성과 인식의 용이성을 위하여 동일한 분류가 가능한 Event끼리 묶어서 번호를 매기는 방법도 있다.

⑧ 네트워크의 개시점 및 종료점은 각각 하나씩 되도록 한다.

2) 요소작업(Activity)

① 프로젝트를 구성하는 하나하나의 단위작업으로 실제로 실시하는 활동

② 모든 계산 및 분석작업의 기본이 되는 것

③ 시간과 자원을 필요로 한다.

④ 전산화과정의 모든 정보는 Activity를 중심으로 제공된다.

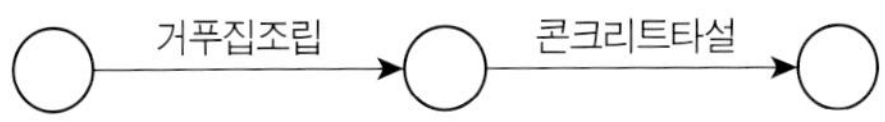

그림 1-1 Activity의 표현

3) 더미(Dummy)

더미는 점선 화살표(⋯▸)로 표기하며, 작업 상호간의 유기적인 연관성 및 작업의 분할 등을 표시한 것으로서 실제로 작업이 진행되는 것이 아니고 2개 이상의 작업이 행해지는 순서만 표시하는 것이다.

① 넘버링 더미(Numbering Dummy)

i-j 식 네트워크에서만 발생하는 명목상의 작업으로서 결합점과 결합점 사이의 중복을 피하기 위하여 사용하는 더미

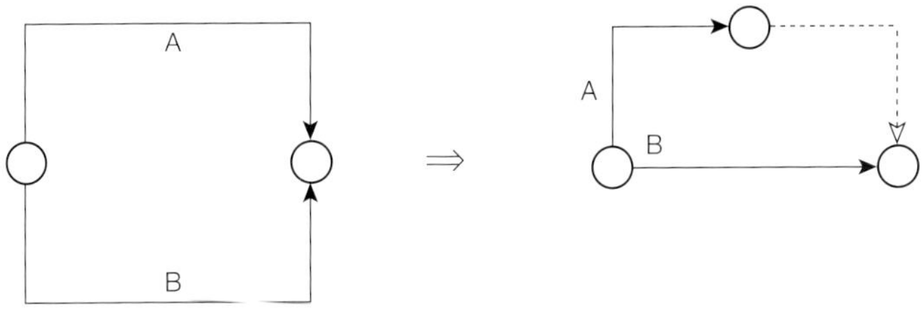

그림 1-2 넘버링 더미

② 로지컬 더미(Logical Dummy)

논리관계를 표현한 것으로 작업의 선후관계를 규정하기 위한 더미

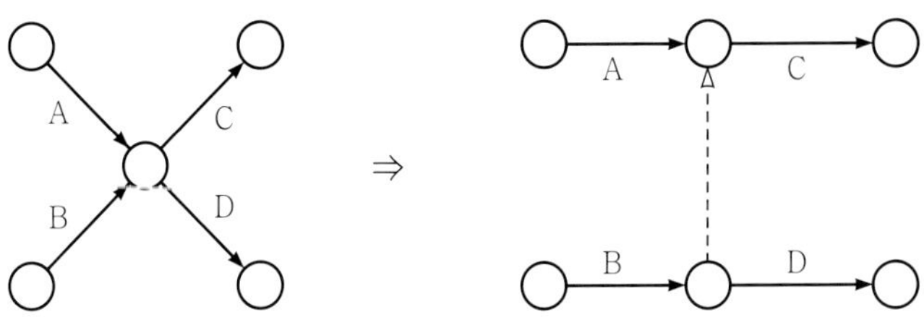

그림 1-3 로지컬 더미

③ 더미 잡(Dummy Job)의 표현방법

작업 D, E가 미경험공사이거나 신규개발공사(Activity)인 경우에 미래의 회사의 기술력 축적을 위하여 피드백(Feed Back) 하는 것을 Dummy Job(DJ)이라고 하고,

⇢과 같이 표기하며, DJ는 시간개념을 갖는다.

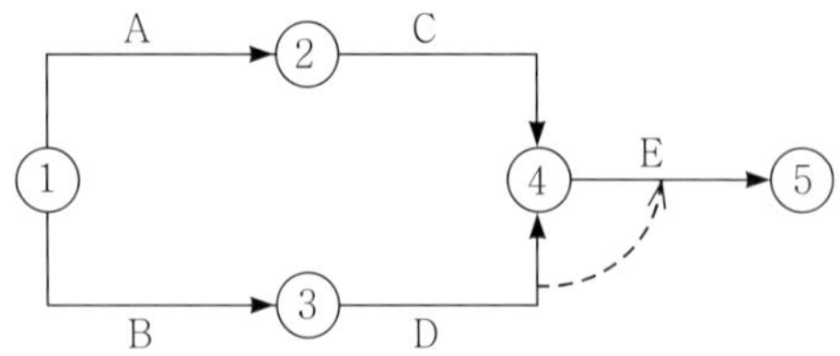

그림 1-4 더미 잡

(3) 네트워크 표현체계

네트워크 공정표에서 작업상호간의 관계라든지 전체적인 작도방법을 일정한 기법에 의거 함축적으로 표현하는 것은 공정관리의 효과를 극대화시킬 수 있다. 네트워크의 표현체계는 ADM방식(Arrow Diagram Method)과 PDM방식으로 대별할 수 있으나 여기에서는 ADM방식을 중심으로 알아보도록 하겠다.

화살선형 네트워크의 기본법칙은 다음과 같다.

① 네트워크는 하나의 개시점에서 출발하여 하나의 종료점에서 끝나야 한다.

② 한 작업을 나타내는 결합점 번호(Event Number)는 전 네트워크를 통하여 하나여야 한다.

③ 선행작업이 종료되지 않으면 후속작업은 개시할 수 없다.

1) 동시작업의 표시

작업 A, B가 동시에 개시하고 동시점에서 종료할 경우에는 더미를 사용하여 하나의 작업만 진행되도록 한다.

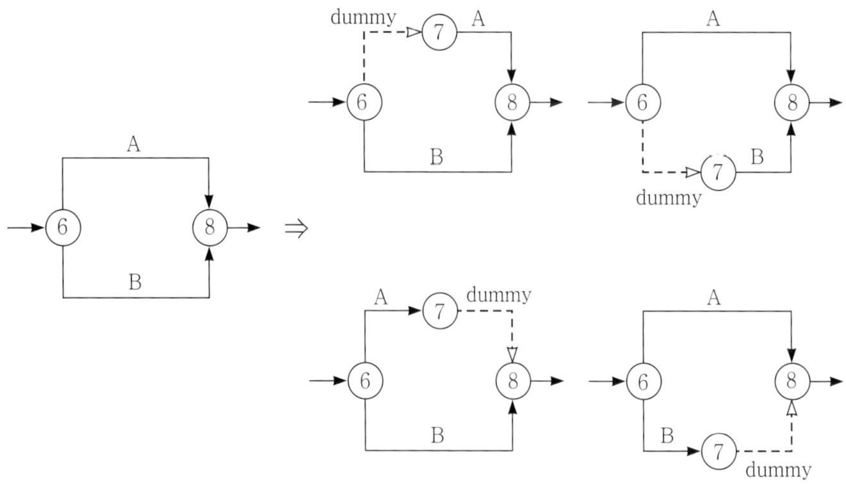

그림 1-5 동시작업

2) 작업의 집약표시

복잡한 작업군을 생략하고 작업을 집약하여 하나로 묶어서 표시한다.

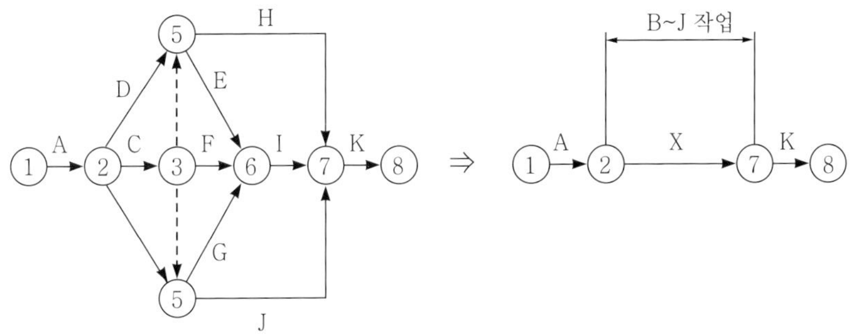

그림 1-6 작업의 집약

3) 종속 · 독립관계의 표시

그림 (a)의 경우와 같이 A, B 2개의 작업이 있다고 하면, 작업 B는 작업 A가 종료되지 않고는 개시될 수 없을 때, 작업 B는 작업 A에 종속되어 있다고 한다. 이 경우 작업 A는 작업 B에 대하여 선행작업이라고 하며, 작업 B는 작업 A에 대하여 후속작업이라고 한다. 그림 (b)의 경우는 상호간에 작업적인 연관성을 가지고 있지 않으므로 독립관계에 있다고 한다.

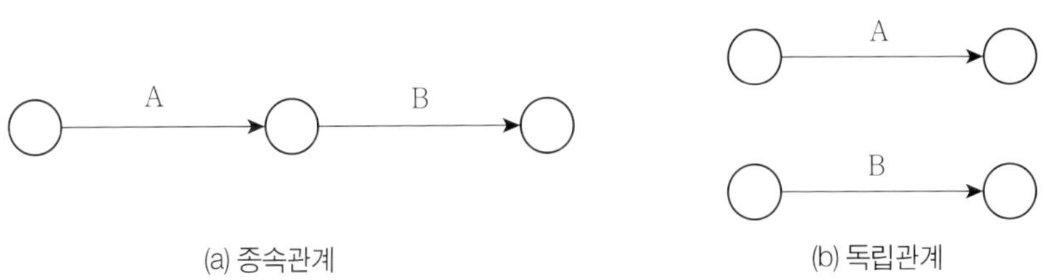

그림 1-7 종속 · 독립관계

4) 자업의 분할 표시

작업 A의 중간에서 B, C가 개시되어지는 경우에는 그림과 같이 작업 A를 A1, A2, A3로 분할하여 표시한다.

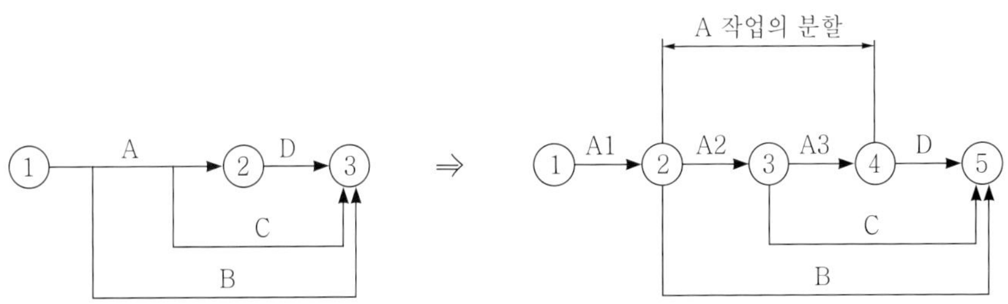

그림 1-8 작업의 분할

5) 반복작업의 표시

네트워크 공정표는 가능한 한 보기 쉽고 관리하기 용이하도록 동종의 작업 및 같은 장소에서 반복 실시되는 작업 등은 가급적 통합된 흐름으로 표시한다.

예제 1 다음의 작업리스트를 보고 작업순서에 맞추어 네트워크 공정표를 작성하라.

작 업 명	작업일수	선행작업
A	4	–
B	5	–
C	3	–
D	2	A
E	6	B, C
F	4	B, C
G	7	D, E, F
H	3	F

해설

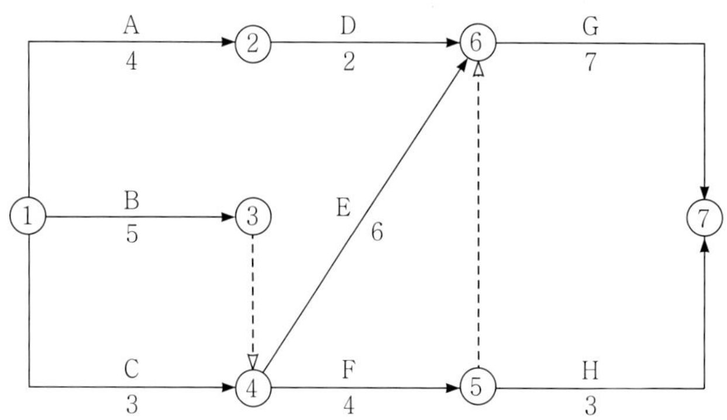

예제 2 다음의 작업리스트를 보고 작업순서에 맞추어 네트워크 공정표를 작성하라.

작 업 명	기 호	작업일수	선행작업
설 계	A	10	–
정 지	B	1	A
자재반입(RC 재료)	C	3	A
콘크리트타설	D	1	B, C
양 생	E	2	D
바닥콘크리트타설	F	1	D
기둥가공	G	8	A
자재반입(목조)	H	2	A
골조조립	I	2	E, F, G, H
자재반입(함석)	J	1	A
지붕공사	K	3	I, J

작 업 명	기 호	작업일수	선행작업
내부 목조마감	L	7	K
자재반입(창호)	M	2	A
창호설치	N	4	L, M
외장마감	O	4	I, J

해설

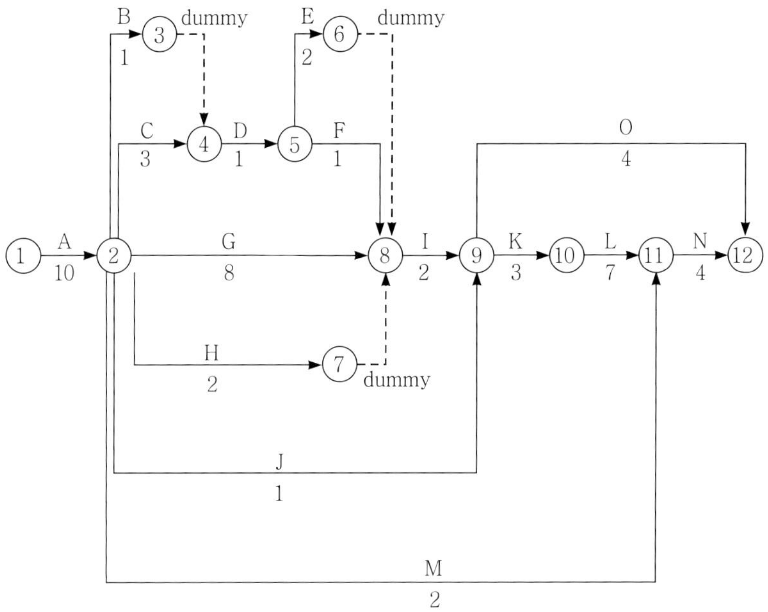

3. 일정계산 및 주공정선의 결정

작업의 개시시간과 종료시간은 고정되어 있는 것이 아니라 전체 공사기간에 영향을 미치지 않는 범위 내의 어느 시점에서도 시작할 수 있다. 그러므로 한 작업에는 가장 빠른 개시시간(Earliest Start Time), 가장 늦은 개시시간(Latest Start Time), 가장 빠른 종료시산(Earliest Finish Time), 가장 늦은 종료시간(Latest Finish Time)이 발생하게 된다.

(1) 전진계산(Forward Computation)

공사기간의 결정을 주목적으로 하여 모든 작업의 가장 빠른 개시시간과 가장 빠른 종료시간을 결정하는 방법으로 전진계산방법을 쓴다. 선행작업이 없는 첫 작업의 EST는 프로젝트의 개시시간과 동일하다.

① EST와 EFT의 계산은 작업의 흐름에 따라 전진계산으로 한다.

② 개시결합점에서 나간 작업의 EST는 0으로 시작된다.

③ 어느 작업의 EFT는 그 작업의 EST에 소요일수를 더하여 구한다.

④ 복수작업에 종속되는 작업의 EST는 선행작업 중 EFT의 최대 값으로 한다.

⑤ 네트워크의 최종 결합점에서는 결합점에서 끝나는 작업 EFT의 최대 값으로 하고, 이 EFT의 값이 계산공기에 해당한다.

(2) 후진계산(Backward Computation)

후진계산방법은 각 작업의 가장 늦은 개시시간과 가장 늦은 종료시간을 산출하는 것을 목적으로 하며, 네트워크상의 최종 종료시점에서 역으로 작업소요시간을 감하여 계산한다. 두 연속된 작업간(i, j)의 가장 늦은 개시 및 종료시간의 관계는 다음과 같으며, 후속작업들이 없는 마지막 작업의 가장 늦은 종료시간(LFT)은 가장 빠른 종료시간(EFT)과 같다.

① LST와 LFT의 계산은 후진계산으로 한다.

② 완료 결합점에서는 지정공기로 LFT를 넣으면 지정공기에 대한 LST, LFT를 산출할 수 있으며, 반대로 후진계산 초기의 값을 계산공기로 하였을 때에는 계산공기에 대한 LST, LFT를 구할 수 있다.

③ 어떤 작업의 LST는 그 작업의 LFT에서 소요일수를 감하여 구한다.

④ 종속작업이 복수일 때는 LST의 최소 값이 그 작업의 LFT가 된다.

(3) 주공정선(Critical Path)과 여유시간(Float)

1) 주공정선의 결정

① 개요

주공정선이란 네트워크의 개시 단계에서 종료 단계에 이르는 여러 경로 중에서 최장 경로를 말하며, CP로 표시한다.

㉠ 이 경로상의 작업 소요시간이 조금이라도 늦어지게 되면 공기가 전체적으로 지연되므로 주공정선의 작업들을 중점적으로 관리함으로써 공기의 지연을 막을 수 있다.

㉡ 공기를 단축하는 것은 대부분 주공정선 상의 공기단축, 작업개선을 고려하는 것으로 목적을 달성할 수 있게 된다.

② 주공정선 계산방법

종료단계에서 TF와 FF가 최소인 작업을 개시단계까지 취하는 것에 의해 구한다. 즉 TF와 FF가 0인 작업을 구한다.

③ 고려사항

㉠ 주공정선은 고정적이거나 절대적인 것은 아니며, 가변성이 있다.

㉡ 주공정선은 명목상의 작업(더미 : Dummy)을 가질 수도 있다.

㉢ 주공정선은 여러 개가 성립할 수 있다.

㉣ 주공정선 상의 작업수는 전체 작업수의 10~20% 내에서 갖도록 조정한다.

2) 여유시간

여유시간, 즉 Float는 네트워크상의 한 작업이 갖는 일정상의 자유로운 여유시간으로 전체여유(Total Float : TF), 자유여유(Free Float : FF), 간섭여유(Dependent Float : DF or Interfering Float : IF), 독립여유(Independent Float : INDF)의 4가지가 있다.

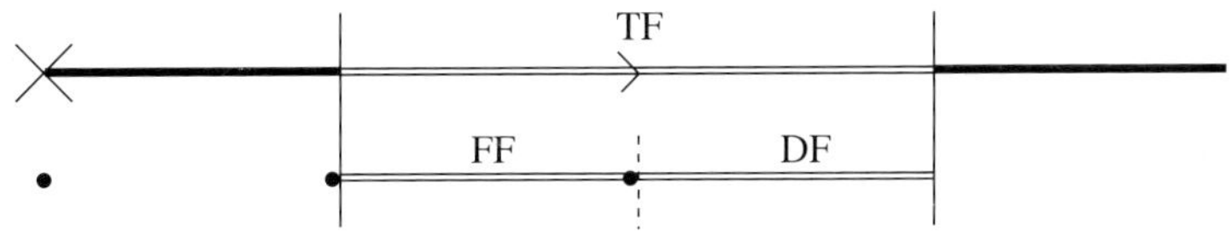

그림 1-9 여유시간

① 전체여유(TF)

전체여유는 전체 공사기간을 지연시키지 않는 범위 내에서 한 작업이 가질 수 있는 최대 여유시간, 즉 각 작업의 지연가능 일수로 계산식은 다음과 같으며, 한 작업의 FF는 그 작업의 TF와 같거나 적다.

$$TFi = LFTi - EFTi = LSTi - ESTi$$

$TFi \geq FFi$, $TFi = 0$이면, $FFi = 0$

② 자유여유(FF)

자유여유는 후속작업의 가장 빠른 개시시간(EST)에 영향을 주지 않는 범위 내에서 한 작업이 가질 수 있는 여유시간, 즉 각 작업의 지연가능 일수로 계산식은 다음과 같다.

$$FFi = ESTj - (ESTi + D) = ESTj - EFTi$$

③ 간섭여유(DF or IF)

간섭여유는 종속여유라고도 하며, 후속작업의 가장 빠른 개시시간에는 지연을 초래하지만 전체 공사기간을 지연시키지 않는 범위 내에서 한 작업이 가질 수 있는 여유시간으로 계산식은 다음과 같다.

$$IFi = TFi - FFi = LFTi - ESTj$$

예를 들면, 다음의 공정표에서 일정을 계산하면,

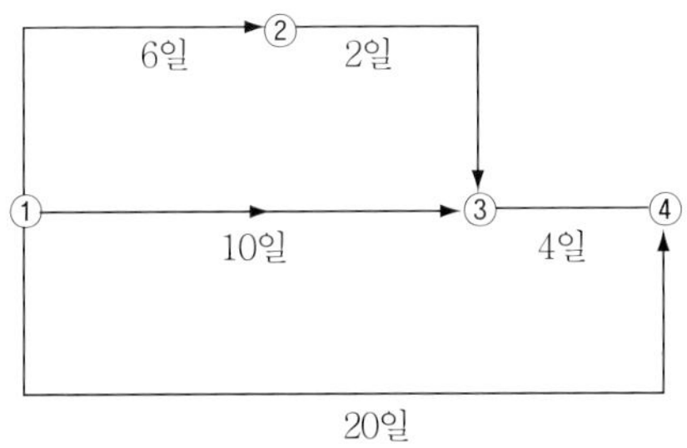

②→③의 요소작업에서 전체여유(TF)는 8일로 계산된다. 그러나 병행하여 들어오는 공정 ①→③ 때문에 자유여유(FF)의 일정은 2일이 되며, 간섭여유(DF)는 6일이 된다. 만약 ②→③의 작업을 2일 이상 공기를 지연하면, 그 후속인 ③→④ 작업의 EST 개시에 영향을 미치게 된다. 따라서 이와 같은 경우를 간섭여유라고 한다.

④ 독립여유(INDF)

독립여유는 선행작업에 의해 영향을 받지 않으면서 후속작업의 가장 빠른 개시시간에도 영향을 주지 않는 범위 내에서 한 작업이 가질 수 있는 여유시간이다. 독립여유의 계산은 (−)값이 발생하는 경우가 생기는데, 이때의 독립여유는 0으로 한다. 또한 FF 값이 0이면 독립여유는 0이 된다.

INDFj = ESTk - LFTi - Dj (작업순서 : i<j<k)

예제 3 다음의 공정표를 보고 EST, LST, EFT, LFT를 구하고 TF, FF, IF 등의 여유시간을 계산한 후 주공정선을 표시하라.

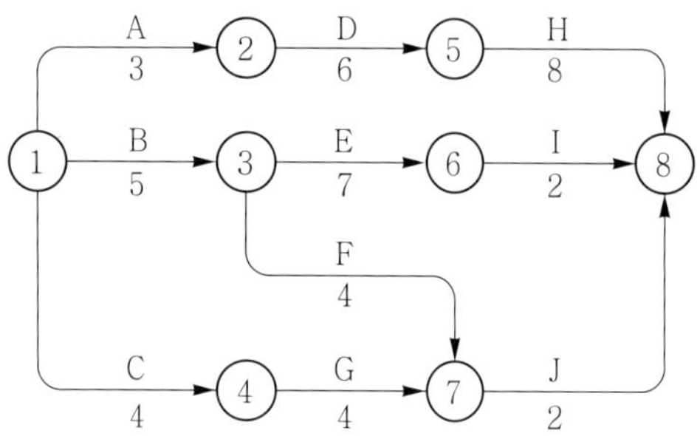

해설 ▶ 1단계 : 도표작성

요소작업(ⓘ → ⓙ)의 정렬은 먼저 ⓘ의 번호가 작은 순으로 정렬하고 동일한 ⓘ를 가진 요소작업에서는 ⓙ가 작은 것을 먼저 등록한다.

ⓘ→ⓙ	작업명	작업일수	EST	LST	EFT	LFT	TF	FF	DF	C·P
1→2	A	3								
1→3	B	5								

▶ 2단계 : EST와 EFT의 계산(전진계산)

① 요소작업(ⓘ → ⓙ) 중 가장 작은 ⓘ의 EST는 0으로 시작되며, 이들 작업의 EFT는 각 요소작업의 작업일수가 된다.

② 작업 D의 선행작업은 작업 A가 되며, 이 선행작업의 EFT가 작업 D의 EST가 된

1.4 시방서

1.4.1 개 요

시방서는 Spec. 또는 Specification이라고 한다. 시방서란 설계도에 기재할 수 없는 사항(재료의 품질, 시공방법, 공사의 질, 시험 방법, 계약조건 등)을 글로 써서 나타낸 문서이다. 시방서의 기재내용은 공사개요와 시방으로 되어 있는데, 공사 개요에는 시공장소 · 공사종목 · 공사 내용 · 건축물의 구조 · 수량 · 면적 · 추가 공사 등을 기입하고, 시방에는 공종에 따른 상세한 공사별 공사방법이 기입되어 있다.

시방서의 개괄적인 내용

① 시방서의 적용범위, 공통의 주의사항

② 사용재료(종류, 품질, 수량, 필요한 시험, 보관방법 등)

③ 시공방법(준비 사항, 공사질의 정도, 공정, 공법, 주의사항, 금지사항 등)

④ 특기 사항 등

시방서 기재시 주의해야 할 점

① 설계도와 모순되지 않을 것.

② 간결할 것.

③ 실수가 없을 것.

④ 중복되지 않을 것.

⑤ 오자(誤字), 오기(誤記)가 없을 것.

⑥ 공사의 범위를 반드시 명시할 것.

⑦ 실행할 수 없는 일 또는 필요하지 않은 일은 기입하지 않을 것.

1.5 품질관리

1.5.1 개 요

건설공사의 품질관리는 공정관리, 원가관리, 안전관리, 환경관리와 함께 공사의 5대 관리 업무의 하나이다. 품질관리를 줄여서 Q.C.(Quality Control)라고도 한다. 품질관리를 효과적으로 실시하기 위해서는 조사 · 연구 · 시공준비 · 구매 · 검사 · 교육 등 공사를 위한 전 단계에 걸쳐 경영자를 시작으로 공사관리자 · 감독자 · 작업자 등 기업 전원의 협력이 필요하다.

1.5.2 품질관리의 기대효과

품질관리의 목적은 계약약관, 설계도서 등에 따라 충분히 만족시킬 수 있는 건축물을 가장 경제적으로 시공하는 것이므로 공사담당자 전원의 협조와 함께 면밀한 계획과 착실한 실행이 있어야 효과를 낼 수 있다. 품질관리를 효과적으로 실시하기 위해서는 시공중에 관리를 철저히 해야 한다. 품질관리를 함으로써 기대되는 효과는

① 시공능률의 향상

② 품질 및 신뢰성 향상

③ 설계의 합리화

④ 작업의 표준화이다.

1.6 원가관리

원가관리란 경제적인 시공계획을 세워 실행예산을 작성하고, 공사 시작부터 공사가 끝날 때까지 실제공사에 소요되는 비용을 절감하기 위한 것이다. 원가절감 여지가 많은 부분으로는 공사비금액이 큰 공종과 단가가 높은 공종 등이다.

1.6.1 원가 통제

현장의 소장, 공사담당 기술자는 자신이 담당하는 일의 실제원가를 견적원가와 비교하고, 그 원가 차이를 계산하여 보아 그 차이의 원인을 분석 · 연구하고 원가를 통제해야 한다.
모든 원가 계산서에 필요한 것은 간명, 신속, 정확이다. 원가 보고서에는 유익하거나 혹은 중요한 사항만을 기입하고 지나치게 자세한 것은 기록하지 않는다.

1.6.2 실행예산

1. 실행예산 편성기준

실행예산이란 공사를 계약된 공기 내에 완성하기 위해 공사금액을 사전에 산출하고 이익계획을 명확히 하여 합리적인 현장운영 및 공사수행을 위해 작성되는 예산이다. 최소의 비용으로 정확하고 안전하게 시공이 되도록 산정 및 편성되어야 한다.

2. 실행예산서의 의미

실행예산액은 각 공정의 공사금액 집계이면서 공사실행금액의 목표이다. 실행예산액은 각 공사의 실행을 단가와 수량으로 표시된다.

3. 실행예산의 작성

실행예산은 공사수주 후 곧바로 착수하는 것이지만, 낙찰 후에 견적서를 확인한 후 공사담당자가 도면, 시방서에 따라 실행예산을 작성하게 되는데 시간이 많이 걸린다. 실행예산의 작성책임자는 현장책임자이지만, 공무부에서 대신하기도 한다. 설계변경 등 추가공사를 해야 하는 공사에는 별도의 실행예산서를 작성하는 것이 좋고, 추가공사를 착공하기 전에 발주자로부터 정식으로 서면상의 추가공사 지시를 받아두어야 한다.

4. 실행예산의 구성

실행예산은 공사구분별로 직접공사비, 간접공사비, 본사관리비로 구성된다.

(1) 직접공사비

공사시공을 위해 공사에 직접 투입되는 비용이다.

(2) 간접공사비

공사시공을 위해 간접 투입되는 비용으로 공사를 수행키 위한 현장운영 제 경비이다.

(3) 본사관리비

본사근무 직원의 급료 및 본사 일반관리비를 말하며, 일반적으로 실행예산의 7% 정도를 계상한다.

1.7 안전관리

1.7.1 개 요

안전관리란 산업사회에서 발생하는 재해의 원인 규명과 그 방지에 필요한 과학적이며 체계적인 기술관리를 말한다. 기계화의 진보에 따라 각종 재해는 점차 그 발생원인이 다양해지고 이에 대한 재해방지의 대책도 고도의 기술을 필요로 하게 되었다.

실내건축공사장의 재해율은 공사규모의 크기와 공기의 단축화에 따라 현저한 증가의 경향을 보이고 있다. 공사중에 발생하는 재해는 사회적인 불행일 뿐 아니라 공사의 이윤을 감소시키고, 다른 사람의 노동능률도 저하시키서 큰 손실을 초래하므로 재해의 발생원인을 조사, 연구하여 재해방지 방법을 강구해야 한다.

안전관리의 기본 이념은 한마디로 '안전을 생산에 우선시킨다'는 것이다. 그러나 이 말은 결코 생산활동을 희생시키는 것이 아니고 안전을 우선하여 생산성 향상과 품질 개선에 기여할 수 있도록 하는 것이다.

실내건축 현장은 공종에 따라 수시로 근로자들이 이동하기 때문에 관리적 · 교육적 예방대책이 가장 중요하며, 근원적인 재해를 예방할 수 있도록 불안전한 시설을 하나하나 확인해야 한다.

1.7.2 사고의 원인

재해는 자신의 부주의에 의한 것과 부득이한 것이 있는데, 재해의 원인으로서 현장관리자가 주의할 사항은 다음과 같다.

(1) 직접적인 원인

① 불완전한 가설물(특히 비계나 비계다리)

② 불안전한 시공기계 설비

③ 불안전한 채광 및 조명 설비

④ 작업장의 정비 불충분

⑤ 부적당한 작업복

⑥ 작업에 대한 미숙

(2) 간접적인 원인

① 급속한 공사진행에 의한 작업의 강행

② 과격 노동에 의한 피로

③ 노동력 쇠폐자의 취역

(3) 불안전한 행동

① 무단조업(지휘자 또는 감독자 없이, 허가 없이, 자격 없이)을 한다.

② 불안전한 속도로 조업하거나 위험을 경고하지 않는다.

③ 안전장치를 고장내거나 기능을 상실하게 한다.

④ 결함 있는 장비, 물자, 공구 및 차량을 사용하거나 장비, 물자 및 차량을 불안전하게 사용한다.

⑤ 개인 보호구를 착용하지 않는다.

⑥ 기타 필요 장비를 사용하지 않거나 불안전한 기구를 대신 사용한다.

⑦ 불안전한 적재, 배치 및 혼잡 또는 결합작업을 한다.

⑧ 불안전한 자세를 취한다.

⑨ 불안전한 인양 및 운반을 한다.

⑩ 정리정돈을 철저히 하지 않는다.

⑪ 부적절한 태도 및 신체적 부적합상태로 작업을 한다.

(4) 불안전한 상태

① 미설치 또는 부적당한 설치 상태

② 결함 있는 장비 또는 물자

③ 불안전한 설계 또는 구축물

④ 위험한 배치

⑤ 부적절한 조명, 환기, 복장
⑥ 혼잡한 공간 및 불량한 정리정돈

1.7.3 사고방지대책

1. 3.5 운동 실시

① 작업 전 5분 안전교육
② 작업 전 5분 안전점검
③ 작업 후 5분 정리정돈

2. 안전조례 및 체조

매일 아침 일정한 시간에 작업을 개시하는 마음의 준비를 하고 현장 규칙의 확보, 안전의식의 고양, 작업내용에 수반되는 위험과 방지대책을 지도, 주지시킨다.

3. 위험 예지 미팅

각 직종별로 반장 또는 기사를 중심으로 작업의 세밀한 내용과 작업순서를 전달하고 그날의 작업에 수반되는 위험방지를 위해 회의를 한다.

4. 사용개시 시의 점검

재해를 미연에 방지하기 위해 작업개시 전에 정기적으로 가설물 · 장비 등을 체크한다.

5. 현장순찰과 작업중의 지도 · 감독

회의, 조례, 위험 예지 미팅 시의 지시 · 지도 사항이 확실하게 시행되고 있는지 확인하는 것이며, 체크사항은 다음과 같다.

① 사고가 예상되는 불안정행동, 불안전설비, 불안전상태
② 지시, 지도, 결정사항에 대한 위반
③ 각종 법령, 자사기준에 대한 위반
④ 작업환경 불량
⑤ 부적격 장비와 기구
⑥ 부적격자

6. 안전협의 미팅

매일 일정한 시간에 시행한다.

① 당일작업상황 내용에 대한 반성과 대책
② 다음날의 작업에 대한 위험방지, 안전대책, 방지대책

7. 현장의 청결상태

현장 내의 정리정돈은 안전의 출발점이다. 복잡한 현장에서는 위험 가능성 발견이 곤란하고 결과적으로 사고발생 가능성이 크다.

8. 작업 종료시의 체크

① 담배, 모닥불, 용접 등의 남은 불, 불똥 체크
② 공사이행을 위해서 일시적으로 외부에 설치한 가설물의 복구 체크
③ 강풍 등에 의한 피해, 낙하의 방지대책 체크
④ 가설비계 위에 있는 물건의 비래, 낙하 가능 물질 체크
⑤ 침입, 도난방지의 문단속 체크

9. 위험요소 신고함 설치

작업장에서 발생할 수 있는 위험요소를 직원 및 근로자가 발견하여 시정 조치함으로써 위험요소를 사전에 제거하기 위한 것이다.

① 전 근로자에게 취지를 주지시킨다.
② 신고함을 작업장, 식당, 현장숙소에 설치한다.
③ 안전관리자는 매일 이를 회수하여 시행가능 여부를 결정, 현장소장에게 보고한다.
④ 현장소장은 이에 대한 적절한 조치를 취하고 결과를 전 직원 및 근로자가 숙지할 수 있도록 게시한다.
⑤ 신고우수 내용은 포상한다.
⑥ 안전제안 내용도 함께 다룬다.

1.7.4 사회보험의 종류

① 근로자 재해보상보험
② 노동재해 사용자 배상책임보험
③ 시공자 배상책임보험
④ 건강보험
⑤ 후생연금보험
⑥ 실직보험

안전모

안전화

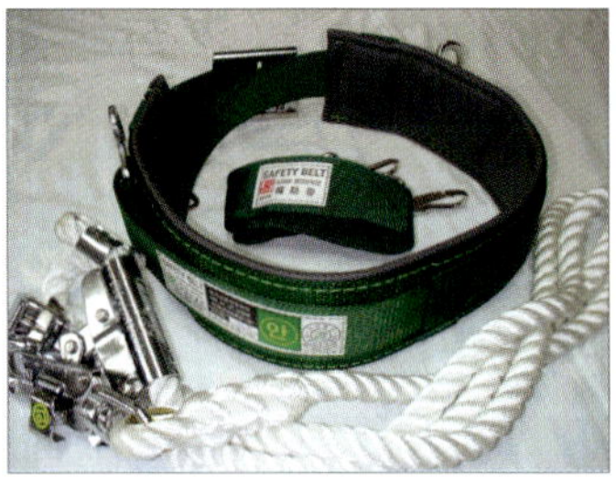
안전벨트

안전펜스

안전장갑

안전조끼

그림 1-10 안전장구

- 선 안전조치, 후 안전시공
- 미뤄버린 위험요소 사고되어 내게 온다.
- 보호구 착용, 안전의 시작입니다.
- 정리정돈 잘된 곳에 안전사고 사라진다.

1.8 건설 VE기법

1.8.1 개 요

가치공학(VE : Value Engineering)은 대체안 개발을 통해 원가를 절감하는 기법으로 공사관리의 한 수단이다.

1.8.2 VE 수행방법론

VE활동 과정상의 제반 업무를 체계적으로 관리 수행하기 위해 개발된 방법론을 'VE Job Plan' 이라 한다. 이는 미국 가치공학협회에서 개발된 것으로 건설업에서의 적용은 ① 정보수집 및 기능분석 단계, ② 아이디어 창출단계, ③ 대체안의 평가 및 개발단계, ④ 제안 및 실시단계의 4단계로 구분된다.

1.9 건설관리 (C.M)

건설관리는 약어로 CM이라고 하며 Construction Management이다. CM이란 건설의 전 과정에 걸쳐 프로젝드를 보다 효율적이고 경제적으로 수행하기 위해 각 부분의 전문가들로 구성된 통합된 과학적 관리기술이다. 국내의 실내건축시공현장에서 CM은 거의 실시되고 있지 않으나 도입 단계에 있으며, 대형 건설회사의 대규모 공사현장에서 CM의 실시가 이루어지고 있다.

그림 1-11 현장서류 (ISO 인증)

CHAPTER **2**

가설공사

2.1 개 요

가설공사는 실내건축공사 수행기간 중 임시로 설치하여 공사를 수행할 목적으로 쓰이는 시설을 말하며, 공사가 완료되면 해체 · 철거하게 되는 것이다.

가설공사는 공사의 규모 · 내용에 따라 달라지고, 일반적으로 설계도에는 전혀 표시되어 있지 않고 시방서에도 간단한 지시가 있을 뿐 현장소장의 책임하에 실시되는 것이다.

2.2 가설공사의 종류

2.2.1 가설현장사무소

가설현장사무소란 시공자나 공사 감독자가 각각 사무를 보는 데 필요한 가설건물로 대체로 합판으로 만들거나 기존의 실을 임시적으로 사용하거나 컨테이너를 이용한다. 업무용 책상, 컴퓨터, 팩스, 전화기, 회의탁자 등이 설치되며 대형공사인 경우는 Shop drawing을 위해 설계팀이 상주하기도 한다. 자재 Sample과 Sample board가 진열되고 공사진행을 위한 공정표와 설계도면 등을 벽에 부착한다.

그림 2-1 현장사무소 case-1

그림 2-2
현장사무소 case-2

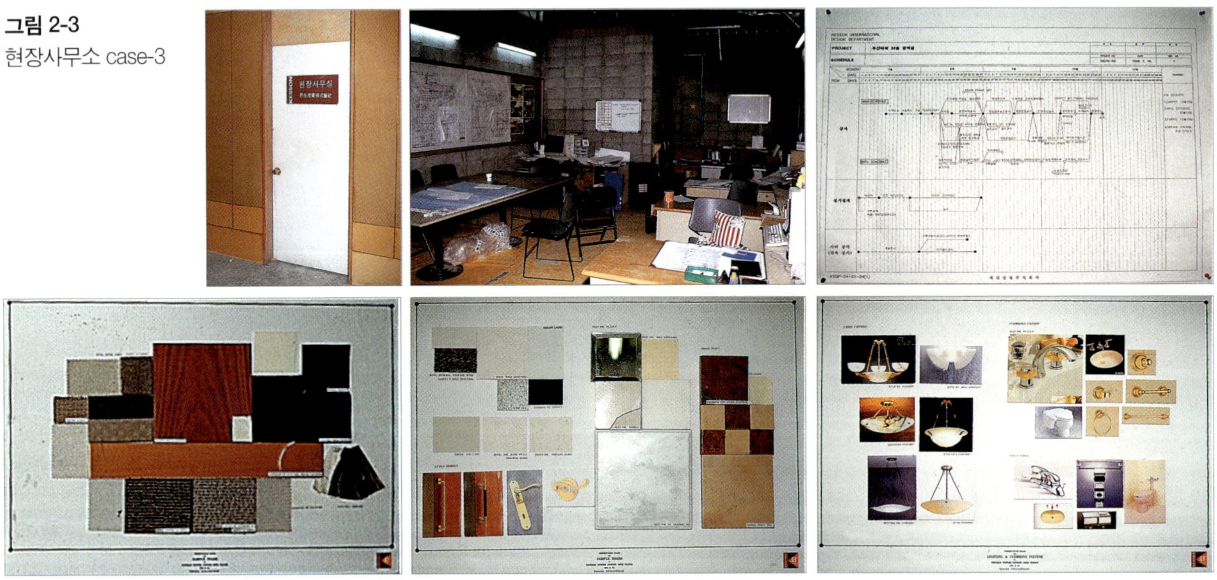

그림 2-3
현장사무소 case-3

그림 2-4 가설창고

2.2.2 가설창고

현장에서 사용하는 재료 · 기계 · 공구 등의 보관을 위해 각종 창고를 설치해야 하며, 화기 위험물인 도료 등의 저장창고는 별동으로 격리하여 방화 또는 불연구조로 하고 출입문은 자물쇠를 달고 소화기를 비치한다.

2.2.3 탈의실

기능공들은 현장 출퇴근 시 작업복을 갈아입어야 하므로 이를 위한 간이 탈의실을 설치해야 하며, 남녀별로 구분하여 설치해야 한다.

그림 2-5 가설 탈의실

그림 2-6 가설 화장실

2.2.4 가설변소

상시 취업인원이 남자 20명당 대변기 1개, 여자는 15명당 1개, 소변기는 남자 30명에 1개로 한다.

2.2.5 자재 양중 · 운반 · 적재

1층에서 상층으로의 자재양중은 Elevator, Lifter, Winch 등을 이용한다. 엘리베이터 양중시 엘리베이터 내부가 손상되지 않도록 합판 등으로 철저히 보양 후 양중해야 하며, 리프터나 윈치(권양기)를 이용할 때에는 자재가 외부로 떨어지지 않도록 철저히 유의해야 한다. 자재는 공종 및 사용순서별로 쉽게 사용할 수 있는 위치에 정리정돈해야 하며 작업에 방해가 되어서는 안 된다.

각 자재들은 공정에 맞추어 공정시작 전에 정확히 반입되어야 하며, 반입된 자재는 파손되지 않도록 보양할 것은 보양해야 한다.

그림 2-7 윈치

그림 2-8 자재양중방법

엘리베이터 양중　　호이스트 양중　　리프트 양중

자재하역

자재 적재 · 정리 정돈

그림 2-9 자재하역 및 적재

2.2.6 비계

비계(scaffolding)는 주로 건물에서 손이 닿지 않는 높은 천장 · 벽면 등의 작업을 하기 위해 설치한 가설구조물로서, 시공이 편리하도록 작업하기 좋은 높이로 설치해야 한다. 작업자들이 안전하도록 튼튼하게 설치해야 하며, 특히 작업자 · 재료 · 공구의 추락방지에 유의해야 한다.

1. 강관비계(파이프비계)

운반 · 보관이 편리하며, 조립과 해체가 쉽고, 접합부의 구조를 볼트 등으로 더욱 튼튼히 할 수 있는 장점이 있다. 단관비계(파이프 비계)와 강관틀비계(조립식 비계) 2종류가 있다. 비계의 발디딤판은 조립식 발판(구멍철판)을 깔아 설치한다. 발판은 비계에 정확히 단단하게 고정되어야 한다.

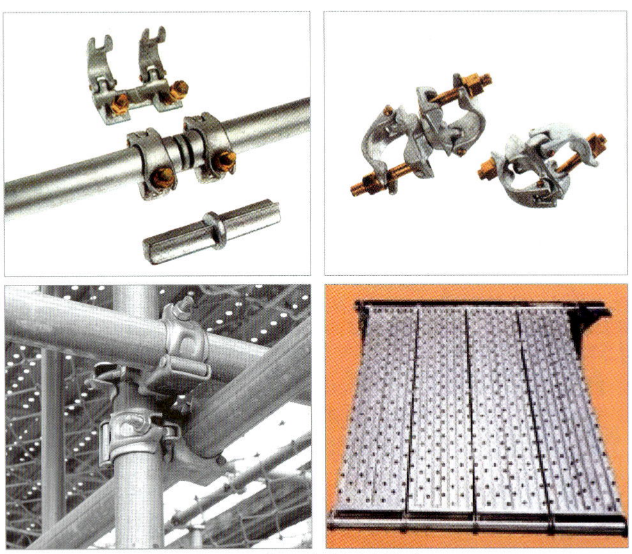

그림 2-10 결속철물(coupler)과 조립식 구멍철판

단관비계

단관비계의 외경은 48.6mm이고, 살두께는 2.4mm와 2.9mm의 아연도금 강관에 긴결철물(coupler)을 써서 조립하고, 필요에 따라 가새(brace)로 보강한 것이다.

비계의 간격은 수평방향 1.5~1.8m, 수직방향 0.9~1.5m로 하고, 가새는 수평간격 약 15m 내외, 각도 45°로 걸쳐대고 결속한다.

파이프비계 설치

비계다리

그림 2-11 강관비계의 설치

2. 강관 틀비계

강관 틀비계의 외경은 42.7mm, 살두께 2.4mm 이상의 철관을 공장에서 우물 정(井)자 모양으로 만든 것을 현장에서 조립하여 사용하는 것이다.

강관 틀비계의 부품은 세로틀, 띠장틀(수평틀), 교차가새, 기타 부속철물로 되어 있고 세로틀의 표준치수는 폭 90~120cm이고, 높이는 160~170cm이다. 강도 및 하중한도는 단관비계와 큰 차이가 없다.

가새의 조립은 핀 또는 나사못으로 하고 진동이나 충격에 의해 헐거워지지 않도록 한다.

틀의 간격이 1.8m일 때는 틀 사이의 하중한도를 400kgf로 하고, 틀의 간격이 1.8m 이내일 때는 그 역비율로 하중한도를 증가할 수 있다.

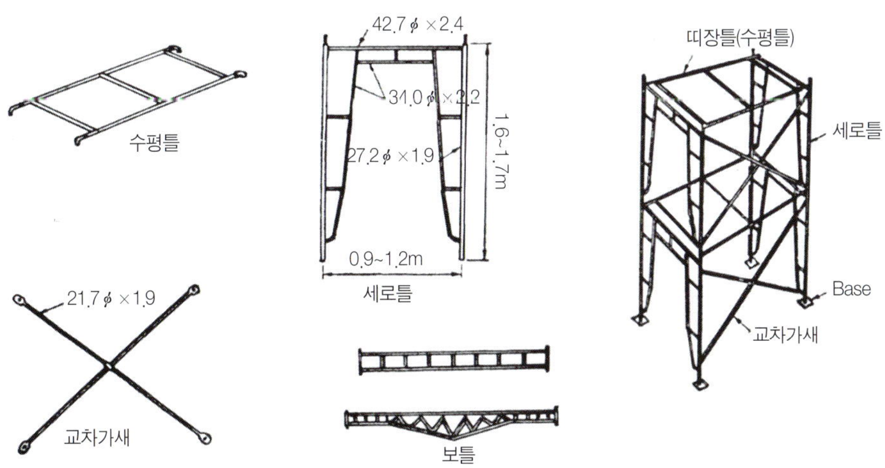

그림 2-12 강관틀비계의 부품 및 조립

3. 발돋음대 · 조립식 이동틀비계 · 테이블 리프트

높지 않은 천장의 천장틀조립, 석고보드 또는 천장판 부착, 퍼티작업, 도배작업 등을 위해서는 조립식 이동틀비계 또는 발돋음대가 쓰이고 극장, 강당, 교회 등의 높은 천장 작업에는 테이블 리프트를 쓴다.

그림 2-13 발 돋움대

그림 2-14 테이블 리프트

그림 2-15 테이블 리프트(접은상태)

그림 2-16 조립식 이동틀비계

2.2.7 낙하물 방지망

낙하물 방지망은 건축공사장에서 작업중에 떨어지는 자갈, 벽돌토막, 나무토막 등이 낙하하는 것을 방지하기 위해 수평 또는 수직으로 둘러치는데, 수평 낙하물 방지망(방호선반)은 수평에 대하여 20°~30° 정도로 하고, 일반적으로 0.9mm 이상의 철망(눈 크기 10mm 이하) 또는 망사 발, 합판 등을 사용하여 비계에 견고히 맨다.

수직낙하물 방지망(방호시트 · 방호망사)은 낙하물이 외부로 튀어 나가지 않게 하고, 또 작업원의 위험을 방지할 수 있도록 비계의 바깥쪽에 수직으로 미관을 고려하여 설치해야 한다. 방지망은 반드시 규격품을 사용해야 한다.

그림 2-17 수직방지망

그림 2-18 수평방지망

그림 2-19 수직방지망과 가설전등

2.2.8 위험방지 표시

공사중 가까이 가면 위험한 장소(엘리베이터 샤프트, 파이프 샤프트 등)에는 울타리나 줄을 쳐서 위험표시를 하고, 야간에는 빨간색의 Non-neon cable을 켜서 위험표시를 확실하게 하며, 특히 주의를 필요로 하는 곳에는 감시원을 배치해 두는 것이 안전하다.

그림 2-20 엘리베이터 입구 위험방지 표시

그림 2-21 계단실 위험방지 표시

2.2.9 보양

공사중 또는 마감공정이 완료된 후 주로 타공정 작업을 위한 자재운반시 부주의 등으로 인해 훼손(찍힘 · 긁힘 · 먼지 등) · 파손이 우려되는 부위는 합판, MDF, 골판지, 비닐시이트 등으로 보호조치를 해야 한다.

문틀을 세운 후나 기둥모서리(대리석 · 목재) 등은 합판 · MDF 등으로 1.5m 이상의 높이로 보양해야 한다. 카펫, 마루, 대리석을 바닥 마감공정이 완료되면 합판 또는 골판지로 보양한다. Fabric padding · 도배 마감공정이 완료된 곳과 페이트칠의 주변은 비닐시트와 매직테이프를 이용하여 보양한다.

그림 2-22 문틀, 모서리, 벽, 바닥, 위생가구의 보양

2.2.10 공사용 전기설비

공사용 가설전기는 용접기, 전동기계공구, 작업용 조명등에 필요한 전기설비로서 과부하 등의 전기재해방지에 주의해야 한다. 사용장소에는 분전반을 두고 전기기기에 전력을 개별적으로 공급하는 스위치나 브레이커와 단자를 설치하여 접속시킨다.

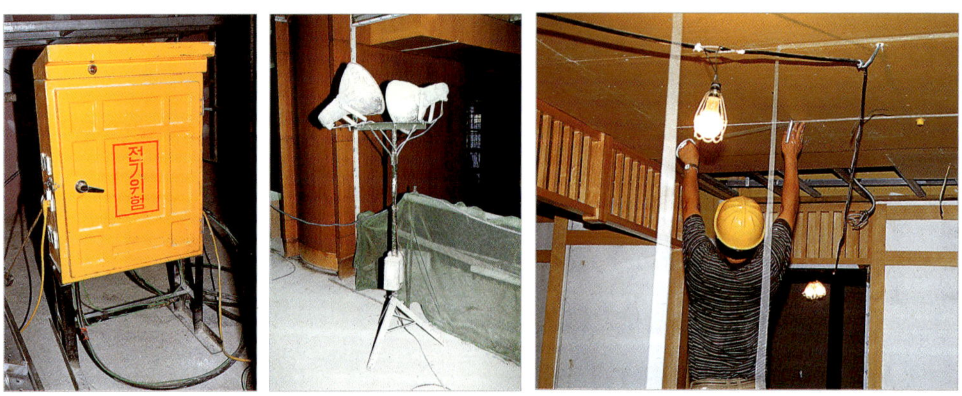

그림 2-23 분전반과 가설전등

그림 2-24 현장용 선풍기

그림 2-25 용접기 · 에어콤프레서

2.2.11 방화 및 소화설비

불을 사용하는 작업장 주위는 불연재료로 둘러치거나 기타 적절한 조치를 해야 하며, 흡연은 지정된 장소에 설치한 흡연장소에서만 할 수 있도록 한다.
소화설비는 공사규모에 따라 필요량의 소화전, 소화기, 모래포대, 소화용수 등을 준비하고 조기 소화할 수 있도록 해야 한다.

그림 2-26 흡연구역

그림 2-27 소화기 비치

2.2.12 측량설비

측량설비에는 수평, 수직, 거리 등을 측정하는 기기들과 이들과 함께 쓰이는 기구들이 있다. 기기에는 레벨(Level) · 트렌싯 · (Transit) · 광파거리계가 있고, 기구에는 함척 · 삼각대 · 줄자 등이 있다.

1. 레벨

수평을 찾기 위한 측량기구로, 삼각대 위에서 수준기포관의 기포를 중앙에 오도록 조절하여 수평을 맞춰 세운다. 실내건축현장에서는 벽체에 수평먹선을 치기 위해 레이저수평기가 주로 쓰이며 투명비닐호스를 쓰기도 한다.

2. 트랜싯

수평 및 수직을 찾기 위한 것으로 수평각 또는 연직각을 측정한다. 또한 직선의 연장 · 연직선 관측을 할 수 있다. 설치방법은 레벨과 같다.

3. 수준척(함척)

수준측량에 사용하는 눈금을 그린 표척으로 알루미늄으로 제작되었다.

레이저 수평기　　레 벨　　트랜싯

그림 2-28 측량기기

4. 줄자

- 강철줄자(Steel tape)

  폭 10mm, 두께 0.4mm의 강판에 눈금을 그린 자로 50m×100m×200m×300m짜리가 있다. 일반적으로 50m짜리가 쓰인다. 신축이 거의 없어 정밀도가 높아 일반적으로 쓰인다. 녹슬기 쉽고 무거우며, 쉽게 꺾어지며, 취급시 손을 다치기 쉬운 결점이 있다.

- 포권척(Cloth tape)

  가느다란 강선이 든 마포(麻布)의 표면에 도료를 발라 그 위에 눈금을 표시한 줄자이다. 한쪽 면에는 미터눈금, 다른 쪽 면에는 척(尺) 또는 inch · feet 눈금이 표시되어 있다. 인장력 또는 건습(乾濕)에 의한 신축이 상당히 큰 문제점이다. 20m에 대한 오차가 약 3.2cm나 된다. 개략적 측정에만 쓴다.

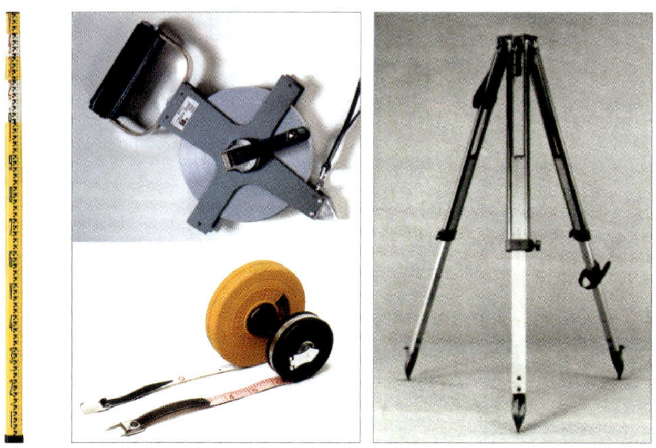

수준척(함척)　강철줄자와 포권척　　삼각대

그림 2-29 측량 기구

5. 삼각대

레벨과 트랜싯을 안정되게 장착시키기 위한 것이다. 대부분 알루미늄으로 제작되어 있다. 설치 시 발톱을 지면에 견고히 고정시켜야 한다. 먼저 측량하기 좋은 높이로 다리 길이를 조절하여 설치하고 측량기기를 정치한다.

2.2.13 폐자재 처리

철거 및 시공중에 생긴 폐자재는 즉시 수거하여 이동 · 운반하기 쉽게 마대에 담아 일정장소에 모아 둔다. 폐자재 반출 및 처리는 건축폐기물 전문처리업체를 통해 산업쓰레기처리장 등 폐자재 수거장소로 트럭을 이용하여 옮긴다.

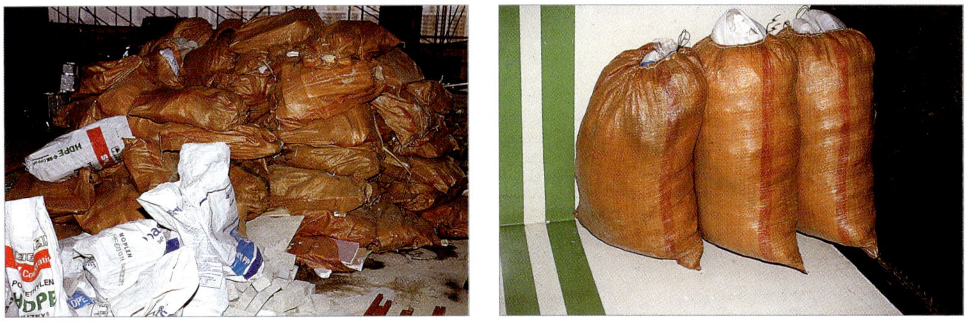

그림 2-30 폐자재 수거 및 마대

2.2.14 먹매김(먹줄치기)

실시설계도면(시공도)에 기록된 치수에 따라 현장바닥(슬래브바닥, 합판바닥, 천장 등)에 1:1로 도면을 그리듯 먹줄을 띄우는 작업을 말한다. 바닥에는 중심선 · 벽두께 · 마감선 · 문틀표시선 등이 표시되며, 벽면에는 높이에 대한 기준이 되는 수평먹선을 1m에 표시한다. 수평먹선은 천장수평선, 징두리 높이 등의 높이 산정에 쓰인다. 천장에서는 등구멍, 스프링클러 등의 위치를 정확히 배치하는데 쓰인다. 먹매김 작업은 목수 등 해당 공정의 기능공, 현장기사 또는 현장소장의 참여하에 실시되며 명기되지 않은 치수는 설계자, 감리자, 현장 소장의 지시에 따라 먹매김을 해야 한다.

그림 2-31 바닥 먹매김

그림 2-32 벽 먹매김

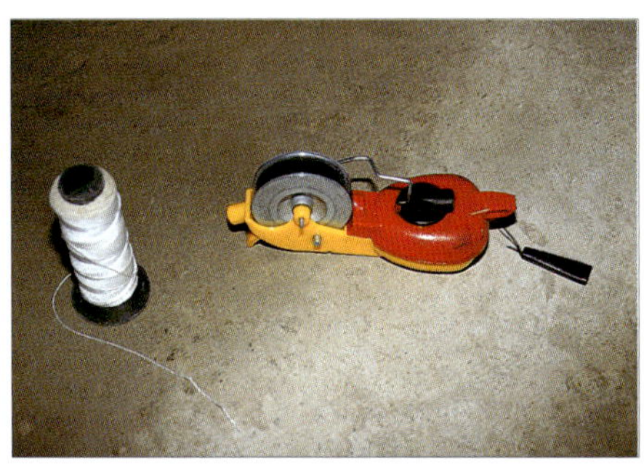

그림 2-33 먹실과 먹통

2.2.15 현장 준비물

1. 비품류

① 책상 · 의자
② 테이블
③ 현장 전화
④ 무전기
⑤ 컴퓨터
⑥ 프린터
⑦ 복사기
⑧ 팩스
⑨ 인터넷 라인
⑩ 음료수대
⑪ 소형칠판

2. 장구류

① 안전모
② 안전화
③ 작업조끼
④ 각종 안전용구 및 용품
⑤ 안전띠
⑥ 현장 Sign board
⑦ 소화기

3. 서식류

① 시공도면
② 시방서
③ 공사견적서
④ 공사실행내역서
⑤ 수량산출서
⑥ 각종 기안서류
⑦ 회의일지
⑧ 월공정계획표
⑨ 주간공사현황보고서
⑩ 공사관리대장
⑪ 공사사진 기록지
⑫ 현장안전점검일지
⑬ 안전관리자선임보고서
⑭ 장비(공구)관리대장
⑮ 작업자출역일보
⑯ 일일노무자출역일보
⑰ 현장 조직도
⑱ 협력업체 조직도
⑲ 기성고 청구서
⑳ 준공계 및 준공금 청구서
㉑ 현장소장서약서
㉒ 현장착공신고서
㉓ 공사서류체크리스트

CHAPTER **3**

철거공사

3.1 개 요

새로운 인테리어 공사를 위해 기존의 시설물을 해체하여 공사현장 밖으로 반출하는 것을 철거공사라고 하며 대부분의 인테리어공사시 가장 먼저 시행되는 공사이다. 인테리어공사는 철거에 따른 폐자재들이 반출되고 현장이 정리 · 청소된 뒤에 시작하게 된다. 철거공사는 기존의 바닥재 · 벽재 · 천장재인 마감재 철거공사가 주로 행해지며, 간혹 최상층의 기둥 · 내력벽과 슬래브의 부분 제거와 같은 구조체 철거공사가 행해지기도 한다. 구조체 철거 시에는 건물붕괴의 위험과 건축법 문제가 따르므로 반드시 건축구조 전문가와 협의해야 하며, 그의 보완지시에 따라 공사를 이행해야 한다. 인테리어 철거공사는 대부분이 인력에 의해 철거공사가 이루어지며 콘크리트 벽 · 슬래브 등의 구조체는 기계력에 의해 철거된다. 철거공사에서 가장 유의해야 할 사항은 안전사고이다.

3.2 철거공법

1. 인력에 의한 철거

Hammer · 망치 · 지렛대 · 톱을 가지고 작업자들이 철거하는 것으로 일반적으로 가장 많이 행해지는 방법이다.

2. Hand Breaker에 의한 철거

공기압축기(Air compressor)의 공기압에 의해 정이 작동하여 구조물을 파괴하는 방법으로 전기식과 연료식이 있다.

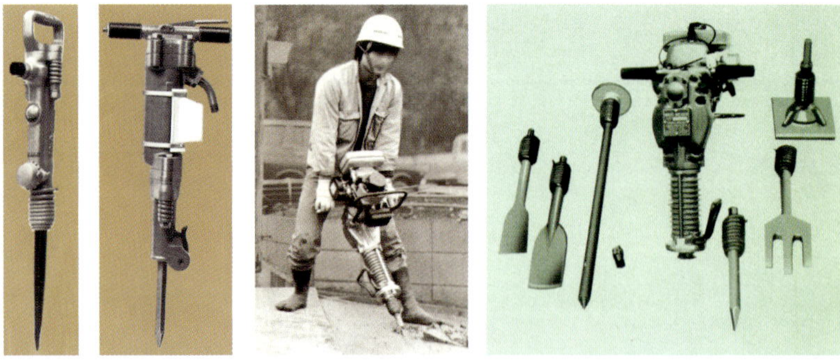

전기식　　　　　　연료식

그림 3-1 핸드브레이커

3. 압쇄기에 의한 철거

유압작용에 의해 구조물을 눌러 깨거나 부수어 해체하는 것으로 시공시 소음 · 진동 공해를 발생시키지 않는 공법이다. 콘크리트구조물 · 벽돌벽 등의 철거에 주로 사용된다.

그림 3-2 유압집게

① 벽체철거 1

② 벽체철거 2

③ 벽체철거 3

④ 벽체철거 4

⑤ 벽체철거 5

⑥ 폐자재운반

⑦ 바닥잔재철거

집게유압기

그림 3-3 벽체철거순서

4. 전동 컷터에 의한 철거

고속으로 회전하는 원형톱날 또는 앞 · 뒤로 움직이는 날을 이용하여 벽체나 슬래브 등을 절단하는 공법이다.

그림 3-4 철거용 전동 컷터

3.3 철거작업

1. 철거 작업의 준비

철거는 소음 · 진동 등의 문제가 발생하는 작업이므로 소음, 진동, 분진, 비산, 낙하로 인해 문제점이 발생되지 않도록 최선의 조치를 취해야 한다. 또한 건물 내에 인입되어 있는 상 · 하수도, 전기, 전화, 인터넷, 스프링클러, 덕트 등의 배관설비에 대한 봉인 및 기타 필요한 조치를 미리 해야 한다.

2. 공해 및 안전대책

소음, 분진, 비산, 낙하에 대비하여 분진 흡입기(흡진기), 안전망, 방음벽 등을 설치하고 분진 방지를 위해 수시로 물을 뿌려야 한다.
안전사고의 발생위험이 높은 공정이므로 안전관리계획을 세우고 안전관리지침을 철저히 시행하여야 하며 예기치 않은 건물붕괴가 발생하지 않도록 주의해야 한다. 철근 절단을 위해 가스절단기를 사용하는 경우는 불이 튀거나 옮겨 붙지 않도록 조치해야 하며 소화기를 미리 비치해야 한다. 필요한 곳은 울타리나 줄을 쳐서 위험 표시를 해야 하고 야간에는 Non-neon cable을 설치한다.
특히 필요한 곳은 감시원을 배치하도록 한다. 작업자의 안전모, 안전화, 보안경, 안전마스크, 안전벨트 등의 착용은 반드시 항상 지켜져야 한다.

3. 폐자재의 처리

건설폐기물은 재활용을 위해 재활용 가능 자재와 불가능 자재로 분류하여 수거한다. 폐자재는 마대에 담아 처리하며 일정장소에 정리하여 쌓아 두었다가 폐자재처리 전문업체에 의뢰하여 반출한다.

● 단일벽(Solid wall)

내벽을 만들 때 쓰이며, 단열재를 채우는 공간이 없는 한 겹으로 쌓은 벽이다.

암 면　　　　유리면

그림 4-2 단열재 형상의 종류

4.1.2 마름질 · 모탈 · 운반

그림 4-3 벽돌 커터

1. 벽돌 마름질

마름질은 온장의 벽돌을 용도에 따라 토막 또는 절로 잘라서 쓰는 것이다. 치장 벽돌은 전동 커터(cutter)를 이용해 자르고, 시멘트 벽돌은 전동 커터 또는 망치를 이용해 마름질을 한다.

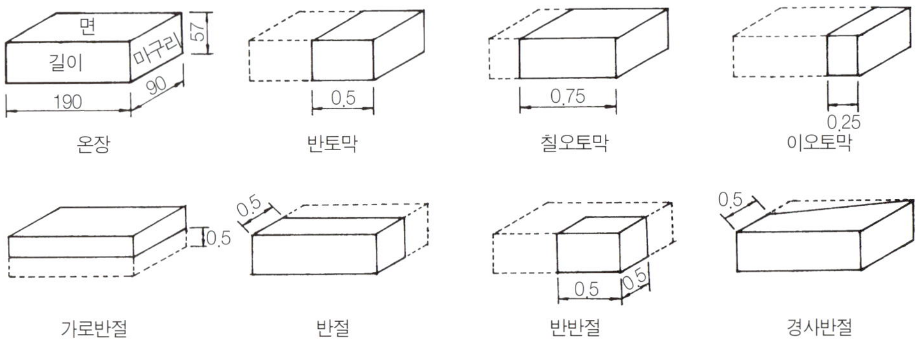

그림 4-4 벽돌의 마름질

2. 모탈(Mortar)

시멘트와 (체로 친) 모래를 잘 섞어 건비빔하여 두고, 사용할 때 적당량의 물을 부어 충분히 반죽하여 사용하도록 한다. 가수 후는 될 수 있는 대로 빨리 사용하도록 하고(1시간 이내), 응결이 시작된 모탈은 사용하지 않아야 한다. 시멘트모탈에 소석회를 섞으면 모탈이 끈기가 있고 흡수상태도 좋아지므로 섞어 쓰기도 한다. 모탈에 쓰이는 모래는 흙 · 대팻밥 등의 불순물이 섞이지 않도록 한다. 시멘트모탈은 기온이 낮을수록 경화가 느리며 0℃ 이하에서는 경화되지 않는다. (※ Mortar을 모르타르, 몰탈, 모르터로 표기한 책들도 있다.)

표 4-1 모탈의 용적배합비와 사용개소

등급		시멘트모탈 (시멘트 : 모래)	시멘트석회모탈 (시멘트 : 소석회 : 모래)	사용개소
1급	1호	1 : 1	1 : 0.2 : 1	치장줄눈용(필요에 따라 방수재 혼입)
	2호	1 : 2	1 : 0.2 : 2.5	아치쌓기용 및 특수구조용
2급	1호	1 : 3	1 : 0.5 : 3.5	중요 조적조의 일반쌓기용
	2호	1 : 4	1 : 2 : 5	일반쌓기용

3. 벽돌의 운반 · 검수 및 저장

벽돌의 운반 및 취급 시에는 깨지거나 모서리가 파손되지 않도록 하고, 특히 치장용으로 사용되는 벽돌은 던지거나 덤프트럭으로 쏟아 내리지 않도록 하며, 검수할 때에는 규격과 색상이 정확한가를 검토하고 불량 불합격품은 즉시 공사장 밖으로 반출시킨다.

벽돌은 형상 · 색깔 및 용도별로 쌓아둔다.

4.2 벽돌쌓기

4.2.1 준 비

1. 청소

바닥 콘크리트의 쌓기면은 벽돌쌓기 전에 청소하고, 우묵한 곳은 모탈로 수평지게 고르고, 모탈이 굳은 다음 먹줄치기(먹매김)를 한다.

2. 가설거푸집

인방보 거푸집 · 아치틀 등은 미리 든든하게 짜두고, 변형이 없도록 든든하게 설치하며, 또 제거하기 편리하도록 한다.

3. 벽돌나누기

붉은 벽돌 등으로 치장벽돌을 쌓을 때 토막벽돌이 쓰이지 않도록 현장을 실측하여 도면상에서 나누어 보거나 실제로 나란히 놓아 보는 것을 벽돌나누기라 한다. 이것은 줄눈간격을 조절하여 될 수 있는 대로 온장이 쓰여지도록 놓여져야 한다.

4.2.2 벽돌쌓기법

1. 쌓기 방법

벽돌쌓기는 쌓는 방법에 따라 길이쌓기 · 마구리쌓기 · 길이세워쌓기 · 옆세워쌓기 등이 있다.

(1) 길이쌓기

벽면에 길이만 보이게 쌓는 것으로 0.5B 두께의 칸막이벽, 외벽의 바깥쪽 치장벽쌓기에 쓰인다.

(2) 마구리쌓기

벽면에 마구리만 보이게 쌓는 것으로 벽두께 1.0B 이상 쌓기에 쓰인다.

(3) 길이세워쌓기, 마구리 옆세워쌓기

벽체의 일부 또는 창대 · 아치 등에는 장식을 겸하여 구조적으로 효과있게 하기 위하여 벽돌벽면을 수직으로 세워 쌓을 때가 있다. 이 때 마구리가 내보이게 세워쌓는 것을 옆세워쌓기, 길이를 세워쌓는 것을 길이세워쌓기라 한다.

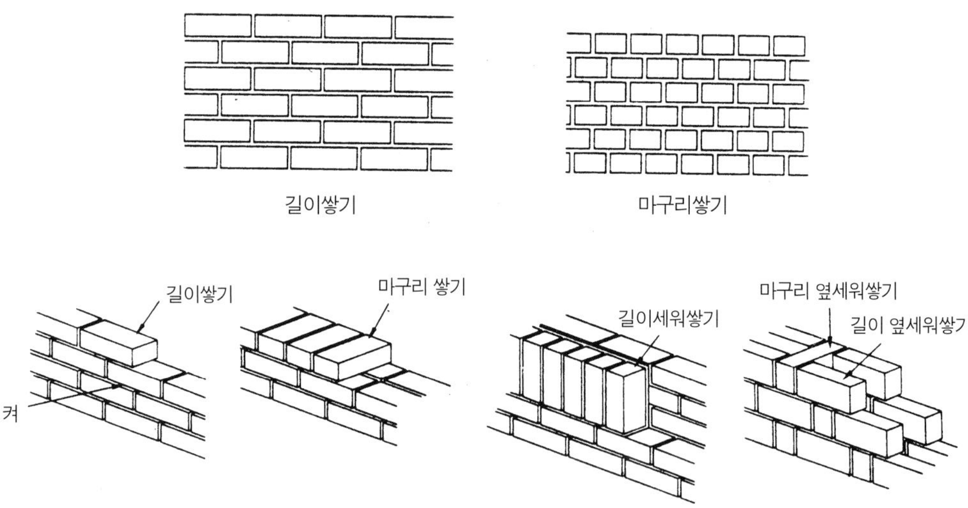

그림 4-5 벽두께에 따른 길이쌓기, 마구리쌓기, 세워쌓기

2. 벽돌 물축이기

벽돌을 쌓을 때에는 벽돌에 부착된 흙이나 먼지는 깨끗이 청소하고 충분히 물축이기를 하여 쌓는다. 붉은 벽돌은 쌓기 전에 그 흡수성에 따라 적절히 물축이기를 하여 쌓고, 시멘트벽돌은 쌓기 1~2일 전에 충분히 물을 축여 표면을 건조시켜 쓴다. 물축인 벽돌은 손끝 까짐을 방지하기 위해 장갑을 끼고 쌓는다.

3. 쌓기

벽돌쌓기는 바닥, 기둥 또는 콘크리트벽체에 벽돌쌓기의 기준으로 삼을 심먹과 벽먹선, 벽돌의 단수를 표시하고 쌓는다.

수직면을 다림추를 써서 정확한 수직이 되게 쌓아나가며, 가로줄눈의 깔모탈의 일정한 두께로 평평히 펴 바르고 벽돌을 내리 누르는 듯 줄바르고 건들거리지 않게 정확하게 쌓는다.

벽돌벽은 가급적 건물 전체를 균일한 높이로 쌓아 돌아가고 벽면의 일부 또는 국부적으로 높이 쌓지 않아야 하며, 하루의 쌓기높이는 1.2m(18켜 정도)를 표준으로 하고 최대 1.5m(22켜 정도) 이내로 한다.

사춤모탈은 줄눈 사이에 빈틈이 없게 채워 넣도록 하며, 치장벽이 아닌 시멘트벽돌벽면의 경우는 바깥 벽면에 약간 흘러내리는 정도가 좋다.

사춤모탈은 원칙적으로 매 켜마다 해야 되나, 일반적으로 3~5켜마다 하거나 일이 끝난 때에 한다.

그림 4-6 벽돌쌓기 순서

(1) 모서리쌓기

벽돌벽의 끝 모서리쌓기를 할 때에는 내부에 통줄눈이 생기지 않게 쌓아야 하며, 토막벽돌이 덜 사용되도록 벽돌나누기를 하고 사춤모탈로 충분히 채운다.

벽돌벽의 끝 또는 모서리 선은 정확히 수직으로 일직선이 되도록 하고, 예각 또는 둔각의 교차부 치장쌓기에는 벽돌 커터로 마름질한 벽돌을 쌓는다.

(2) 벽돌쌓기 두께의 표현

- 0.5B 쌓기 : 벽돌의 길이방향으로 쌓는 것으로 벽의 두께는 90mm가 된다.
- 1.0B 쌓기 : 벽돌을 길이방향 쌓기와 마구리방향 쌓기를 번갈아가면서 쌓는 것으로 벽의 두께는 190mm가 된다.
- 1.5B 쌓기 : 벽의 전체 두께가 290mm가 되게 쌓는 방식이다.
- 1.5B 공간쌓기 : 0.5B 쌓기와 1.0B 쌓기 사이에 단열을 위해 80mm 이상의 공간을 두고 이곳에 스티로폼 등의 단열재를 넣는다. 전체 벽의 두께는 360mm가 된다.(우리나라 중부지방의 벽의 표준 단열재 두께는 70mm이다.)

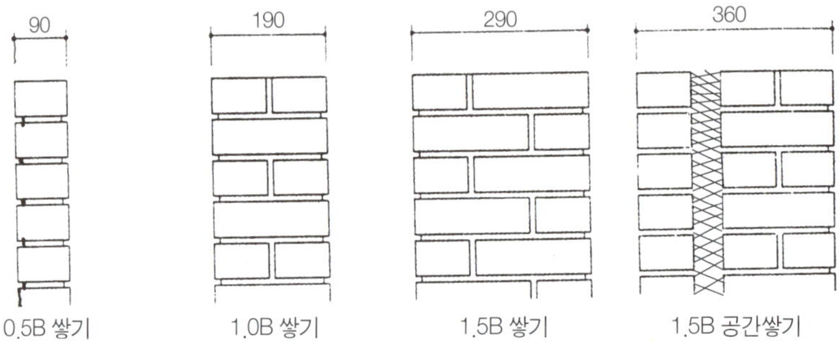

그림 4-7
벽돌쌓기와 벽체두께

● 벽돌쌓기 예

① 벽돌 싣기

② 벽돌 양중

③ 다림추 보기 및 수직줄 띄우기

④ 바닥 물 뿌리기

⑤ 모서리 기준벽돌쌓기

⑥ 벽돌 쌓기(1B)

⑦ 모탈 비비기

⑧ 모탈 얹기

⑨ 벽돌 쌓기

⑩ 벽면 드릴링

⑪ 촉(철근) 꽂기

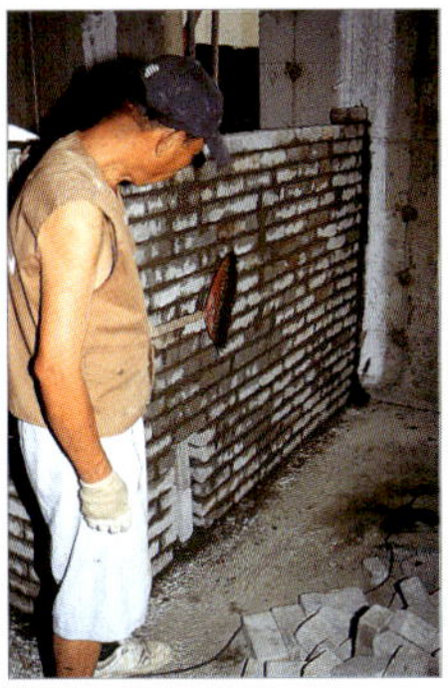

⑫ 모탈 쓸어내기

⑬ 1일 쌓기 완성

⑭ 1일 쌓기 완성

⑮ sw박스 보강

⑯ 파이프샤프트 주위 쌓기

그림 4-8 1B 내벽 벽돌쌓기

4.2.3 공간쌓기 · 아치쌓기

1. 공간쌓기

주택의 벽체와 같은 공간쌓기는 안쪽을 내력벽 구조의 주벽체로 하고 안쪽은 두께를 1B로 쌓는다. 바깥쪽은 두께를 0.5B로 하며 치장벽돌을 쌓는다. 이 때 공간은 8~10cm 정도로 한다.(우리나라 중부지방의 표준단열 두께는 70mm이다) 안벽과 바깥벽의 연결을 위한 철물의 배치는 서로 엇갈리게 하고, 거리간격은 최대수직거리 40cm, 최대수평거리 90cm를 초과해서는 안 되며, 쌓기할 때 모탈이 공간에 떨어지지 않도록 주의하여 쌓는다.

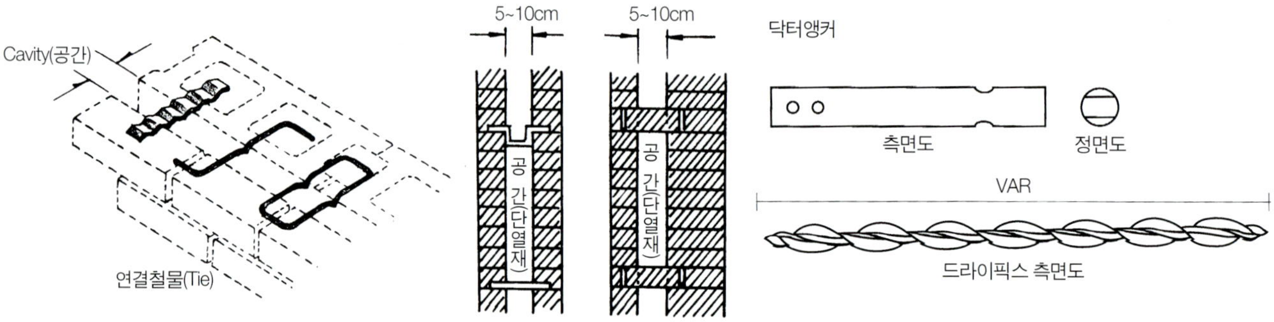

〈 전래형 〉

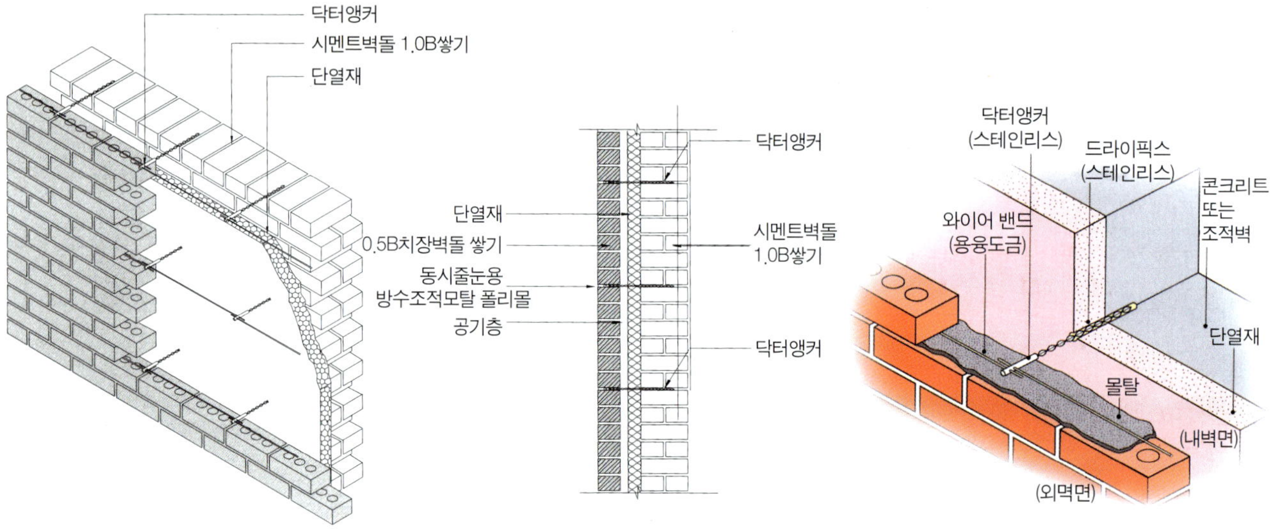

〈 개량형 〉

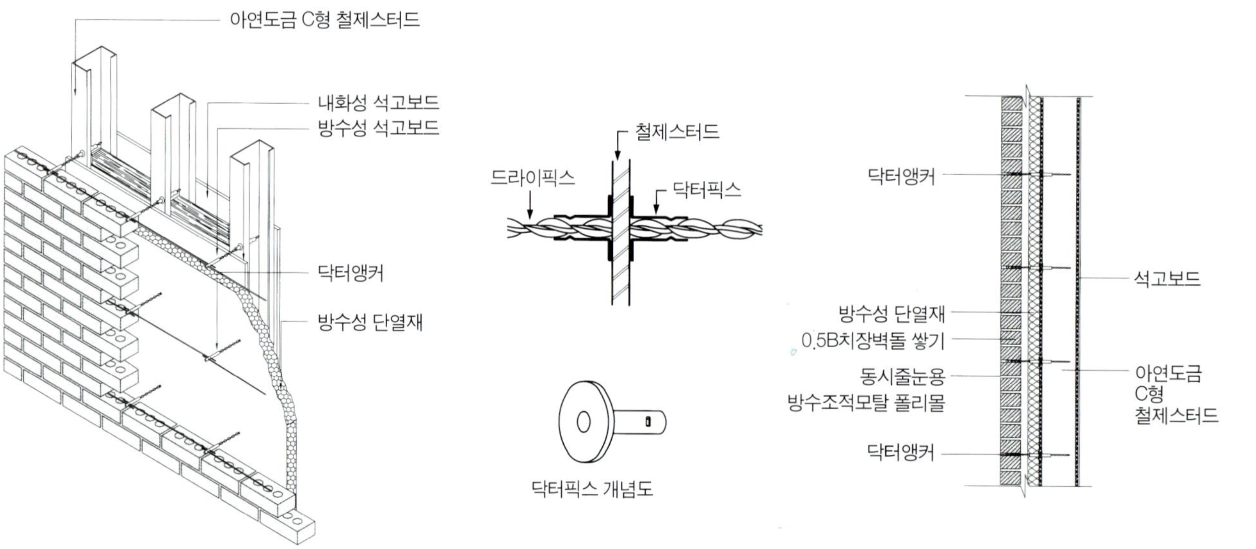

그림 4-9 공간쌓기(전래형 및 개량형)

2. 아치쌓기

아치는 상부에서 오는 수직하중이 아치의 축선에 따라 좌우로 나누어져 밑으로 전달되게 한 구조이다.

아치의 모양은 그림 8~12와 같이 여러 가지가 있으나 일반적으로 반원아치 · 결원아치 · 뾰족아치 · 평아치가 흔히 쓰인다.

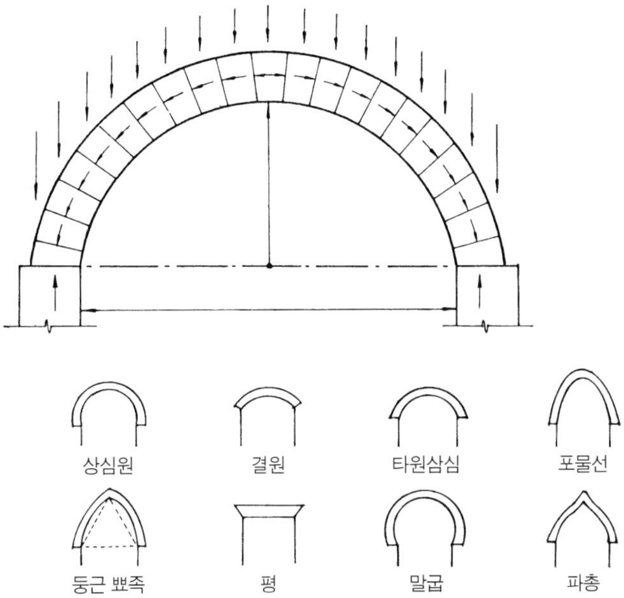

그림 4-10 아치 각부 힘의 분포와 형태에 따른 아치의 종류

아치쌓기의 가설거푸집은 형상과 치수를 정확하고 튼튼하게 짜서 설치하고 떼어내기에 편리하게 해야 하며, 아치를 쌓은 후 모탈이 완전히 굳을 때까지 존치시켜야 한다.

아치쌓기는 그 축선에 따라 미리 벽돌나누기를 하고 좌우에서 대칭형으로 균등하게 쌓아야 하며, 모털은 1 · 2 배합의 것을 빈틈없이 사춤져 넣고 줄눈은 일매지고 모양 바르게 쌓는다.

쌓은 후에는 짐싣기 및 충격 등을 주지 않아야 하며, 모탈이 충분히 굳은 다음 그 윗벽을 쌓는다.

4.2.4 줄눈 · 치장줄눈 · 백화 · 배관홈

1. 줄눈

줄눈에는 막힌줄눈과 통줄눈이 있으며, 내력벽체는 막힌줄눈으로 한다. 가로 · 세로 줄눈의 너비는 특별히 정하지 않았을 때는 10mm를 표준으로 한다.

벽돌쌓기 줄눈의 모탈은 벽돌의 접합면 전부에 빈틈없이 가득 차도록 하고, 가로 줄눈의 깔 모탈이 충분히 채워지도록 하며, 세로 줄눈의 모탈도 충분히 채워지도록 한다.

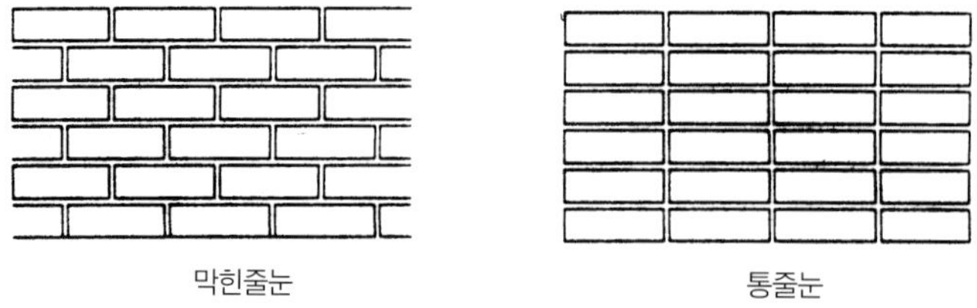

그림 4-11 벽돌줄눈 입면

2. 치장줄눈

치장벽돌면은 벽돌을 쌓은 직후 줄눈모탈이 굳기 전에 줄눈 흙손으로 빈틈없이 줄눈누르기를 하고, 벽면에서 깊이 6mm 정도로 줄눈파기를 한 후 비로 쓸어 청소한다.

치장줄눈은 벽돌벽면을 청소 정리하고, 공사에 지장이 없는 한 될 수 있는 대로 빠른 시일 내에 1 : 1 배합 모탈을 줄눈 흙손으로 빈틈없이 밀어 넣으며, 줄바르고, 표면 일매지게 마무리한다.

치장줄눈의 모양은 그림과 같이 여러 가지가 있으나 보통 민줄눈 · 평줄눈이 많이 쓰이며, 외벽은 모탈에 방수제를 넣어 쓰며, 색소를 넣은 기성제품들이 있다.

치장줄눈은 벽의 상부에서부터 해 내려온다.

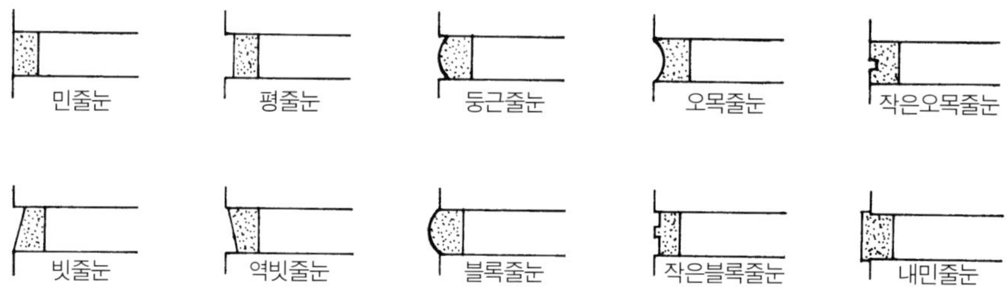

그림 4-12 벽돌줄눈 단면

3. 백화

벽돌 또는 모탈을 시공한 후 수개월이 경과하면 흰가루가 돋아났다 없어졌다 하는데 이 벽 표면의 흰가루를 백화라 하며, 발생원인은 벽 표면에서 침투하는 산성비에 의하여 모탈 중의 석회질물이 유출하기 때문이다. 백화의 방지는 줄눈부분을 방수처리하여 빗물의 침투를 방지하는 것이고, 잘 구워진 벽돌이나 오지(유약칠)벽돌을 쓰는 것이다. 잘 구어진 벽돌은 청음이 나며 색깔이 진하다.

백화의 처치는 염산과 물을 1 : 5로 섞은 것(기성제품)을 뿌리고 솔로 문지른 후 깨끗한 물로 벽면을 닦아낸다. 단 백화제거제는 화기에 유의한다.

4. 배관 홈

벽돌면에 배관, 배선 기타 필요에 따라 연속된 홈을 둘 때에는 벽돌을 쌓은 후 나중에 배관홈을 파고 배관을 묻은 후 좋은 모탈로 충분히 바른다.
건축물의 구조기준 등에 관한 규칙은 배관 홈에 관해 다음과 같이 규정하고 있다.

(벽의 홈)
조적식 구조인 벽에 그 층 높이의 3/4 이상 연속한 세로홈을 설치하는 경우에는 그 홈의 깊이는 벽두께의 1/3 이하로 하고, 가로홈을 설치하는 경우에는 그 홈의 깊이는 벽의 두께의 1/3 이하로 하되, 길이는 3m 이하로 해야 한다.

4.2.5 내화벽돌쌓기

1. 재료의 운반 및 저장

내화벽돌의 운반 및 취급에 있어서는 깨어지거나 모서리가 떨어지지 않도록 던지거나 쏟아 내리는 일이 없게 한다. 저장은 비나 이슬에 젖지 않도록 한다.
내화모탈은 습기차지 않게 저장하고 흙 · 먼지, 기타 불순물이 혼입되지 않도록 한다.

2. 쌓기

내화벽돌은 흙 · 먼지 등을 청소하고 물축이기는 하지 않고 사용해야 하며, 통줄눈이 생기지 않게 쌓아야 한다.
내화모탈은 점토질 내화모탈을 사용하며 줄눈의 너비는 가로 세로 6mm를 표준으로 한다.
줄눈은 쌓기가 완료되는 대로 흙손으로 줄눈을 누르고 줄바르고 평활하게 바른다.

4.2.6 황토벽돌쌓기

1. 재료의 운반 및 취급

외벽용이나 미장을 하지 않을 내벽용의 황투벽돌은 운반 · 취급시 모서리가 깨지지 않도록 해야 하며 비를 맞지 않도록 한다.

2. 쌓기

수해에 대비하기 위하여 기초 콘크리트 30cm 위에서부터 조적하는 것이 좋다. 외벽은 이중벽 쌓기로 하는 것이 바람직하며, 단열재 대신 단열시트(상품명 : Tyvek)로 시공한다. 모탈은 황토모탈로 시공하며 수평줄눈에는 블록메시로 보강한다. 1일 쌓기 높이는 1.3m 이하로 한다. 조립식 황토벽돌로 시공하기도 한다.

황토벽돌(100×120×190) 황토벽돌(150×190×390) 황토참숯벽돌(100×150×250) 황토벽돌(200×150×250)

그림 4-13 황토벽돌의 종류

4.2.7 벽돌벽의 균열 및 벽돌쌓기 시공상의 주의사항

1. 벽돌벽에 균열이 생기는 시공상의 원인

① 강도 부족의 벽돌, 모탈의 사용

② 신축줄눈을 설치하지 않은 이질재와의 접합부

③ 콘크리트 보와 벽체 사이에 사춤모탈 다져넣기 부족

④ 벽돌쌓기 후 균열이 끝나기 전에 모탈 바름으로 인한 신축

2. 벽돌쌓기 시공상의 주의사항

① 벽돌쌓기할 때 모탈이 잘 부착되도록 충분히 물축이기 한다. 쌓기 1~3일 전에 물을 축여 표면이 약간 건조된 것(표면건조 내부포수)을 쓰도록 한다.

② 모탈은 잘 배합하여 건비빔으로 해두고, 사용할 때 적당히 물을 부어 반죽하여 1시간 이내에 사용하도록 한다.

③ 치장벽돌은 벽돌나누기를 정확히 하고 가급적 토막벽돌이 사용되지 않도록 한다.

④ 모탈의 강도는 벽돌강도와 같은 정도가 되도록 한다.

⑤ 줄눈에는 사춤모탈을 잘 채워 벽돌 사이에 모탈이 가득 차도록 한다.

⑥ 1일 벽돌쌓기 높이는 1.5m(22켜) 이하, 보통 1.2m(18켜) 정도로 한다.

⑦ 벽돌벽은 가급적 건물 전체를 균일한 높이로 쌓아 올라가도록 한다.

⑧ 하루 일이 끝날 때에는 층단 떼어쌓기로 하고 직각으로 교차되는 벽의 물림은 켜 걸름들여쌓기로 한다.

⑨ 모탈이 완전히 경화될 때까지 충격, 진동, 압력, 횡력 등이 가해지지지 않도록 한다.

⑩ 치장벽돌일 때는 벽돌쌓기가 끝나는 대로 벽돌면에 묻은 모탈 등은 깨끗이 청소하고 치장 줄눈파기를 하며, 가급적 빠른 시일 안에 치장줄눈을 한다.

⑪ 일단 쌓은 벽돌은 어떠한 경우라도 움직이지 않아야 한다.

⑫ 치장벽돌은 운반 또는 부리기 할 때 깨지거나 모서리가 파손되지 않도록 주의한다.

⑬ 반입된 벽돌은 검사하여 불합격품은 곧 공사장 밖으로 반출시킨다.

⑭ 가로 · 세로 줄눈은 10mm를 표준으로 하고, 내력벽인 경우 세로 줄눈은 통줄눈이 되지 않도록 한다.

⑮ 기온이 0°C 이하로 추울 때는 이하일 때는 모탈의 온도가 4°C 이상 40°C 이하가 되도록 물을 데워 시공하고, 온풍기 · 난로 등으로 실내온도를 영상으로 유지시켜야 한다.

4.3 블록공사

4.3.1 블록의 규격

- 390×190×100mm(4″ 블록)
- 390×190×150mm(6″ 블록)
- 390×190×190mm(8″ 블록)

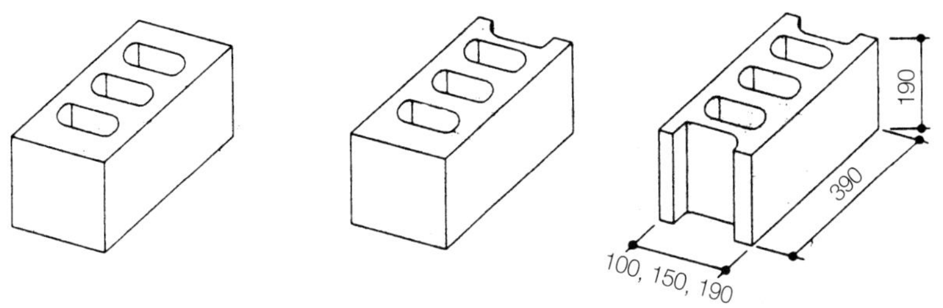

양마구리 블록 한마구리 블록 일반 블록

그림 4-14 기본형 블록의 종류

4.3.2 블록쌓기

① 블록을 쌓는 바탕면은 정리 및 청소를 하고 물축임을 한다.

② 벽 중심선 · 블록 표면선을 먹줄치고 블록나누기를 하여 먹매김을 한다.

③ 블록은 깨끗한 건조상태로 저장되어야 하고 담당원의 승인 없이는 물축임을 해서는 안 된다.

④ 블록에 붙은 흙 · 먼지 등은 제거하고 모탈 접착면은 적당히 물로 축여 모탈의 경화수가 부족하지 않도록 한다.

⑤ 세로줄눈은 도면 또는 공사시방에서 정한 바가 없을 때에는 막힌 줄눈으로 한다.

⑥ 모서리 등 기준이 되는 부분을 먼저 정확하게 쌓은 다음 수평실을 치고, 먼저 쌓은 블록을 기준으로 하여 수평실에 맞추어 모서리부에서부터 차례로 쌓아간다.

⑦ 블록은 뒤집어서 살두께가 큰 편을 위로 하여 쌓는다.

⑧ 모탈은 접합면에 각각 발라 수평 · 수직이 되게 쌓으며, 블록은 턱솔이 없게 수평실에 맞추어 줄눈이 똑바르게 대어 쌓는다. 치장이 되는 면의 더러움은 그때마다 청소한다.

⑨ 하루의 쌓기 높이는 1.5m(블록 7켜 정도) 이내를 표준으로 한다.

⑩ 줄눈모탈은 쌓은 후 줄눈누르기 및 줄눈파기를 한다.

⑪ 특별한 지정이 없으면 가로줄눈 및 세로줄눈의 두께는 10mm가 되게 한다. 치장줄눈을 할 때에는 줄눈흙손을 사용하여 줄눈이 완전히 굳기 전에 줄눈파기를 하고 치장줄눈을 바른다.

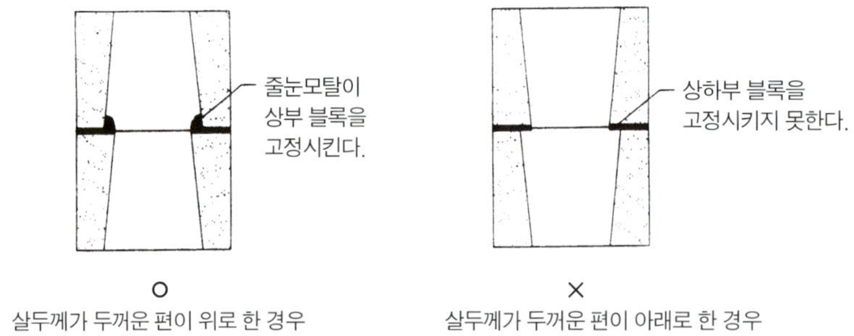

그림 4-15 블록쌓기 단면

막힌줄눈쌓기(공간벽)

막힌줄눈쌓기(보강블록조)

통줄눈쌓기

그림 4-16 블록줄눈 입면

4.3.3 블록쌓기시 유의사항

① 블록쌓기 바닥을 청소한 뒤 물축임한다. 블록은 쌓기 전에 적당히 물축임하는데, 과다한 물축임은 수축을 일으킨다.

② 모탈은 건비빔하여 두었다가 사용하기 전에 물비빔하여 사용하며, 가수 후 1시간이상 경과하여 응결이 시작된 모탈은 사용을 금지한다.

③ 블록은 살두께가 두꺼운 편이 위로 향하게 쌓는다.

④ 1일 쌓기 높이 1.2~1.5m 정도(7켜 정도)로 한다.

⑤ 쌓은 후 움직이거나 충격을 금지한다.

⑥ 수평 · 수직줄눈은 빈틈없이 시공한다.

⑦ 치장줄눈은 2~3단 쌓은 후에 줄눈파기 한다.

⑧ 줄눈 폭은 10mm를 표준으로 한다.

2

3

4

5

6

1

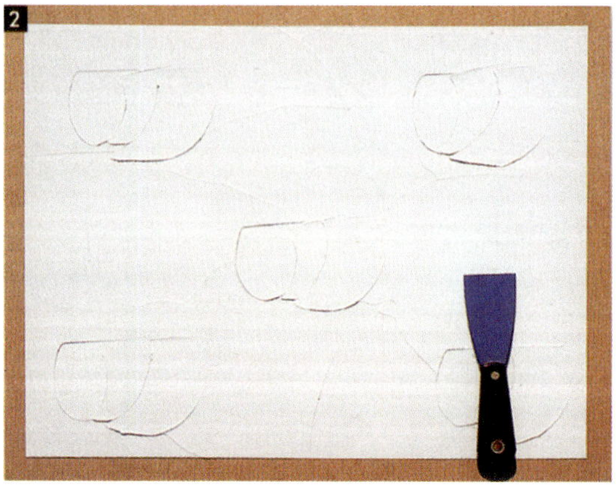

2

3

4

5

6

CHAPTER **5**

미장공사

5.1 개 요

5.1.1 일반공사

미장공사는 벽, 천장, 바닥 등에 모탈 · 회반죽 등을 바르는 마무리 공사이다. 벽돌이나 블록을 쌓은 후 시멘트 모탈을 바르는 작업이 일반적이고, 시멘트 모탈 등의 바탕면에 회반죽(Stucco-테라코트, 핸디코트 등), 드라이빗 등을 바르는 것이다.

미장재료는 대개 분말재를 물, 접착제 등으로 반죽하여 흙손, 주걱이나 롤러로 발라 건조시켜 표면을 튼튼하게 또는 아름답게 형성하는 것이며, 시공부분은 대부분 노출되므로 바탕공사를 철저히 하고 좋은 솜씨를 가진 미장공이 성실하게 시공해야 한다.

미장공사시의 요구조건

① 평편도
② 강한 부착강도
③ 내구성, 내알칼리성
④ 균열의 미발생
⑤ 시공의 용이성
⑥ 아름다운 미관
⑦ 편리한 유지관리
(※ 시멘트, 콘크리트는 알칼리성임)

5.1.2 재 료

미장재료는 현장에서 배합해서 쓰는 것이 일반적이고, 가격은 조금 높으나 현장시공의 편리를 위해 기 배합된 재료도 있다. 기 배합된 재료로는 기 배합 시멘트모탈, 유색시멘트, 단열모탈, 합성수지 플라스터, Self leveling재 등이 있다.

(※ Mortar을 다른 교재에는 모르타르, 몰탈, 모르터로 기재했다.)

5.1.3 보 양

바람 등에 의하여 작업장소에 먼지가 날려 작업면에 부착될 우려가 있는 경우는 방풍보양을 해야 하며, 기계운전 등으로 인해 진동이 심하거나 작업이 어려운 경우 및 보양에 지장을 줄 경우에는 적절한 조치 후 시공해야 한다.

그림 5-1 인스턴트 히터

여름에 시공하는 경우는 각 바름층마다 급격한 건조를 피하고, 일사(직사광선)를 받지 않도록 하고, 시멘트 모탈의 경우는 충분한 수화작용이 이루어질 수 있도록 2~3일간은 살수, 비닐시트 덮기 등으로 습윤상태로 보양한다.

동절기에 기온이 영하이거나 영하에 가깝게 되어 경화에 문제가 있을 때에는 개구부를 비닐시트 등으로 막고 난로 등으로 실내온도를 상승시켜 주어야 한다. 인스턴트 히터 사용시 고온건조해지면 미장면에 균열이 발생되므로 유의해야 하며, 인화물질에 의한 화재발생에 주의해야 한다.

5.2 바름벽 바탕

5.2.1 시멘트 벽돌 · 블록 · 콘크리트 바탕

시멘트 벽돌 · 블록 · 콘크리트 등의 바탕에 파손 등이 심한 곳은 손질바름으로 면이 균등하게 되도록 바탕을 조정한 다음 초벌바름을 한다. 또 콘크리트 바탕면이 너무 미끈한 것은 부착 상태가 나쁘므로 와이어 브러시 · 정 등으로 거칠게 하거나 메탈 라스를 부착하고 초벌바름을 한다.

콘크리트 기둥 옆, 보 밑에 쌓은 벽돌벽은 이질적 신축성에 의해 균열이 생기기 쉬우므로 이 부분의 시공은 밀실하게 한 후 건조, 수축, 균열 발생 진행이 끝나고 완전히 경화된 다음 미장을 한다. 벽과 기둥 사이는 미장을 10mm 정도 끊고 코킹으로 마무리하는 Control Joint를 만들면 크랙(균열)이 방지된다.

5.2.2 메탈 라스 바탕

합판 등 바탕 판재 위에 방수지를 펴고 그 위에 메탈 라스를 갈고리못(staple)으로 박아 고정하면 모탈바름의 밑바탕이 된다.

메탈 라스는 지정이 없을 때에는 평메탈 라스로 하며 가로 · 세로 30cm 내외, 특히 천장은 15cm 내외로 갈고리못치기를 하고, 접합부는 45cm 이상 겹치도록 한다.

5.3 시멘트모탈 바름

5.3.1 일반사항

시멘트모탈 바름이라 함은 시멘트 · 모래를 물과 반죽하여 만든 모탈바름공사를 말하며, 주로 다른 재료의 밑바탕으로 쓰인다. 시멘트모탈은 기온이 높은 여름철에는 경화가 빠르며 기온이 낮은 겨울철에는 경화가 느리다. 0℃ 이하에서는 경화되지 않는다.

5.3.2 재 료

시멘트는 보통포틀랜드시멘트를 사용하고, 모래는 견고하며 염분 · 흙 등을 포함하지 않은 깨끗한 것으로 한다.
물도 깨끗하고 유해량의 염분 · 기름 등을 포함하지 않은 것으로 한다.

5.3.3 배합 및 바름두께

1. 배합

모탈의 배합은 용적배합으로 하며 표 5-1을 표준으로 하고, 물반죽하여 1시간 이상 경과된 것은 사용하지 않는다.

표 5-1 모탈의 용적배합비

바 탕	바름부분	초벌 또는 라스 먹임	고름질	재벌바름	정벌바름
		시멘트 : 모래	시멘트 : 모래	시멘트 : 모래	시멘트 : 모래 : 소석회
콘크리트, 시멘트벽돌	바닥	–	–	–	1 : 2
	안벽	1 : 3	1 : 3	1 : 3	1 : 3 : 0.3
	천장	1 : 3	1 : 3	1 : 3	1 : 3
	바깥벽	1 : 2	–	–	1 : 2 : 0.5
각종 라스 바탕	안벽	1 : 3	1 : 3	1 : 3	1 : 3 : 0.3
	천장	1 : 3	1 : 3	1 : 3	1 : 3 : 0.5
	바깥벽	1 : 2	1 : 3	1 : 3	1 : 3

2. 바름두께

바름두께의 표준은 표 5-2에 따르되, 천장은 15mm 이하, 기타는 15mm 이상으로 한다.

표 5-2 바름두께의 표준

바 탕	바름부분	바름두께(mm)				
		초벌바름 라스먹임	고름질	재벌	정벌	합계
콘크리트, 시멘트벽돌	바닥	–	–	–	24	24
	천장	6	–	6	3	15
	안벽	7	–	7	4	18
	바깥벽	9	–	9	6	24
각종 라스 바탕	안벽	라스 두께보다 2mm 내외 두껍게 바른다.	7	7	4	18
	천장		6	6	3	15
	바깥벽		0~9	0~9	6	24

5.3.4 모탈 바르기

① 건비빔 모탈

② 바탕 물축이기 후 초벌 바르기

③ 긁어 놓기

④ 물축이기와 재벌(정벌)바르기

⑤ 재벌(정벌) 바르기

그림 5-2 시멘트모탈 미장순서

1. 바탕처리 및 바르기 순서

모탈바름 바탕은 먼지 등을 청소하고, 덧붙임 손질은 요하는 곳은 모탈로 요철을 조정하고 긁어놓은 다음 2주일 이상 가능한 한 오래 방치한다. 또 지나치게 매끈한 부분은 정으로 쪼아 거칠게 하거나, 메탈 라스를 부착하거나 혼화재를 넣어 부착력을 높인 시멘트풀을 발라 모탈이 잘 부착되도록 한다.
바르기 순서는 위에서부터 아래로 바른다. 즉 천장 · 벽 · 바닥의 순으로 발라 내려온다.

그림 5-3 시멘트모탈 뿌리기

2. 초벌바름

초벌바름은 바탕을 청소하고, 건조한 콘크리트 · 벽돌 · 블록 바탕면은 물뿌리개나 분무기 등으로 적절히 물축이기를 한 다음 나무흙손으로 충분히 눌러 바르고, 바른 후에는 메탈 라스 등으로 전체면을 거칠게 긁어 놓는다. 건조한 바탕에 물축이기를 하지 않고 모탈을 바르면 모탈의 수분이 바탕에 흡수되어 접착면의 모탈이 나중에 박리되는 원인이 된다.
초벌바름은 2주일 이상 가급적 장기간 방치하여 바름면에 생기는 균열을 충분히 발생시키고, 심한 균열이 생기면 퍼티 등으로 덧먹임을 하고 재벌바름을 한다.

3. 재벌바름(고름질)

초벌바름에 뒤이어 나무흙손으로 평탄하게 골라 바르는 것으로 바름두께가 너무 두껍지 않게 하고, 얼룩 · 처짐 등이 생기지 않도록 정확하고 평활하게 바른다.
재벌바름을 한 다음에는 초벌바름과 같은 방치기간을 둔다. 재벌바름에 앞서 구석 · 모서리 주위 등은 규준대를 대고 평탄한 면으로 바르고 다시 잣대 고르기를 한다.
재벌바름이 충분히 평활하지 않으면 정벌바름 두께가 불균일하게 된나. 새벌바름을 정벌바름으로 하기도 한다.

그림 5-4 모래 체치기(정벌용)

4. 정벌바름

재벌바름의 경화 정도를 보아 쇠흙손 또는 나무흙손으로 재벌바름과 같은 방법으로 하되 흙손자국인 얼룩 · 처짐 등이 생기지 않도록 정확하고 평활하게 바른다.
쇠흙손 마무리는 표면이 매끈하여 페인트칠 바탕으로 되는 경우가 대부분이며, 나무흙손으로 바른 다음 쇠흙손으로 눌러 마무리하는 것이다. 면이 곱고 미끈해 흙손자국이 나기 쉬우므로 주의하고, 특히 모래의 양을 줄이지 않도록 한다.

바탕에 심한 요철이 없고 마무리 두께가 2cm 이하의 천장 · 벽 등은 초벌바름 후 재벌바름을 하지 않고 정벌바름을 하는 경우도 있다.
평탄한 바탕면으로 마무리 두께 1cm 정도의 천장 · 벽 등은 1회로 마무리하는데 이를 1회 바름공법이라 하며, 이 경우는 바탕면에 시멘트풀을 바르고 거기에 정벌바름의 배합으로 마무리한다. 1회 바름은 균열발생이 쉬워 질적인 공사가 될 수 없다. 정벌바름용 모래는 체로 친 것을 사용한다.

5. 비드

시멘트모탈 미장의 각진 면, 모서리면, 구석면 등을 보호하기 위해 비드(bead)를 설치한다. 비드의 종류로는 모서리용의 코너 비드, 미장이 끝나는 곳에 사용되는 엔드 비드, 조인트 비드 등이 있다.(p.126 참조)

그림 5-5 코너비드 시공

5.3.5 바닥 바르기

① 슬래브 바탕에 물뿌리기

1. 콘크리트 바닥에 모탈 바르기

콘크리트 바닥에 모탈을 바를 때에는 바탕 표면의 레이턴스, 오물, 부착물 등을 제거하고 청소한 다음 물을 뿌린다.
물이 고이지 않은 상태에서 시멘트풀을 충분히 문지르고 잘 고른 다음, 된비빔 모탈을 잣대 고름질을 하고 물매에 주의하면서 나무흙손으로 고르고 쇠흙손으로 마무리한다.

그림 5-6 바닥모탈 시공순서

② 잣대고르기

③ 잣대고르기 및 미장

④ 미장 마무리

5.4 회벽(회반죽 - stucco)

5.4.1 일반사항

석회, 회반죽 등의 미장재를 두께 2~8mm 정도로 바르고 표면에 자유롭게 문양을 만드는 마무리 미장재이다. 옛부터 사용된 회벽은 비내수성이며 접착력이 약하고 문양이 없는 단순한 백색의 미장이었으나 최근의 개량질 회벽은 문양, 색, 질감을 다양하고 어렵지 않게 표현할 수 있으며, 내수성과 접착력이 좋아 시공 부위에 제한이 없다.(상품명으로 테라코트, 핸디코트 등이 있다)

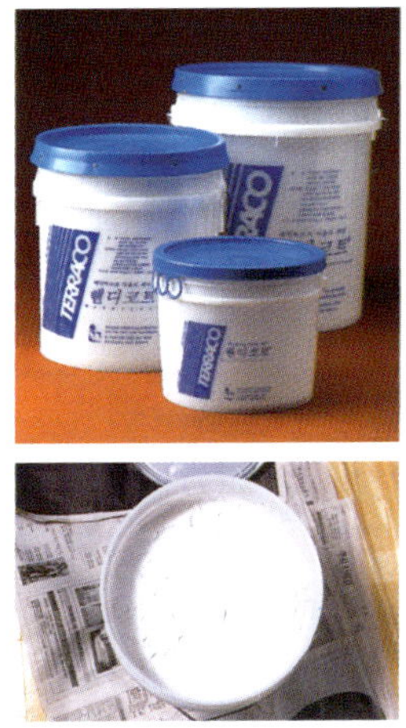

그림 5-7 회반죽과 용기

5.4.2 시 공

먼저, 바름 바탕면의 먼지 · 이물질 등을 깨끗이 제거하고 창 · 문틀 주위, 전기스위치 커버 주위, 바닥 등을 비닐시트 · 커버링테이프 · 종이테이프를 이용해 가려준다. 주걱 또는 흙손을 이용하여 두께 2~3mm 정도로 바른 후 각종 롤러나 주걱 등으로 의도한 문양을 자유롭게 그려 넣는다. stucco가 완전히 건조되기 전에 종이테이프와 비닐시트를 제거한다. 기온이 영하에 가깝거나 바람이 세게 부는 날, 비오는 날은 시공을 금해야 한다.

① 테이프 커버링 ② 주걱 미장 ③ 흙손 미장 ④ 문양 넣기

그림 5-8 회반숙 시공순서

5.5 단열모탈 바름

5.5.1 일반사항

규석(Perlite), 석회석 등을 고온에서 발포시킨 인공 경량단열골재를 주재료로 하여 만든 모탈로 균열 방지를 위해 유리섬유로 보강하고 내후 · 내충격 · 방수효과와 미려한 색상을 위해 안료와 아크릴 에멀션이 혼합된 것이 주로 쓰인다.(상품명으로 Dryvit으로 불리는 제품이 있다)

5.5.2 시 공

먼저 바름 바탕면의 요철을 퍼티 등으로 정리하고 먼지, 기름, 부착물 등을 제거한 후 부착력을 증진시키기 위해 프라이머를 롤러나 붓으로 도포한다.
외벽에 단열판을 설치할 경우에는 바탕면의 먼지 등을 깨끗이 제거한 후 접착제를 충분하고 고르게 발라 바탕면에 단열판을 밀착되게 붙인다. 24시간 이상이 경과되어 단열판이 바탕에 완전히 고착된 후 보강용 유리섬유 메시를 접착제로 2회 부착한다.(유리섬유의 겹친 이음 길이는 10cm 이상으로 한다.)
충분히 비벼진 단열모탈을 1~3회 정도 바르며, 1회의 바름두께는 25mm 이하로 한다. 비빈 모탈은 1시간 이내에 시공해야 한다.

● **단열판 부착 단열모탈(Dryvit) 시공순서(그림 5-9)**

시공할 기본 구조물의 표면을 다듬고 바닥을 고른 후에 지면 접촉 부분에 대한 방수처리를 한다.

접착 모탈과 일반 시멘트를 3:1의 비율로 혼합하여 단열재의 전면에 고르게 바른다.

단, 기본 구조물의 평면이 고르지 않을 경우에는 접착 모탈을 단열재의 중앙에 군데군데 바르고 가장자리는 빠짐없이 바른다.

단열재의 표면이 완전히 평평하도록 벽면에 견고하게 부착시킨다.

단열재 위에 다시 접착 모탈을 6mm 두께로 바르고 보강용 유리섬유를 깔아준다.

보강용 유리 섬유가 완전히 묻히도록 다시 접착 모탈을 발라 준 후에 원하는 색상과 재질감에 따라 마감 코팅재로 마감을 한다.

시공할 기본 구조물의 표면을 다듬고 바닥을 고른 후에 지면 접촉 부분에 대한 방수처리를 한다.
접착 모탈과 일반 시멘트를 3 : 1의 비율로 혼합하여 단열재의 전면에 고르게 바른다.
단, 기본 구조물의 평면이 고르지 않을 경우에는 접착 모탈을 단열재의 중앙에 군데군데 바르고 가장자리는 빠짐없이 바른다.

단열재의 표면이 완전히 평평하도록 벽면에 견고하게 부착시킨다.

단열재 위에 다시 접착 모탈을 6mm 두께로 바르고 보강용 유리섬유를 깔아준다.

보강용 유리 섬유가 완전히 묻히도록 다시 접착 모탈을 발라준 후에 원하는 색상과 재질감에 따라 마감 코팅재로 마감을 한다.

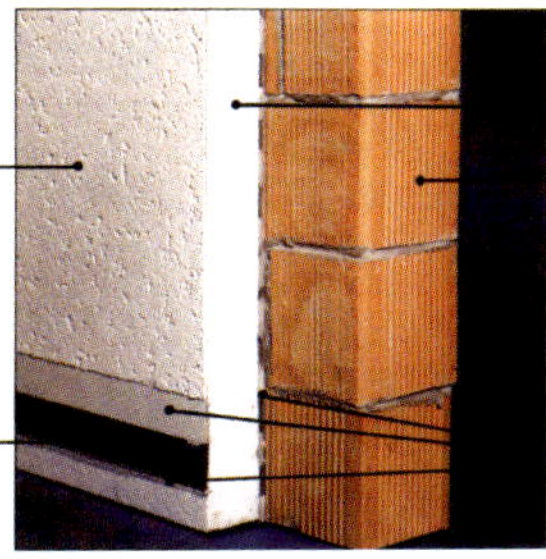

그림 5-10 단열판 부착 단열모탈 시공 예

초벌바름은 천천히 압력을 주어 기포가 생기지 않도록 하며 10mm 이하로 바른다. 7일 이상 양생해야 하며, 양생 중에는 급격한 건조 · 진동 · 충격 등을 피해야 하며, 기온이 영하이거나 영하에 가까운 경우에는 시공을 하지 않아야 한다.

표면의 내오염성을 증진시키기 위해 무광 우레탄 투명도료를 살포하는 것이 좋다.

표면의 문양은 롤러의 선택에 따라 그림 5-11과 같이 다양하게 표현된다.

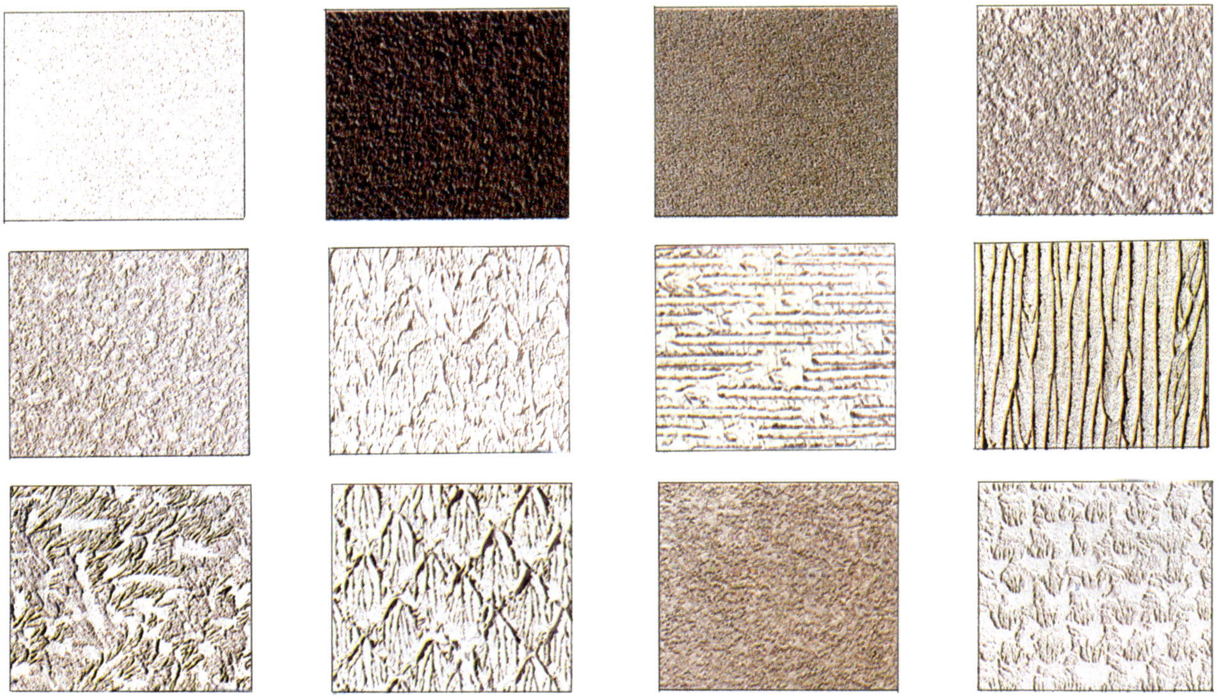

그림 5-11 롤러 사용에 따른 표면 문양

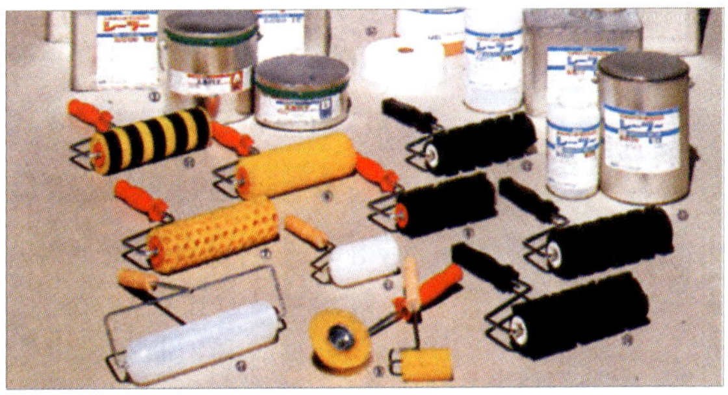

뿌려 습윤케한 후 흙손이나 미장칼로 눌러 바른다. 석고보드 벽체인 경우는 접착제를 도포 후 메탈 라스를 댄 후 미장한다. 초기경화에 1~2일, 완전경화에는 4~5일이 소요된다. 천장이나 벽체의 경우에는 도장법으로 할 수도 있다. 뿜칠 · 롤러 · 붓을 사용하여 1차 도포하고 30분 정도 후 2차 도포한다.

5.8.4 시공상의 유의사항

① 초벌바름 뒤에는 충분히 통풍하여 건조시킨다.
② 겨울에는 동해를 받지 않도록 주의한다.
③ 장마철의 시공은 하지 않아야 한다.

황토미장 벽체

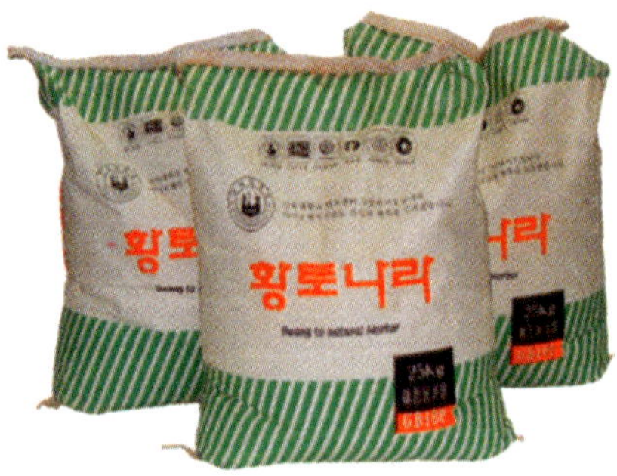

분말황토

황토플라스터와 용기

그림 5-12 황토미장재료

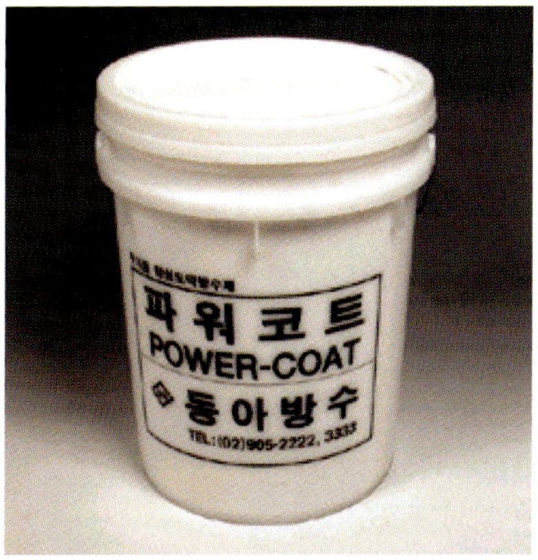

도막방수제(고무계)

도막방수제(아크릴)

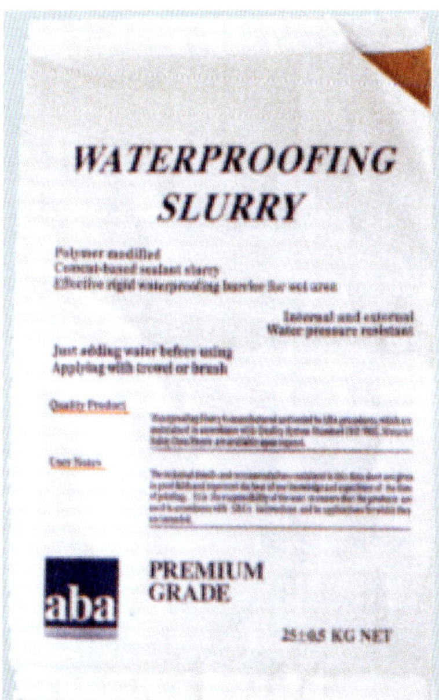

도막 방수제

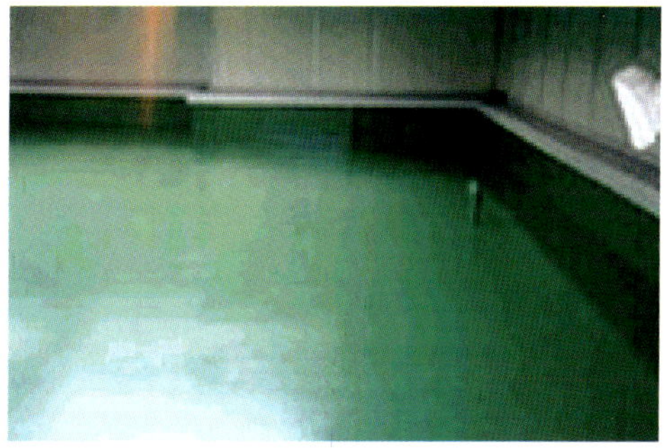
옥상 우레탄 방수

지하주차장 우레탄 방수

지하주차장 에폭시 방수

에폭시 방수제

주방 시멘트 액체 방수

욕실 우레탄 방수

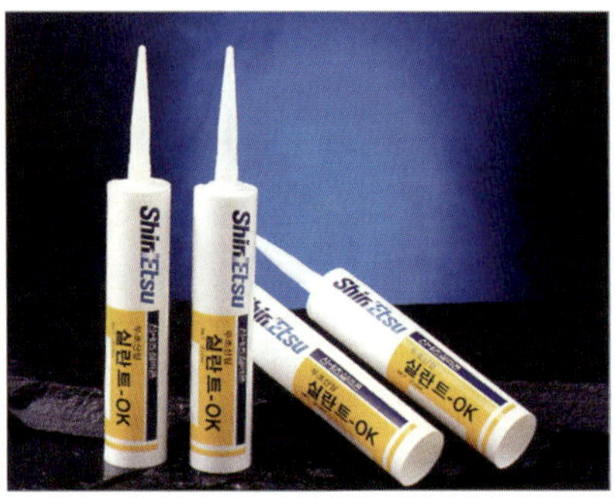

실런트

코킹

CHAPTER 6

방수공사

6.1 개 요

방수공사는 주로 물을 많이 사용하는 공간에 물이나 습기가 건축물의 구조부로 침투하거나 다른 실로 번져 나가서 건물의 내 · 외부를 상하게 하는 것을 방지하기 위한 목적으로 한다. 벽돌, 모탈, 콘크리트 등은 방수되지 않으므로 방수 · 방습이 필요한 주방, 욕실, 화장실, 지하실, 평지붕 등과 같은 곳에는 적정한 방수처리를 해야 한다.

방수공법에는 도막방수공법, 침투공법, 수밀재붙임공법 등이 있다.

도막방수에는 우레탄계 · 고무계 · 비닐계 · 아크릴계 · 에폭시계 방수가 있고, 침투방수에는 시멘트액체방수가 있으며, 수밀재붙임방수에는 시트방수 · 아스팔트방수가 있다. 실내건축공사 현장에서는 일반적으로 우레탄방수와 시멘트액체방수가 많이 쓰인다.

방수공사는 한 번 시공을 한 다음에는 보수가 어렵기 때문에 처음 작업을 할 때 면밀하게 시공하여 하자가 없도록 시공한다.

6.2 시공개소별 방수공법

6.2.1 실내방수

실내에서 방수를 요하는 곳은 항상 물을 쓰는 식당의 주방 · 화장실 · 욕실 · 샤워실 · 다용도실 · 발코니 등의 바닥 또는 벽이며, 이러한 곳들은 수압도 없고 천후의 영향도 거의 받지 않으므로 시멘트액체방수나 도막방수로 한다. 시멘트액체방수로 시공하는 경우는 하자 발생이 우려되는 드레인 주위, 슬리브 주위, 파이프 주위, 구석, 모서리를 도막(우레탄)방수로 면밀히 보강한다.

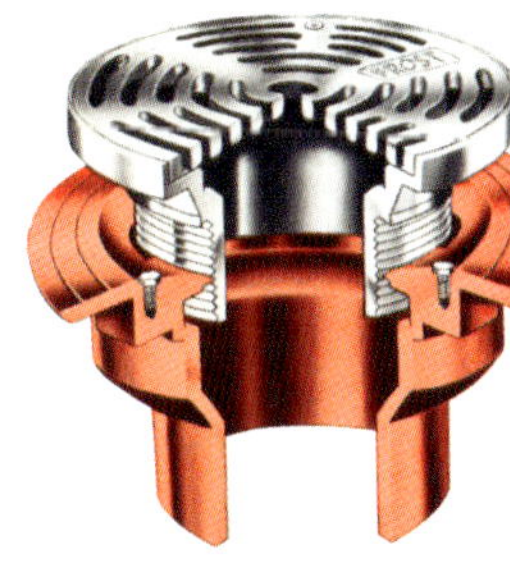

그림 6-1 드레인

6.2.2 지하실 방수

● 내부 방수법(안방수공법)

수압이 작은 지하실에서 사용되는 공법으로 방수층 시공이 외부방수에 비해 상당히 편리하나 수압이 큰 곳에서는 곤란하다.

지하실 구조체의 결함부분을 보수 · 청소하고, 침투한 우수는 계속 배수하면서 내면을 일관성 있게 방수층으로 완전히 싸 바른다.

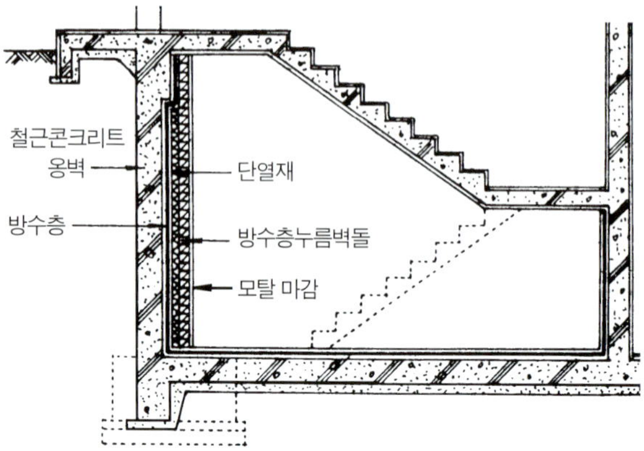

그림 6-2 내부방수 단면도

방수층과 접하는 면을 완전 건조시킨 후 시공하고 계속 건조상태를 유지하여 접착이 잘 되게 한다. 방수층 공사가 완료된 후 배관, 철물, 배수구 등의 설치로 방수층을 손상시키는 일이 없도록 한다. 지하실 방수재는 시트방수 · 에폭시방수 · 우레탄방수로 하는 것이 좋으며, 벽의 보호누름은 벽돌 등으로 하고 바닥의 보호누름은 모탈로 한다. (외부방수법(밖방수법)이 보다 이상적이나 시공이 매우 불편하다.)

6.3 방수재료별로 분류한 방수공법

6.3.1 시멘트 액체방수

1. 일반사항

시멘트방수공사는 모탈미장면과 콘크리트의 표면에 시멘트 방수제를 도포 · 침투시키거나 또는 시멘트모탈에 방수제를 혼합하여 모체의 표면에 덧발라 방수하는 것을 말한다. 바탕면 또는 방수모탈의 균열발생이 문제점이다. 욕실, 화장실, 주방 등의 좁은 장소에 쓰인다. (방수재료 중 가장 싸고 시공비가 적게 든다.)

(※ 균열이 우려되는 파이프 주위, 슬리브 주위, 드레인 주위, 구석, 모서리는 우레탄 등의 도막방수제로 보완해야 한다.)

그림 6-3 시멘트 액체방수 시공과 우레탄방수 보완

주방방수

욕실방수

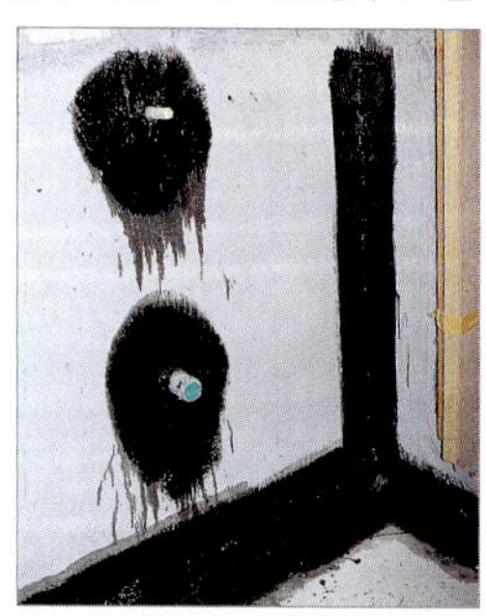

보완(우레탄)

2. 시멘트액체방수 시공

(1) 바탕처리

시멘트방수층은 우레탄 · 시트 방수층에 비해 신축성이 거의 없어 모체에 균열이 발생하면 방수가 되지 않으므로 모탈이나 콘크리트 바탕은 밀실 · 견고 · 평활해야 하며, 바탕에 물흘림 경사를 잡기 위해 배수구로 향하여 1/100 정도의 물흘림 경사를 두어야 하고, 구석 · 모서리 등에는 물이 고이지 않게 한다.

모탈이나 콘크리트 바탕면에 부착된 기름 · 흙 · 먼지 · 모래 · 자갈 및 레이턴스(Laitance) 등은 제거하고, 모체에 균열이 생긴 부분은 충진재로 메꿈을 하거나 V커팅한 후 코킹 또는 실런트로 메우고, 들뜬 곳 등 부실한 부분은 제거한 후 부배합 모탈로 보수하여 충분한 강도가 있는 견실한 모체로 만든 다음 방수층 시공을 한다. 바탕이 건조할 경우에는 시멘트액체방수 내부의 수분이 과도하게 바탕에 흡수되지 않도록 물로 적셔둔다.

초벌과 재벌의 모탈 바름은 장시간 방치하여 균열발생을 기다렸다가 정벌바름 방수모탈을 한다.

표 6-1 방수제의 배합비(중량비)

종 별		중량배합비				방치시간	바름두께(mm)	
		시멘트	모래	물	방수제		벽	바닥
1	방수용액 침투	–	–	5~10	1	–	–	–
2	방수시멘트풀칠	2.0~2.5	–	4	1	–	–	–
		3.0~3.5	–	2.5	1	–	–	–
3	방수모탈 바름	2.5	5	4	1	–	6~9	10~15
		2.5	7.5	5	1	–	–	–

(2) 시공법

① 바탕처리가 완전히 된 다음 액체방수 원액을 5~10배 정도로 물에 타서 모체(바탕)에 롤러, 붓, 스프레이를 이용하여 균등히 도포하여 침투시킨다. 특히 굴곡부, 우묵진 곳, 구석, 모서리 등에는 면밀히 도포하도록 한다. (방수희석액 도포)

② 방수용액 칠의 경화시기를 보아 시멘트, 물, 방수제를 혼합한 방수시멘트풀을 붓, 스펀지 등으로 균등히 도포한다. 방수시멘트풀은 균질하게 될 때까지 5분 이상 섞는다.

③ ①과 ②의 공정을 3회 정도 반복한다. (방수희석액 도포 + 방수시멘트 풀칠)

④ 방수시멘트풀칠의 경화 정도를 보아 시멘트, 모래, 물, 방수제를 배합 모탈믹서로 5분 이상 충분히 반죽한 방수모탈을 쇠흙손으로 표면이 미끈하게 광택이 날 정도로 눌러 바른다. 방수모탈은 비빔 후 20° C에서 45분 이내에 사용해야 한다. (방수모탈 미장)

<모탈 1차 방수 >

① 방수시멘트풀칠
② 방수희석액 도포
③ 방수시멘트풀칠
④ 방수희석액 도포
⑤ 방수시멘트풀칠
⑥ 방수모탈 바름

<모탈 2차 방수 >

① 방수시멘트풀칠
② 방수희석액 도포
③ 방수시멘트풀칠
④ 방수모탈 바름
⑤ 방수시멘트풀칠
⑥ 방수희석액 도포
⑦ 방수시멘트풀칠
⑧ 방수모탈 바름

① 방수모탈 미장

② 방수시멘트풀칠

③ 양생

④ 방수보완(우레탄)

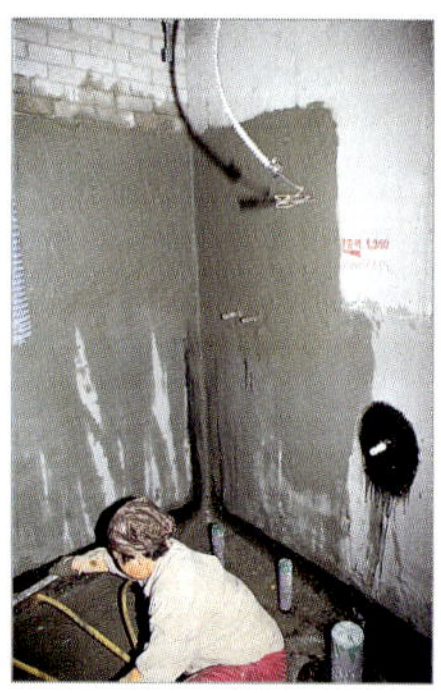

⑤ 방수희석액 도포

⑥ 담수 테스트

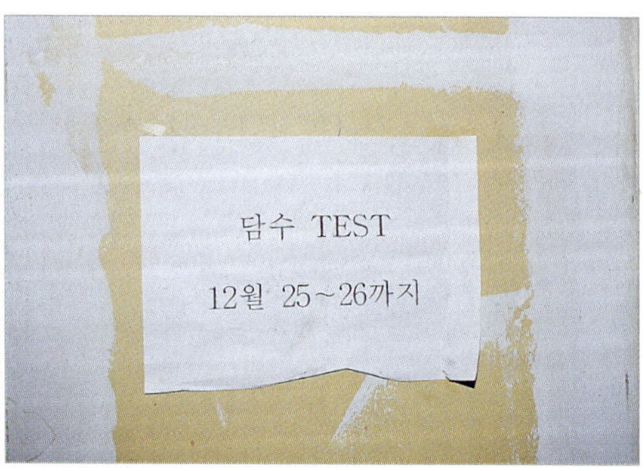

⑦ 담수테스트 안내

그림 6-4 욕실(주방) 시멘트액체방수 시공

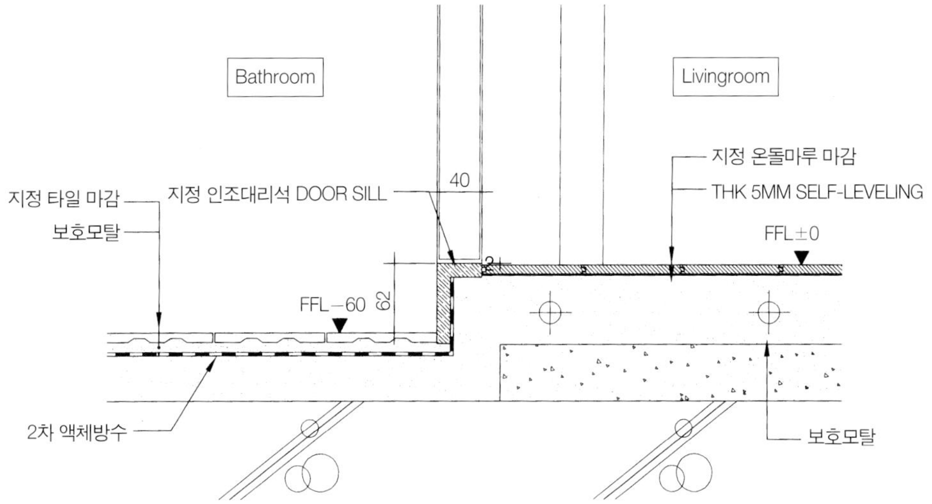

그림 6-5 바닥 단면상세도

⑶ 양생

① 직사일광이나 고온 등에 의한 급속한 건조가 예상되는 경우에는 살수 또는 시트 등으로 보호하여 양생한다.

② 재령 초기에는 충격, 진동 등의 영향을 주지 않도록 한다.

③ 저온에 의한 동결이 예상되는 경우에는 보온 또는 시트 등으로 보호하여 양생한다.

6.3.2 합성수지 고분자계 방수

1. 도막방수

피막방수라고도 하며, 방수바탕에 합성고무(합성일반고무 · 우레탄) 유제 또는 합성수시(아크릴 · 비닐 · 에폭시) 액체를 도포하여 소요두께의 방수피막을 형성시켜 방수층을 만드는 공법이다. 합성일반고무계 · 비닐계 방수는 내구성의 문제가 있고 아크릴 방수, 에폭시 방수는 크랙의 문제가 있다. 바탕면의 크랙발생이 우려되는 곳은 우레탄 · 시트방수가 좋고 합성일반고무계 · 비닐계 방수를 할 수도 있다. 실내건축공사 현장에서는 일반적으로 1차로 시멘트액체방수를 하고, 하자발생 우려가 높은 부분에만 2차로 노막(우레탄)방수를 한다. 그 이유는, 시멘트액체방수는 시공비가 가장 저렴하여 경제적이나 균열 및 충격에 의해 방수층이 파손된다. 이의 보완을 위해 재료비가 비교적 고가이나 신축성과 내구성이 좋은 우레탄방수로 부분적 보완시공을 하는 것이다. 시멘트액체방수를 하지 않고 바탕면 전체를 처음부터 우레탄 또는 에폭시 도막방수로 하기도 한다.

합성수지 도막방수공사는 프라이머 작업시 솔벤트로 만든 용제(시너)에서 나오는 유독가스가 쌓이는 것을 막기 위해 환기해야 하며, 코팅이 완전히 건조될 때까지 환기를 계속 해야 한다. 또한 용제(시너)는 인화성이므로 화재에 유의하고 소화기를 비치해야 한다.

프라이머 처리가 끝난 바탕면에 시공될 주제와 경화제는 배합 시에 충분히 혼합한다.

● 아크릴계 · 비닐계 · 합성고무계 도막방수 시공상의 주의사항 (재료비가 저렴함)

① 콘크리트면이 부실하고 평활하지 않으면 도막두께의 균일성이 없어 바늘구멍(작은 구멍)이 생길 우려가 있으므로 주의한다.

② 건조경화에 시간이 걸리므로 강우 시나 동기 시공은 피하는 것이 좋다.

● 우레탄수지계 · 에폭시수지계 도막방수 시공상의 주의사항 (도막방수 중 고가임)

① 잔류용제의 증발로 도막이 부풀어오를 우려가 있으므로 도포 후의 용제는 매회 바름마다 완전히 증발되도록 한다.

② 경화중인 도막은 외상에 대해 매우 약하므로 공사완료 후 철저한 보양이 필요하다. 합성고무계 도막은 보호층 시공이 필요하며, 에폭시 · 우레탄 도막은 보호층(보호누름)시공이 필요치는 않으나 보호층시공을 하는 것이 좋다.

① 바닥청소 ② 프라이머 바르기

③ 벽체(우레탄) 바르기 ④ 바닥(우레탄) 바르기 ⑤ 담수 테스트

그림 6-6 도막방수 시공순서

2. 우레탄 도막방수

우레탄수지계는 폴리우레탄 성분을 주원료로 하는 주제와 경화제로서 이루어지는 2성분형 우레탄고무계 방수제를 말하며, 그 품질에 따라 노출형 우레탄고무계와 비노출형 고무계로 구분한다. 상온경화형으로 작업성이 우수해 공기를 단축시킬 수 있으며, 복잡한 구

조물에서도 시공이 어렵지 않다. 이음매가 없는 연속방수층이 가능하며, 바탕면에 균열이 발생해도 신장력이 우수해 누수현상이 거의 발생하지 않는다. 칠하는 횟수에 따라 원하는 두께의 방수도막을 자유롭게 시공할 수 있으며, 노출형인 경우 다양한 색상으로 시공이 가능하며 보행성이 좋다. 옥상에 시공할 경우는 시멘트모탈 등으로 보호누름을 하여 햇볕으로 인한 노화를 방지하거나 UV코팅을 하여 노화방지해야 하는데, UV코팅은 3~4년마다 코팅 재시공을 해야 한다. 재코팅 기한이 너무 늦으면 우레탄도막까지 재시공을 하게 된다. 어떠한 피도물에도 접착력이 좋으며 내구・내후・내약품성 등이 우수하다. 지하실, 주차장, 옥상, 욕실, 대중목욕탕, 화장실, 발코니 등에 쓰인다. 넓은 곳, 좁은 곳, 지하, 옥상 등 어느 곳에나 쓰이며, 내구성은 에폭시 도막방수만은 못하다.

(도막방수 중 가장 고가이다.)

시공방법

① 바탕면의 요철을 평활면이 되도록 조정 및 퍼티 작업을 하고 레이턴스, 먼지, 녹, 기름을 제거한 후 완전히 건조시킨다.

② 프라이머를 붓, 롤러, 스프레이로 기포나 물결무늬가 생기지 않도록 균일하게 바른다. 1차 프라이머가 건조된 후 2차로 프라이머를 다시 한번 바른다. 1~3시간 경과 후 우레탄 상도작업을 실시한다.

③ 상도작업은 혼합용기에 먼저 주제를 넣고 경화제를 넣은 다음 전동믹서로 3~5분간 충분히 혼합한다. 혼합된 것은 2시간 이내에 주걱 등으로 도포하며 2회 도포 시에는 1회 도포시의 방향과 직각으로 도포하며, 기포가 발생하지 않도록 한다.
비노출형은 상도 경화 전에 모래를 뿌려놓고 상도가 경화되면 방수층의 보호를 위해 모탈로 마감한다. 색깔이 있는 노출형은 우레탄이 경화된 후 프라이머를 붓, 롤러, 스프레이로 도포해서 마감한다. 옥상의 경우는 UV코팅을 추가로 한다. 우레탄 방수재의 도포는 3회를 원칙으로 하며, 피막의 총바름 두께는 3mm 이상으로 한다.

시공시 주의사항

① 바탕면의 먼지 등을 깨끗이 청소해야 한다.

② 주제와 경화제가 균질하게 혼합되어야 하며, 주제와 경화제는 규정배합비를 정확히 지켜야 한다.

③ 방수재 도포시 핀홀이 생기지 않도록 한다.

④ 겹쳐 바르기의 시간간격은 여름 : 5시간~2일, 봄・가을 : 10시간~3일, 겨울 : 15시간 ~5일로 하며 최장간격시간을 초과하지 않도록 해야 한다.

⑤ 온도 5°C 이하, 고온다습(습도 85% 이상)시는 시공을 금해야 한다.

⑥ 반드시 우레탄 희석제(Thinner)를 사용해야 한다.

⑦ 프라이머 시공시 충분히 환기를 시키거나 방독면을 써야 한다.
(※ 누수의 원인이 되는 구조이음부분에 특히 주의해야 하며, 이곳은 본드브레이크를 사용해야 한다)

3. 에폭시 도막방수

주제와 경화제를 혼합해 시공하는 용제형의 경도가 높은 방수재로 부착력 · 내마모성, 특히 내약품성이 우수하고 시멘트모탈 · 콘크리트 · 아스팔트 · 철제 등 모든 바탕에 바름이 가능하다. 다양한 색상으로 방수층을 겸한 바닥마무리재로서 적합하다. 일반적으로는 2~3회 발라서 두께 0.1~0.2mm의 경도가 높은 도막을 형성한다. 바닥마무리로 쓸 때는 도막 위에 2회 정도 코팅한다. 넓고 기온차가 큰 옥상과 같은 곳엔 균열 발생으로 적합하지 않다. 기온의 영향이 거의 없고 넓지 않은 지하실과 지하주차장 · 욕실 · 발코니, 경도가 요구되는 화학공장 · 클린룸 등에 쓰인다.

(도막방수 중 고가로 우레탄보다 조금 싸다.)

시공방법 및 시공시 유의사항

① 바탕면의 먼지, 기름, 녹, 오물을 제거하고 레이턴스는 와이어 브러시로 완전히 제거한다. 바탕에 요철이 있을 경우는 평탄히 정리해야 하며 수분이 없도록 건조시킨다.

② 프라이머를 바른다.

③ 1차 바름은 프라이머가 완전 경화건조한 후 해야 하며, 주제와 경화제의 혼합비율은 정확해야 하고, 균일하게 잘 섞어 사용해야 한다. 사용할 양만큼만 혼합하고, 화기를 절대 금하며 밀폐된 장소에서는 환기조치를 취한 후 작업을 해야 한다. 작업조건은 온도 5°C 이상, 습도 75% 이하에서 시공해야 한다. 일반적으로 2차 바름을 한다.

6.3.3 시트방수공법

시트방수는 1층 시트방식에 의한 방수효과를 기대하는 공법으로, 시공비(재료비)는 높으나 방수층이 튼튼하고 시공이 용이한 우수한 방수이다. 평지붕 · 대중목욕탕 · 지하실 · 지하철공사 등에 주로 쓰인다.

시트재의 두께는 0.8~2.0mm의 것이 사용된다.

시트 방수재료를 붙이는 방법은 전면접착 · 줄접착이 있다.

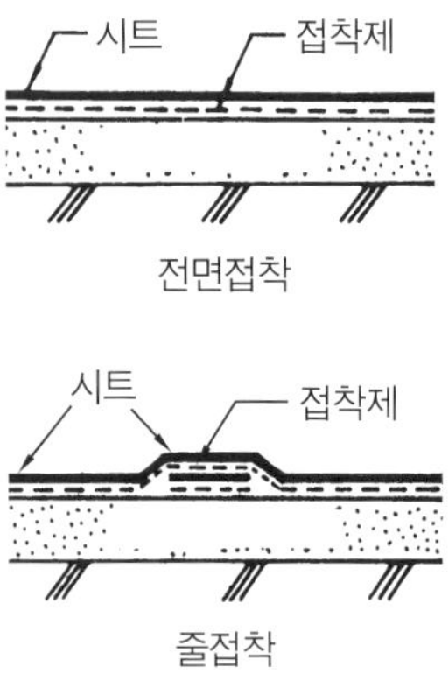

그림 6-7
시트와 바탕의 접착방법

시트 너비와 길이에는 제한이 있고 또 1mm 정도의 얇은 시트 1장으로 방수층을 만드는 것이므로 바탕면은 평활하게 마무리하고, 시트 상호간의 접착은 우수한 접착제를 사용하여 완전히 접착되도록 해야 한다.

시트 상호간의 이음매 접착에는 맞댐접착과 겹침접착이 있으며, 이는 시공개소의 용도 · 상황에 의해 선택하고, 겹침 부분은 누수가 되지 않도록 충분히 압착해야 한다. 맞댐접착은 불완전하므로 실(Seal)재로 보강하는 것이 좋다.

시트를 겹처 접착하는 경우는 빈틈이 생겨 누수의 위험이 높아지므로 실(Seal)재 또는 고무테이프를 병용하여 보강한다.

모서리, 구석 등은 5cm 정도의 빗모로 접고 시트를 접착하며, 치켜올림부에는 접착제로 전

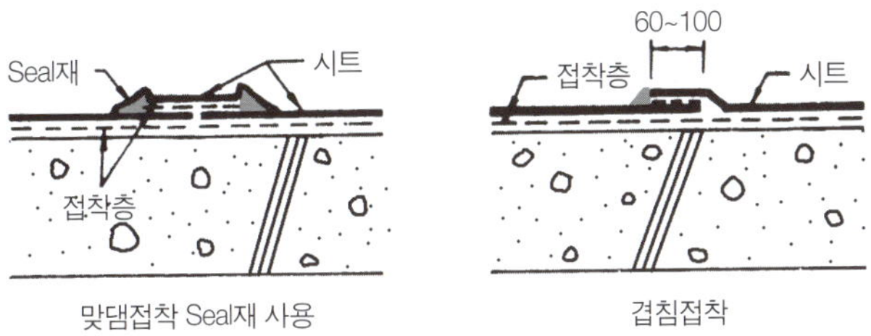

그림 6-8 시트 상호간의 접착

면 접착하여 붙이고 시트재의 끝부분은 실재를 사용하여 보강고정한다.

시공상 주의할 사항은 시트를 잡아당겨 신장을 주지 않아야 하며, 시트의 하부에 기포 · 공극을 남기지 않도록 한쪽에서부터 눌러가며 붙여야 하고, 1장의 시트에 의한 방수이므로 시공 시에 구멍이 나거나 찢어지는 등의 손상을 주지 않도록 해야 한다.

(방수재 중 가장 고가이다.)

6.3.4 개량아스팔트 시트방수(토치공법)

개량아스팔트 시트방수는 튼튼하나 공정이 복잡한 아스팔트방수공법의 장점을 확보하면서 용융아스팔트를 사용하지 않으므로 아스팔트 냄새 · 화상 등의 염려가 다소 개선되고, 시트방수와 마찬가지로 공정수가 적고 아스팔트의 냉각이 빨라 기존 아스팔트방수에 비해 공기가 많이 단축되고 공사비가 절약되는 공법이다. 대체로 1겹의 방수층으로 시공하며, 방수지는 약 4mm 정도의 두꺼운 루핑을 사용한다. 단점은 루핑이 두꺼워 드레인 주위, 모서리와 같이 복잡한 부분과 좁은 부분의 시공이 어려우며, 루핑 끝부분의 접착 신뢰도가 떨어지는 점이다. 시공방법은, 바탕에 프라이머를 도포한 후 두꺼운 루핑의 뒷면을 토치(버너)로 용융하여 바탕면에 밀착시키는 공법이다. 시트가 겹쳐지는 접합부는 개량아스팔트가 불거져 나올 정도까지 충분히 가열 · 용융시켜서 수밀성을 좋게 하고, 시트의 겹침폭은 100mm 이상으로 한다. 하자발생이 쉬운 부위인 모서리, 드레인 주변, 파이프 주변은 보강깔기용 시트를 깔고 개량아스팔스 시트를 겹쳐 깐다.

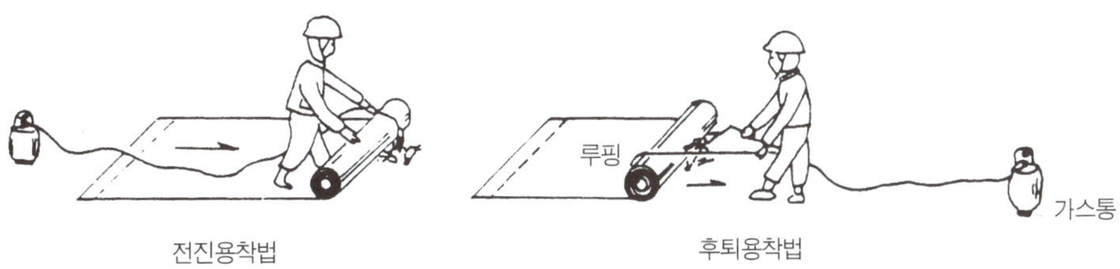

그림 6-9 개량아스팔트 시트공법의 시공

6.3.5 실링(Sealing)공사

건축물의 부재와 부재간의 접합부분, 알루미늄 새시, 시트 주위, 균열부 보수 등에 실링재를 사용한다.

1. 탄성 실런트(Sealant)

건물의 고층화로 커튼월, 프리패브 등의 시공법이 발달하고 창유리의 고정, 물의 차단, 깔끔한 마무리를 위해 접합부에 탄성 실런트가 많이 쓰이고 있다. (고가이다.)

탄성 실런트는 시공 시 고점성 풀이지만 시일이 경과함에 따라 찰고무와 같은 탄성체로 변화한다. (실런트에는 여러 종류가 있으나 실리콘 실런트가 일반적으로 많이 쓰인다.)

탄성 실런트의 특성은 신장능력이 우수하고, 어떤 종류의 건축재료에 대해서도 우수한 접착성을 가지며, 시공 후 경화까지의 시간이 짧고, 접착 후 늘어지지 않고 변형되지 않으며, 내후 · 내수 · 내구 · 내약품성이 크고 시공이 쉽다. 소형 실런트 건으로 시공한다.

그림 6-10 실런트 캡슐과 실런트건 시공

2. 유성 코킹재

천연 및 합성수지 등에 탄산칼슘, 석면, 착색재 등을 균일하게 이겨서 만든 것이다. 실런트보다는 성능이 조금 떨어지나 우수한 실러이다. 접합부에 밀착성이 좋고 유연성이 있어 균열이 생기지 않는다. 코킹 건(Caulking gun)으로 시공한다. (저가이다.)

코킹건과 코킹통 Back-up작업(sponge rod끼우기) 코킹작업

그림 6-11 코킹통, 코킹건, 코킹시공

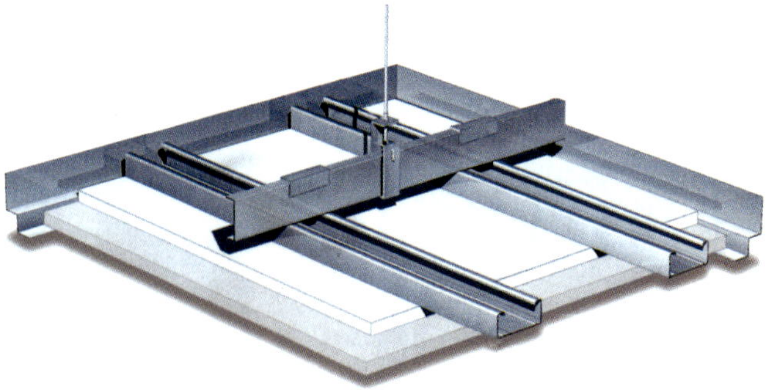

CHAPTER 7

경량철골공사

7.1 개요

7.1.1 일반사항

경량형강은 얇은 강판을 휨에 대한 단면성이 좋도록 접어 만든 것으로 표면은 녹방지를 위해 일반적으로 아연도금이 되어 있다.

경량형강의 특징은 재의 두께가 얇으면서도 휨강도가 크고 가벼우며, 가공 · 조립 및 세우기가 쉽다. 그러나 판두께가 얇아서 판의 국부좌굴이나 국부변형 및 부재의 비틀림 등이 생기기 쉬운 결점도 있다.

경량철골공사는 목재(각재)를 이용하여 벽체틀이나 천장틀을 만들었던 작업들을 목재 대신 경량철재를 이용하여 만드는 작업이다. 목재를 사용하지 않으므로 불연 확보, 건물의 자중감소, 공기단축 효과가 있다. 경량철골공사는 벽체틀을 만드는 작업과 천장틀을 만드는 작업으로 대별된다. 벽체틀은 메탈스터드(Metal Stud)와 런너(Runner) 또는 각파이프로 구성되며, 천장틀은 Carring channel · Furring channel(M-bar, T-bar)과 달대(Hanger)로 구성된다. 천장틀은 일반적으로 경량천장틀(LGS)을 기본으로 한다.

경량철골에 의한 골조틀에 석고보드를 붙여서 구성된 벽체를 건식벽체(Dry wall)라고 한다.

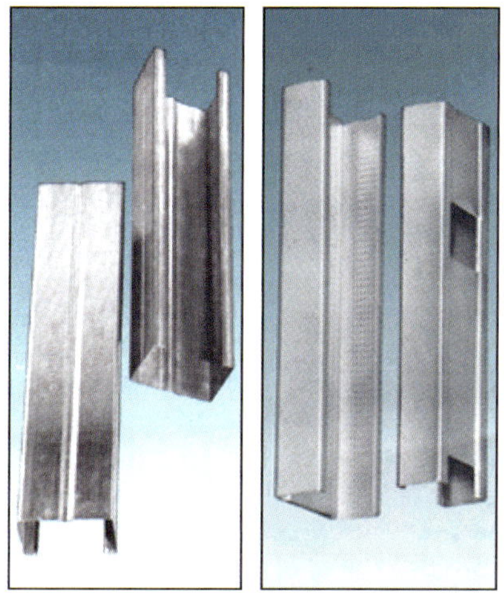

그림 7-1 메탈스터드와 런너

메탈스터드 · 런너 적재

그림 7-2 경량철골, 석고보드, 시공 예

앵글 · 찬넬 적재

메탈스터드 · 런너 벽체, 석고보드 적재

각파이프 벽체(우측벽)

7.1.2 재 료

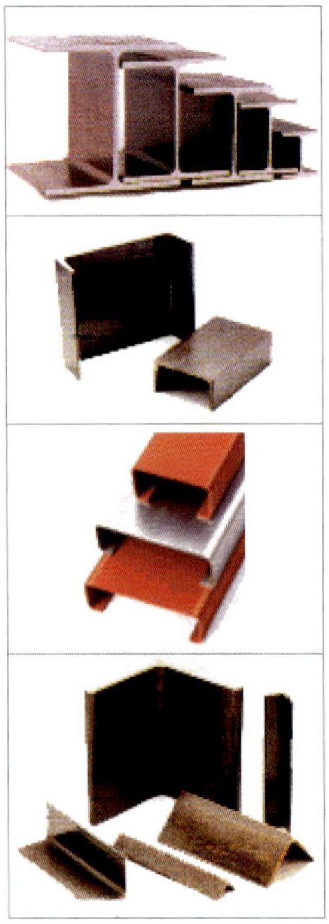

그림 7-3 형강의 종류

1. 강재

(1) 형강

① ㄱ형강(Angle) : 부호는 ㄴ로 표시되며, 등변 ㄱ형강(Equal leg angles)과 부등변 ㄱ형강(Unequal leg angles)이 있다.

② ㄷ형강(Channel) : 부호는 ㄷ으로 표시되며, 단면성능은 I형강보다 떨어지나 강재를 조립하거나 접합하는 데 편리한 단면이다.

③ H 형강(H beam) : 부호는 H로 표시되며, 용도는 기둥과 보에 사용된다.

④ I 형강(I beam) : 부호는 I로 표시되며, 주로 휨응력을 받는 보에 사용된다.

⑤ T 형강(Tees) : 부호는 T로 표시하며, 용접구조에 사용된다.

⑥ 각철관(각 Pipe) : 부호는 ㅁ으로 표시한다. 금속제 천장 · 얇은 벽체 조성에 사용된다.

(2) 봉강(Steel bar)

봉강은 단면이 둥근 원형강, 반원형강, 8각강, 6각강, 각강, 평강 등이 있다.

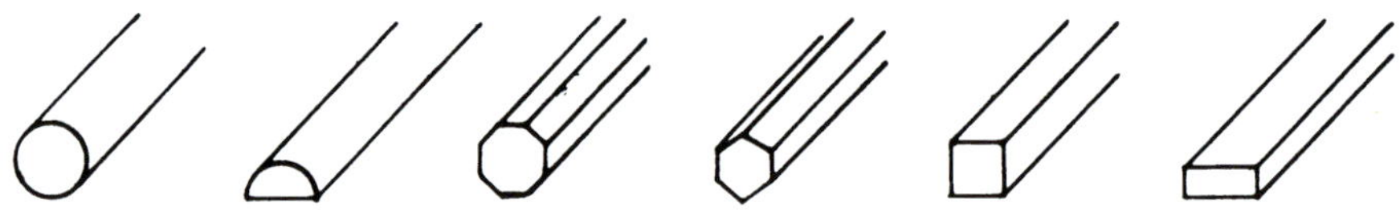

그림 7-4 봉강의 각종 형상

(3) 강판(Steel plate)

강판의 두께 6mm 이하의 것을 얇은 강판(박강판 : Steel sheet), 6mm 이상의 것을 두꺼운 강판(후강판 : Steel plate)이라 한다.

표 7-1 형강의 종류 및 표시

명 칭			단면의 형태	부재치수 기입법
형강	등변 ㄱ형강 (Equal Angle)	ㄴ	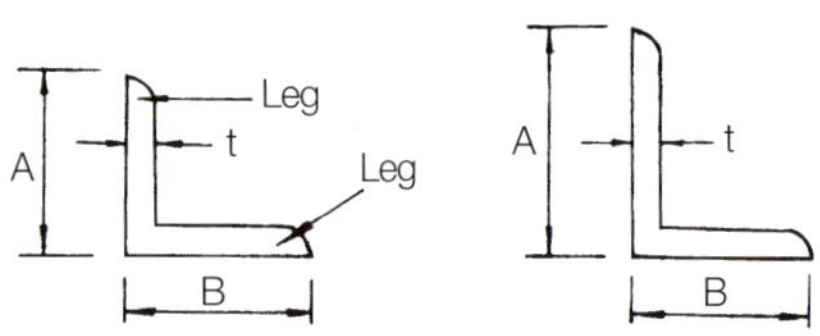	L−A×B×t
형강	부등변 ㄱ형강 (Unequal Angle)	ㄴ		2Ls−A×B×t
형강	ㄷ형강 (Channel)	ㄷ	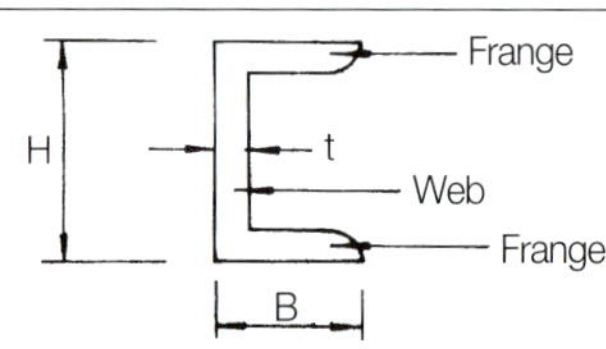	ㄷ−H×B×t

명 칭			단면의 형태	부재치수 기입법
형강	I형강 (I-Beam)	I	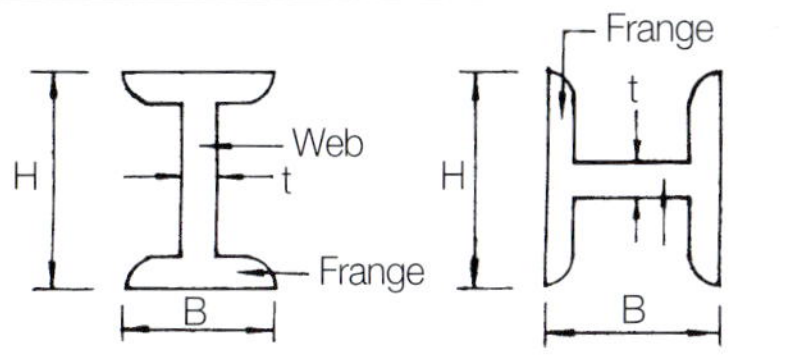	I–H×B×t
	H형강 (H-Beam)	H		H–H×B×t
	T형강 (T-Bar)	T	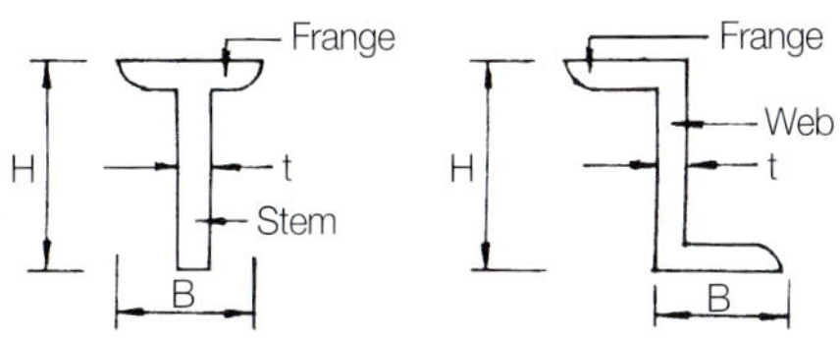	T–H×B×t
	Z형강 (Zee)	Z		Z–H×B×t
봉강	원형강	ϕ		ϕ –D
	각강	□		□ –A
강판	박강판	PL		PL –B×t
	후강판			
	평강	FB	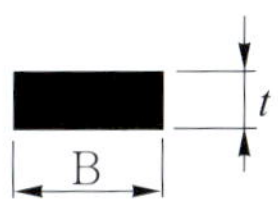	▭ –B×t

7.2 가공

7.2.1. 가공

부재의 절단은 전동 원형 전동톱(마찰톱 Friction saw)을 사용하여 수직으로 절단하고, 절단 시에는 용접수축 및 각도변형의 여유를 고려해야 한다.

구멍뚫기는 드릴로 뚫고, 펀칭에 의할 때는 구멍 주위에 생긴 거스레기를 제거하고 각 부재 간의 밀착이 잘 되도록 한다.

그림 7-5 경량철골 절단방법

원형전동톱

찬넬 절단

구부림가공은 국부변형이 되기 쉬우므로 가급적 피하며, 부득이하여 구부림 가공을 할 때에는 플랜지 및 Leg를 절단하여 구부리고 필요에 따라 덧판을 대고 용접하여 보강한다.

7.2.2 용접공작

용접은 보통 아크용접에 의하며, 용접봉의 끝을 용해시켜 모재를 용접해 가는 방법이다.

1. 철재의 보관과 용접재료

용접하는 재편은 건조한 상태에서 보관하도록 한다.

용접봉은 조심하여 다루고 피복이 벗겨지거나 오손 · 흡습 및 심한 녹이 발생한 것을 사용해서는 안 되며 습기를 흡수하지 않도록 보관해야 한다.

2. 용접시 주의사항

① 용접할 모재의 표면에 녹, 페인트, 유분 등이 있으면 접합부에 공기포가 생기므로 와이어 브러시로 청소한다.

② 용접할 소재는 용접열에 의한 수축변형이 생기므로 치수에 여분을 두어야 한다.

③ 강우 및 강설 등으로 모재의 표면이 젖어 있을 때나 심한 바람이 불 때에는 용접을 하지 않아야 한다.

④ 매우 좁은 곳이나 밀폐된 곳에서 용접할 때에는 전격(電擊)방지 장치를 사용해야 하고, 용접시 발생하는 가스 등으로 질식 또는 중독되지 않도록 환기 등의 필요한 조치를 해야 한다.

⑤ 용접설비는 누전 또는 전격 등의 위험이 없고, 용융금속의 낙하 및 아크로 인한 화재가 발생하지 않도록 조치를 강구해야 한다.

7.2.3 녹막이칠

절단 · 용접한 부분은 스패터(Spatter) · 녹 · 오염 등을 제거한 후 용접면에 광명단 등으로 녹막이칠을 1회 하고, 녹슬기 쉬운 곳은 2회 칠한다.

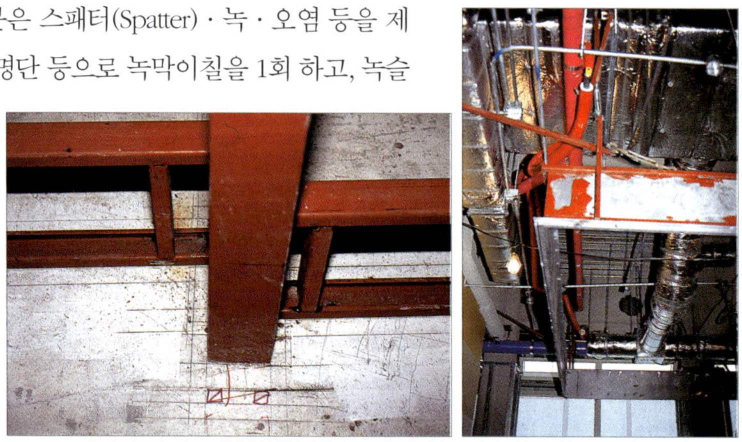

그림 7-6 광명단 녹막이칠

7.3 경량 건식벽체 공법 (메탈 스터드+런너 트랙+석고보드)

시멘트벽돌과 시멘트모탈로 시공되는 습식벽체의 단점인 건물의 중량화와 공사기간의 장기화를 개선하기 위해 개발된 공법이 건식벽체이다. 건식벽체는 시멘트를 사용하지 않으므로 물을 사용하지 않고 메탈 스터드, 런너, 석고보드로 벽체를 구성하는 것이 일반적이다. 다른 방법으로 각파이프 또는 각목으로 틀을 구성할 수도 있다. 런너와 메탈 스터드는 두께 0.8mm 이상의 아연도금철판을 ㄷ형으로 만든 것이다. 석고보드는 파손방지 및 견고한 시공을 위해 2겹 붙임 이상으로 하며, 일반적으로 두께 9.5mm 2겹 붙이기를 한다.(두께 12.5mm 2겹 붙이기로 하는 것이 좋다.) 1차 부착 석고보드의 이음매와 2차부착 석고보드의 이음매는 어긋나게 한다. 2차부착 석고보드의 부착면에는 본드를 충분히 도포해야 한다.

석고보드의 절단은 석고보드용 톱, 전동식 절단기 또는 절단용 칼을 사용하여 정확히 절단하고, 절단면이 부정형인 경우에는 줄질하여 평활하게 마무리한다(참조 : 305페이지). 스위치, 콘센트부와 같은 곳의 절단은 소형 전동루터기를 사용하며, 천장의 원형 매입등(down light)을 위한 절단은 전동 스크루드라이버(서클커터)를 사용한다.

벽체를 만들기 위해서는 먼저 설계도면에 따라 경량철골틀(메탈 스터드 · 런너)이 설치될 곳에 중심선 · 런너선 등의 먹줄치기(먹매김)를 한다.

스터드의 간격은 30~45cm 정도로 하고, 천장과 바닥면에 고정하는 런너(Runner)는 콘크리트 못으로 고정하며, 간격은 45~60cm 정도로 하고, 콘크리트 못은 콘크리트 건으로 박는다.

상 · 하부 런너의 위치를 맞추기 위해 다림추를 이용하여 하부 런너의 직상부에 상부 런너를 고정한다. 고정된 상 · 하부의 런너에 스터드를 철판용 나사못과 용접으로 고정한다.

스터드의 높이가 4m 이상인 경우는 1.8m 간격으로 수평보강 찬넬로 보강해야 한다.

경량 칸막이 틀이 완성되면 전동 스크루를 이용해 철판용 나사못으로 석고보드를 부착한다. 나사못 또는 못박기(타카핀)의 간격은 판의 가장자리로부터 1cm 정도 안쪽으로 하고 스터드에서의 간격을 나사못은 60cm, 못은 30cm 정도로 하고 나사못의 길이는 보드 두께보다 10mm 정도 길게 한다. 2겹째 석고보드를 붙일 때에는 석고보드의 부착면에 본드를 도포하는 것이 좋다. 한편의 석고보드 부착이 끝나면 단열재를 채우고 반대편의 석고보드를 부착한다. 충격에 의한 파손 우려로 2~3겹으로 시공한다. 석고보드는 이음매에 틈이 생기지 않도록 밀착시켜 붙여야 하며, 이음매 부분에

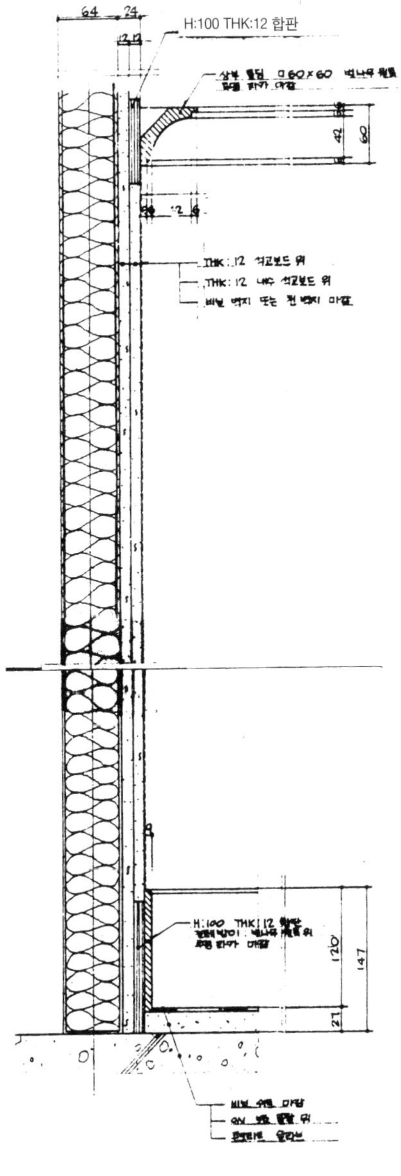

그림 7-7 벽면부분 상세도

⑭ 단열재 채우기

⑮ 다른쪽 석고보드 고정

런너 · 스터드 절단

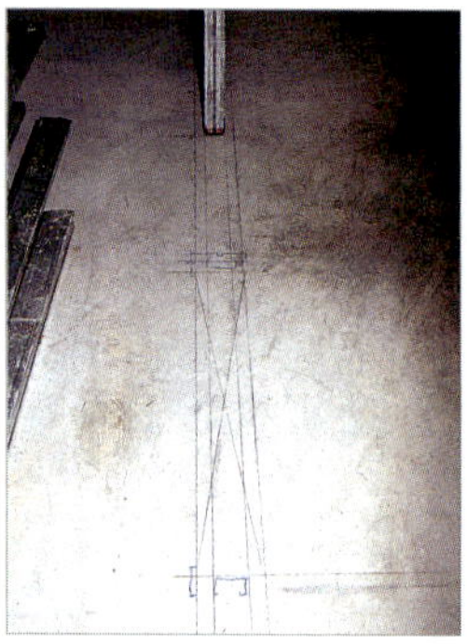

문틀부 OPEN

건식 벽체 경량철골 골조

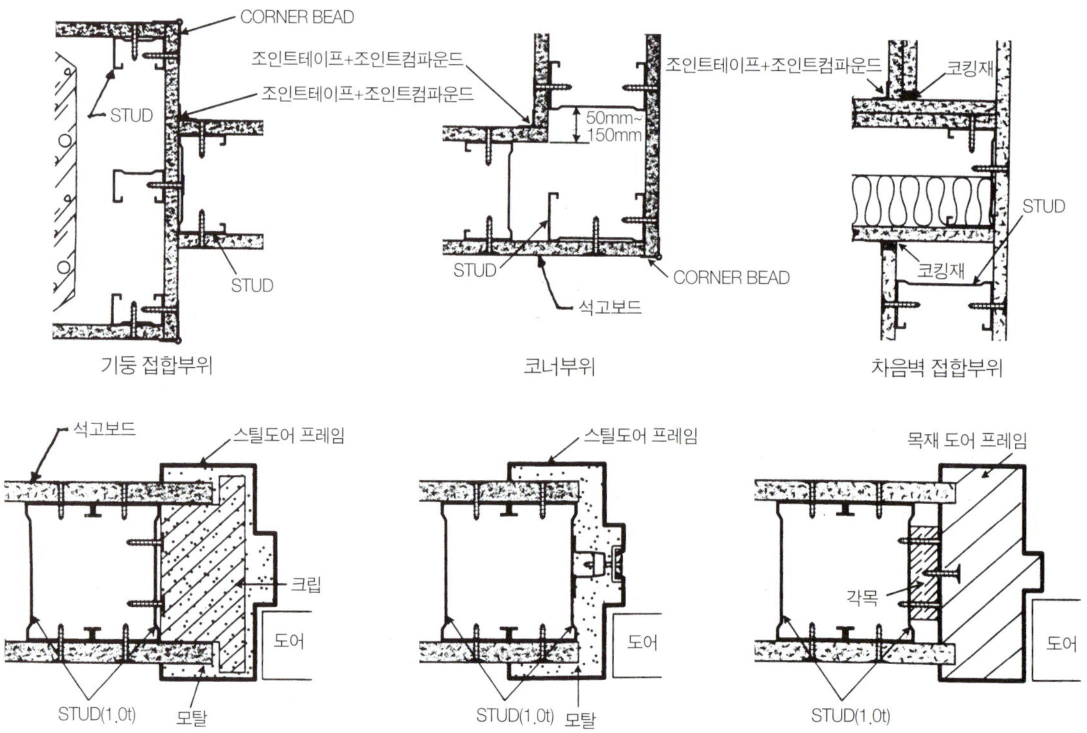

그림 7-10 경량 건식벽체 시공 상세도

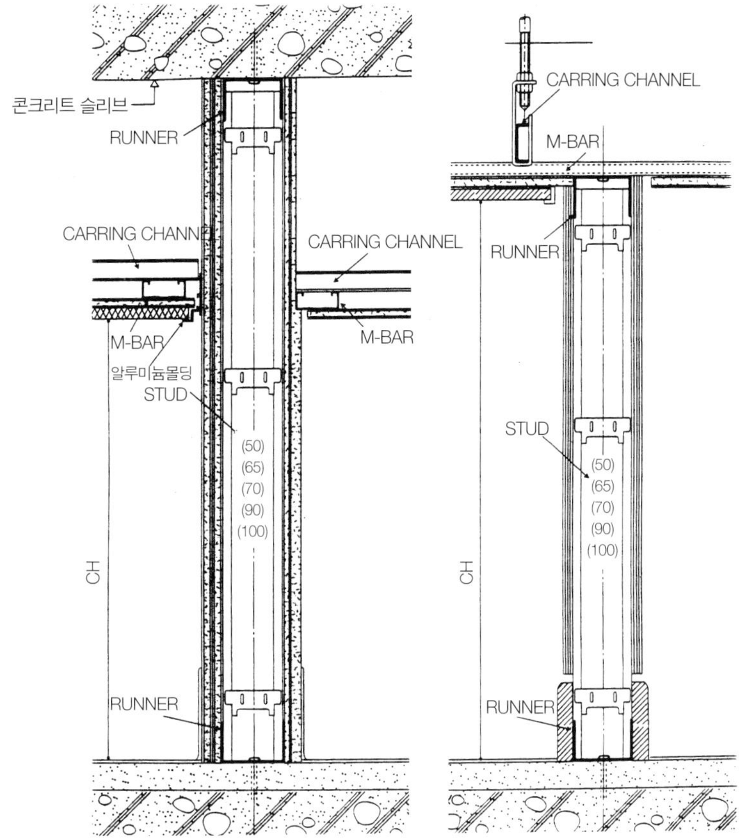

그림 7-11 건식 석고보드 벽체 단면 상세도

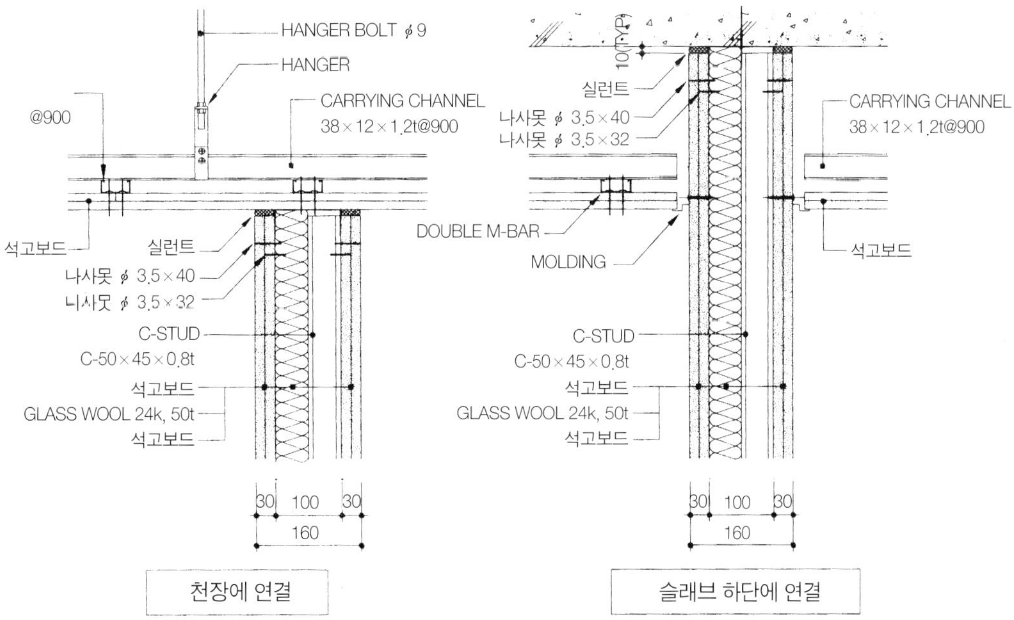

그림 7-12 경량 석고보드 건식벽체 연결 상세도

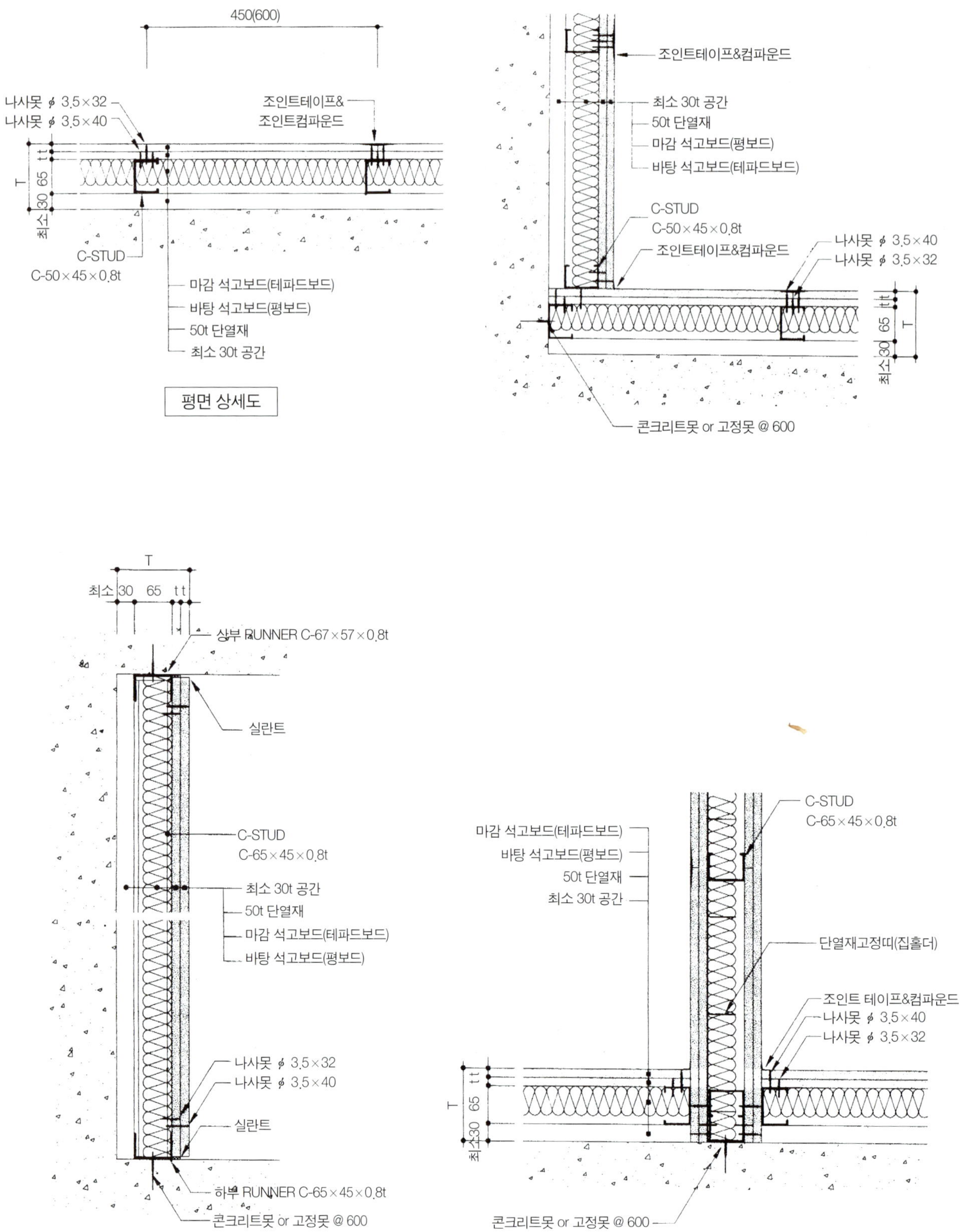

그림 7-13 경량 석고보드 단열벽체 상세도

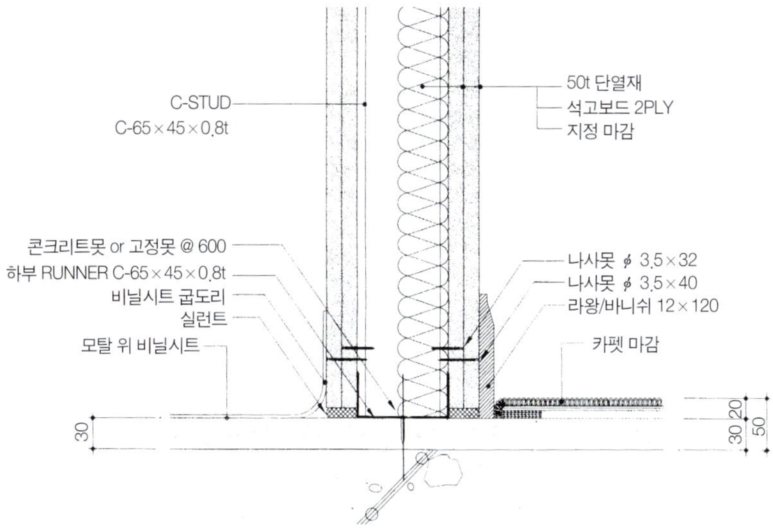

그림 7-14 건식벽체 걸레받이 상세도(비닐시트+카펫)

7.4 각파이프 골조벽체 공법

건식벽체 조성에는 메탈스터드 · 런너가 많이 쓰이나 보다 얇은 벽체를 만들 때에는 메탈스터드 · 런너보다 튼튼한 각파이프로 시공한다. 각파이프는 정사각 파이프와 직사각 파이프가 있다. 파이프 표면에는 녹방지를 위해 광명단 등을 칠한다. 파이프 골조 위에 석고보드 또는 합판을 붙여 벽면을 만드는데 부착은 전동스크루를 이용하여 철판 나사못으로 고정한다. 석고보드는 두께 10mm 이상을 2겹으로 붙이고, 합판부착은 무늬목 마감시에 행해지며 합판두께는 10mm 이상으로 한다.

각파이프 골조 석고보드 붙이기

각파이프 골조 합판 붙이기

각파이프 벽체골조

포켓도어를 위한 이중골조벽체

이중골조벽체 상세

그림 7-15
케이스별 각파이프 골조벽체

경량철골골조 고정

경량철골골조 고정

각파이프조성, 원형벽체와 THK:4.5합판 부착

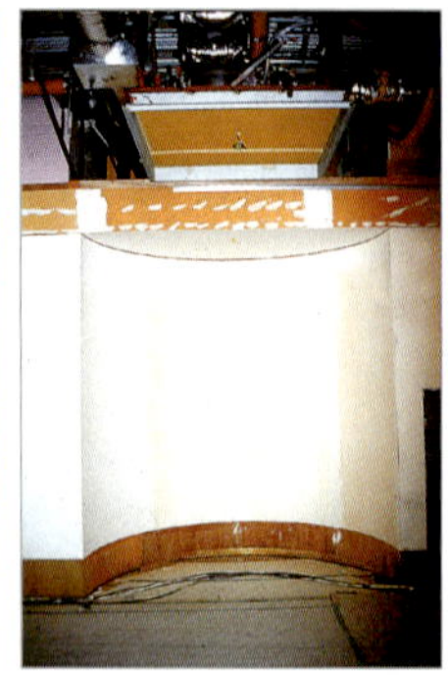

합판 위 퍼티작업

7.5 경량철골천장틀과 석고보드천장 공법

경량철골천장틀은 목조천장틀에 비해 내구성이 좋으며, 구조적으로도 튼튼하다. 경량철골천장틀은 목조천장틀 설치방법과 유사하다. 목조달대 대신 ϕ9 정도의 달대볼트를 쓰고, 각목틀 대신 경량 철골찬넬틀을 사용한다. 천장판은 석고보드를 부착하고 페인트 또는 도배지로 마감하기도 하고, 기성제 소 · 중 · 대형 천장판으로 마감하기도 한다.

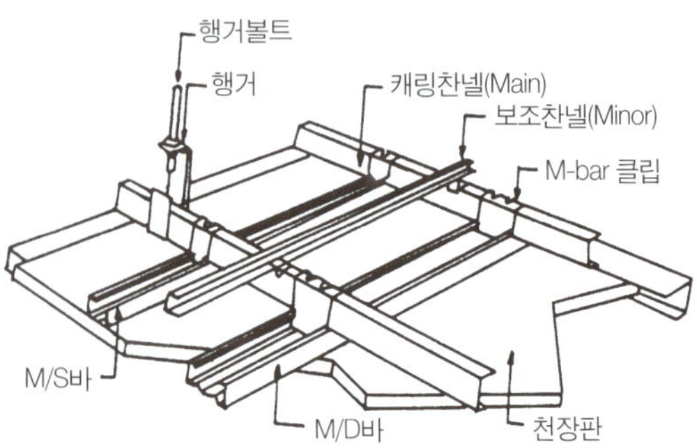

그림 7-16 경량철골천장틀

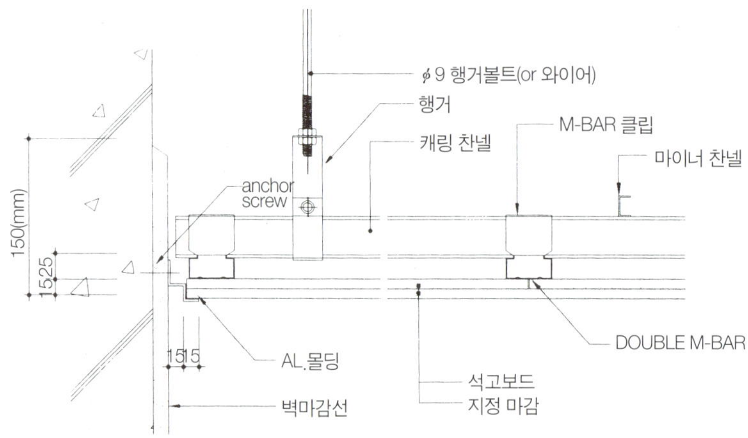

천장틀 시공은, 캐링(carrying) 찬넬 간격인 60~90cm 정도의 등간격으로 앵커 또는 익스팬션 볼트 매입을 위한 드릴링을 한다.(Insert를 슬래브에 미리 묻어두기도 한다.) 드릴 구멍에 익스팬션 볼트 또는 스트롱 앵커를 고정하고, 여기에 천장 깊이에 맞게 자른 달대볼트를

앵커 또는 인서트에 끼우거나 익스팬션 볼트에 용접한다. 캐링(Carrying) 찬넬을 달대볼트에 매달고, M-bar를 클립을 이용해 캐링 찬넬과 직각으로 엮는다. 캐링 찬넬을 설치할 때 천장의 높이와 수평이 정확하도록 해야 하며, 벽이나 커튼박스에서 30cm 이상 이격되지 않도록 한다. M-bar는 30mm 간격으로 설치한다. 석고보드를 M-Bar에 철판나사못을 사용해 30cm 간격으로 고정한다. 이때 1차 부착 석고보드와 2차 부착 석고보드의 이음매가 겹치지 않고 엇갈리도록 하며 이음매는 평활하고 밀착되게 한다. 이음매에는 1차 퍼티작업 후 Joint meshtape를 붙이고 2차로 줄퍼티 작업을 한다.

M/D Bar(double M-Bar)와 M/S Bar(Single M-Bar)가 있으며 표준 간격은 300mm이다. 다운라이트 매입을 위한 석고보드 천공은 서클커터(Circle cutter)로 하며(361페이지 참조), 천장의 높이와 수평은 벽체의 1m 정도 높이에 레이저 수평기 등을 이용하여 수평 먹줄치기를 하고 이를 기준으로 설치한다. 천장작업은 전기 · 덕트 · 소방 설비공사를 마무리 후에 진행하는 것이 효율적이다.

(※ channel을 채널, 챈널로 표기한 책도 있다.)

석고보드 천공

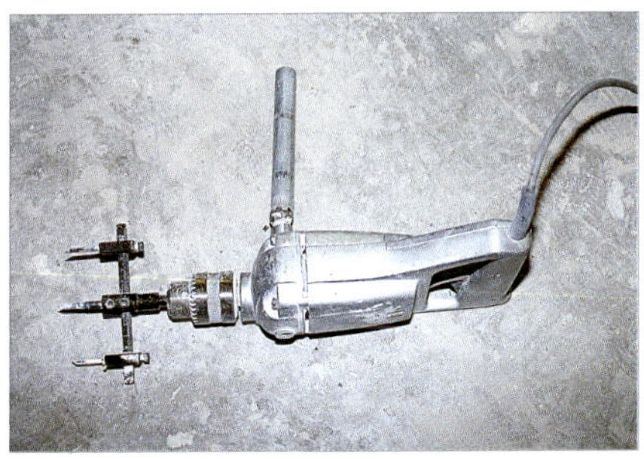

서클 커터

레이저 수평기

그림 7-17 천장수평 설치 및 천공용 기구

경량철골천장틀 시공순서

① 콘크리트 천장 슬래브

② 드릴작업

③ 콘크리트 슬래브에 달대볼트와 캐링 찬넬의 설치

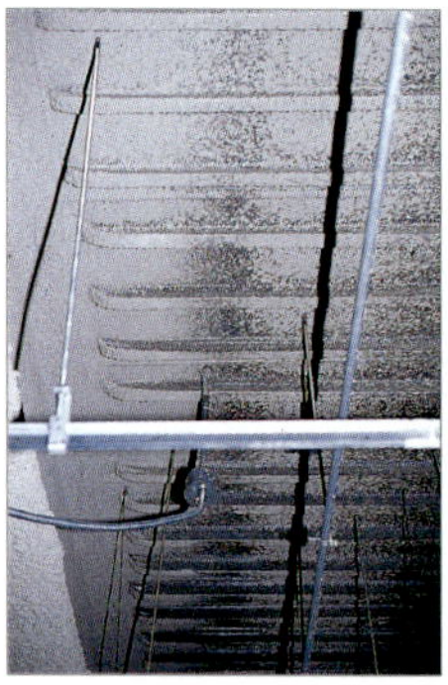

③ 데크 플레이트 슬래브에 달대볼트와 캐링 찬넬 설치

④ 몰딩과 M-bar

⑤ 천장틀

⑥ 석고보드 붙이기

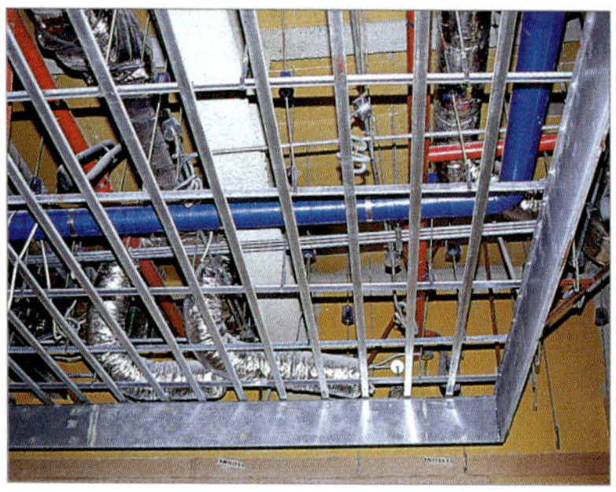

⑦ 층단(우물)천장 천장틀

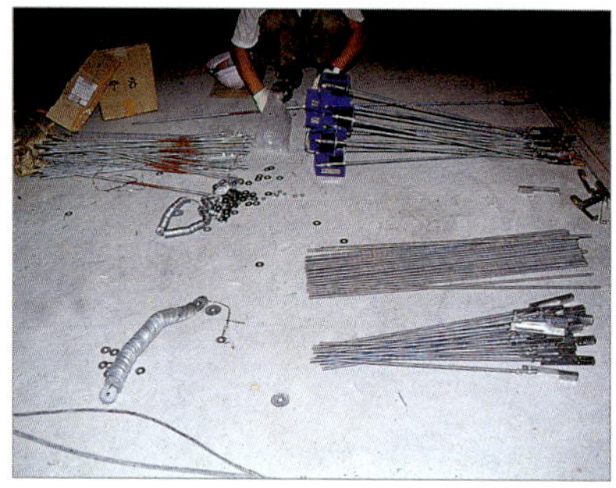

달대 볼트와 행거

그림 7-18 경량철골천장 시공

● 기성제 경량 천장시공

① 조립식 T-bar 설치

② 설비 set 설치

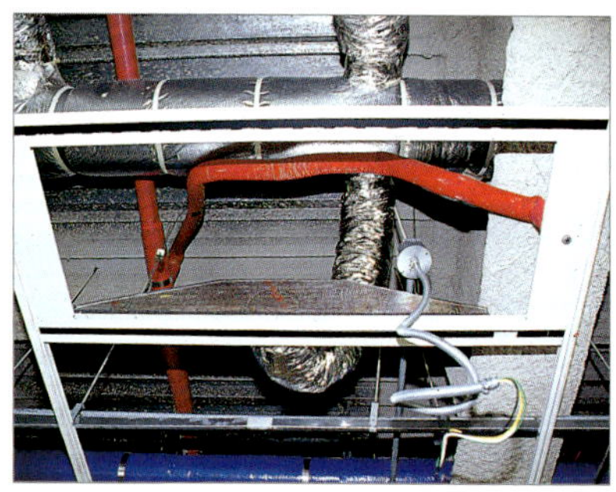

③ 스프링클러 · 덕트 연결

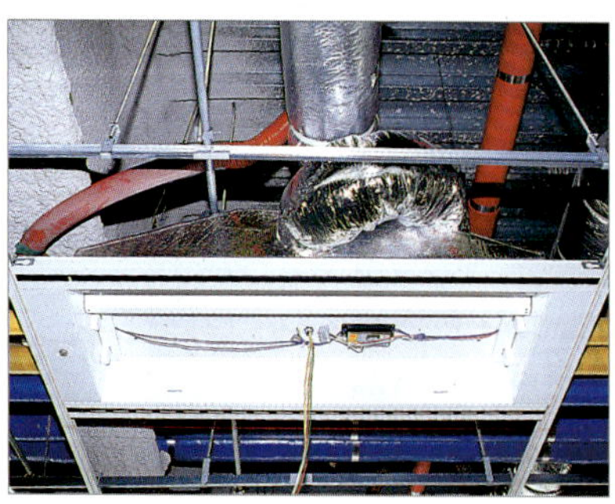

④ 형광등 설치

⑤ 완성

그림 7-19 조립식 경량천장 시공

M-bar 공법

그림 7-20

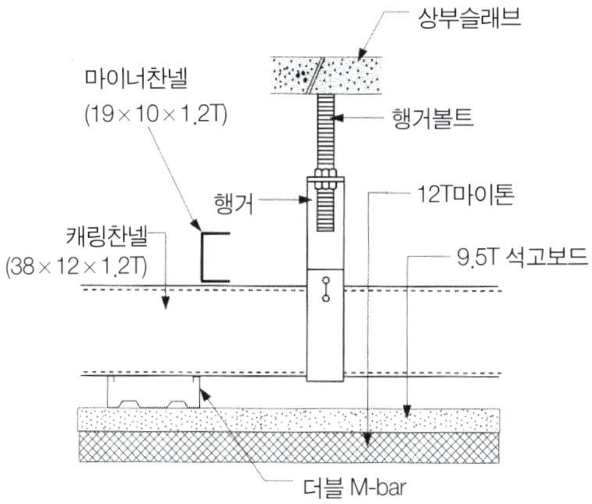

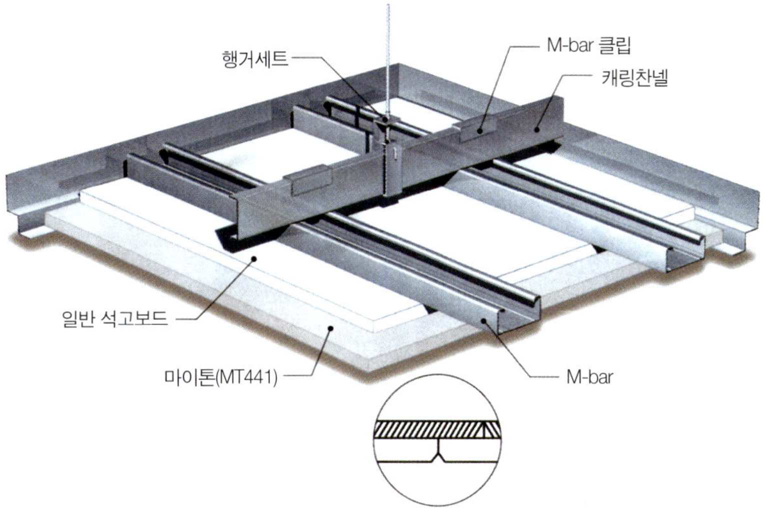

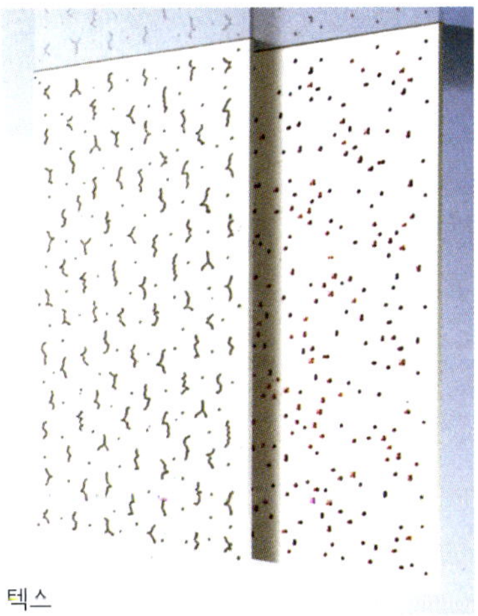

텍스

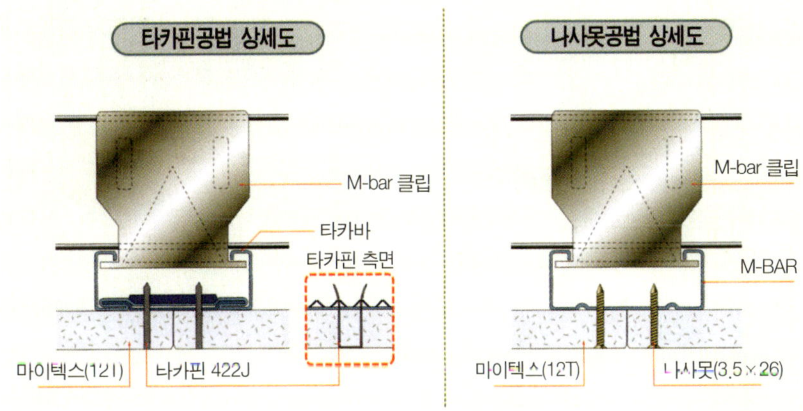

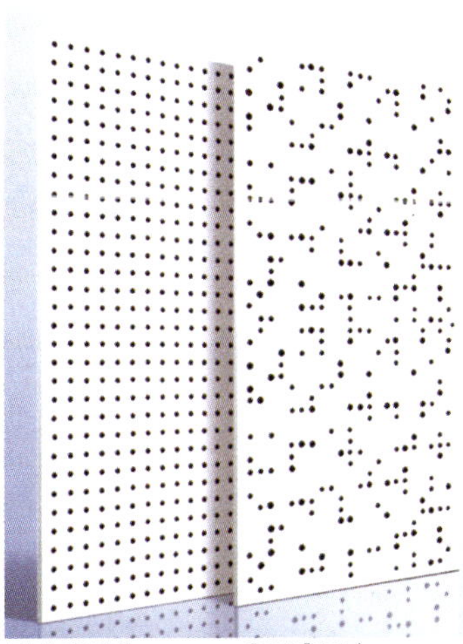

정렬 흡음판 혼열 흡음판

마이텍스를 타카핀 / 나사못으로 타카바 / M-BAR에 고정할 때는 제품의 이음매 불량을 방지하기 위하여 다음 그림과 같이 각 고정간격을 준수해야 한다.

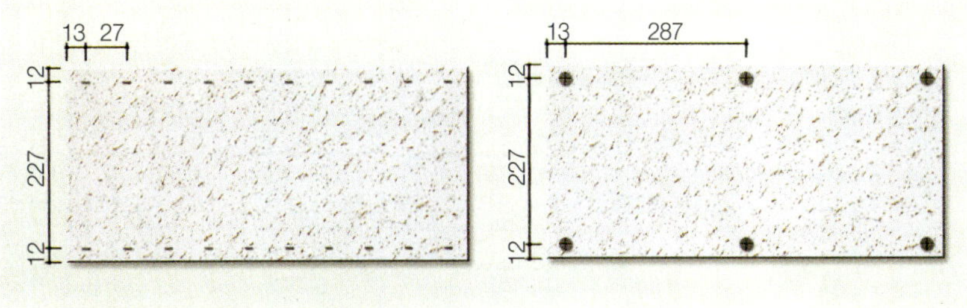

T-bar 공법

그림 7-21

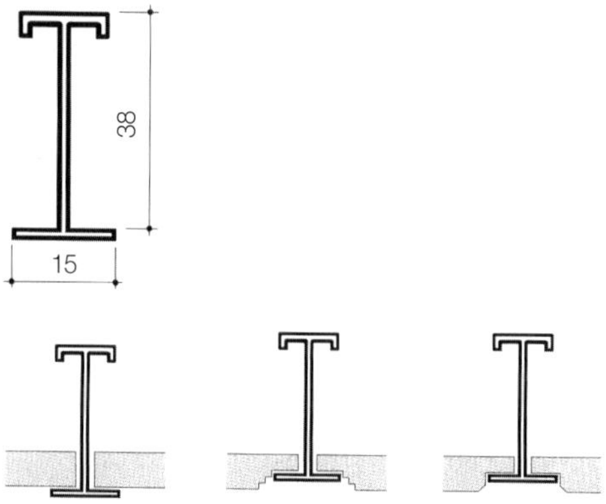

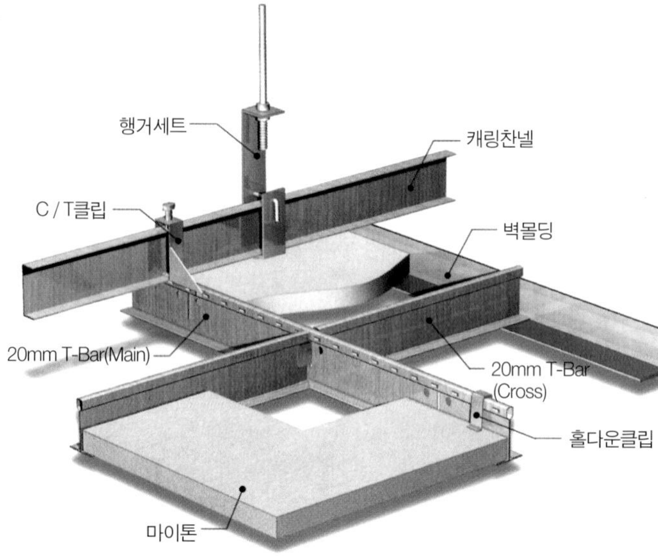

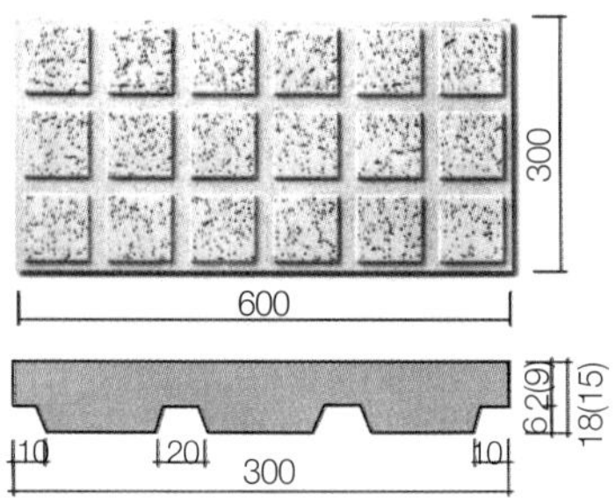

- 무늬 : Fissured
- 규격 : 18ᵀ(15ᵀ)×300×600mm
- 포정수량 : 15(18매) / 1BOX
- Edge 형태 : Reveal

※ 12ᵀ(9ᵀ)제품과 Combi 시공하십시오

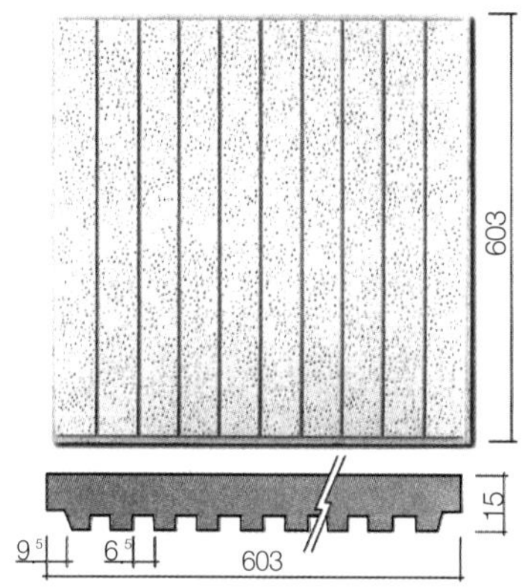

- 무늬 : Pin star
- 규격 : 15ᵀ×603×603mm
- 포정수량 : 10매 / 1BOX
- Edge 형태 : Reveal
- T-Bar사양 : 25mm
- 색상 : White, 6종 컬러

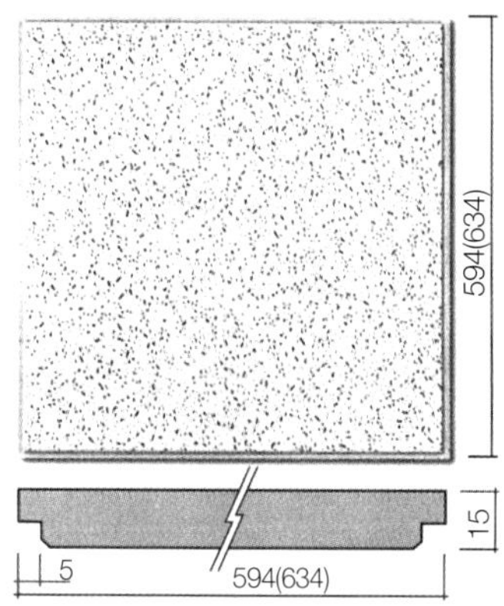

- 규격 : 15ᵀ×594(634)×594(634)mm
- 포정수량 : 10매 / 1BOX
- Edge 형태 : Rectangular Reveal Beveled
- T-Bar사양 : 라인 T-Bar, 15mm
- 색상 : White, 6종 컬러
- 생산가능규격 : 603mm 가능

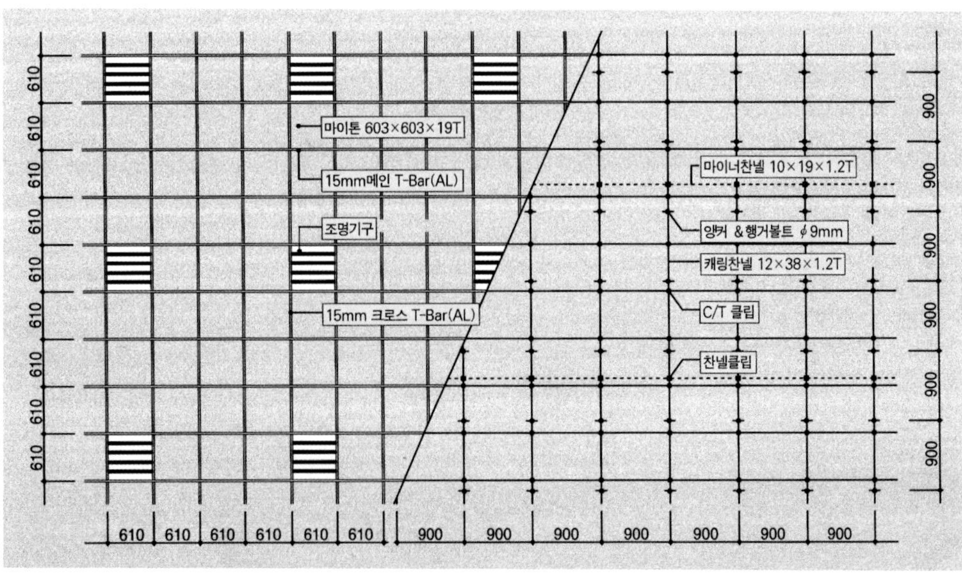

T · H-bar 공법

그림 7-22

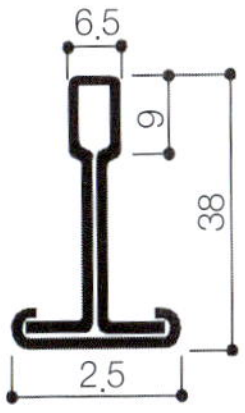

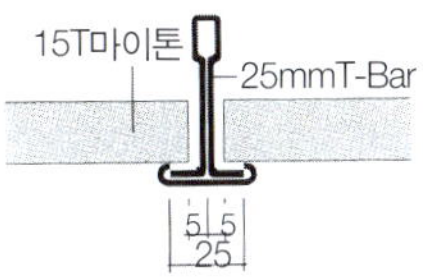

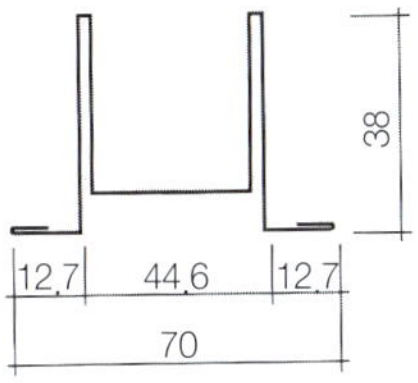

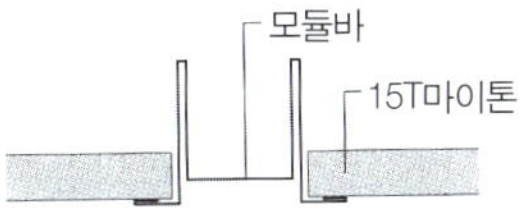

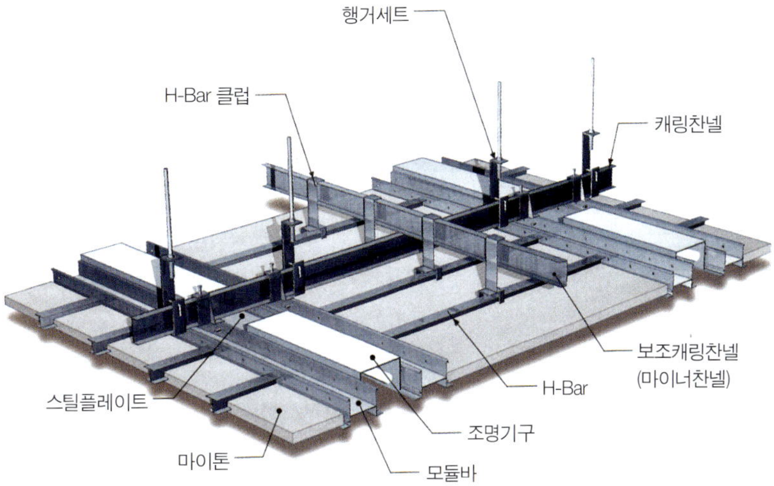

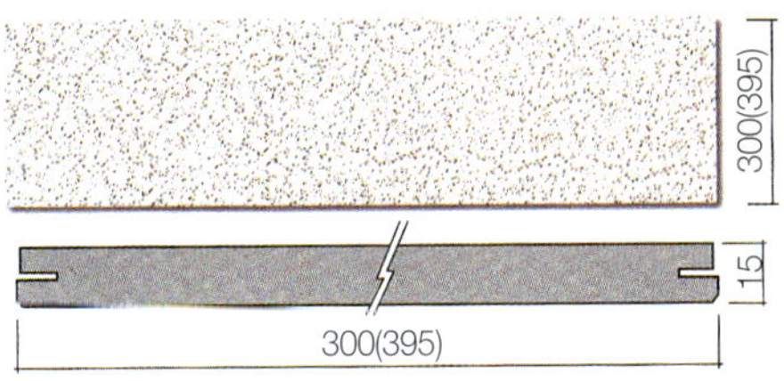

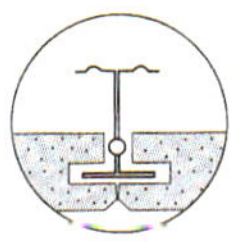

- 무늬 : Pococo
- 규격 : $15^{T}\times 300(395)\times 1{,}210$mm
- 포정수량 : 10매 / 1BOX
- Edge 형태 : Kerfed / Beveled
- 색상 : White

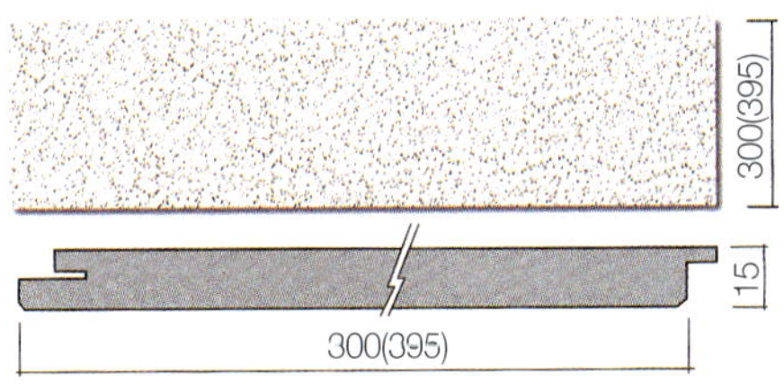

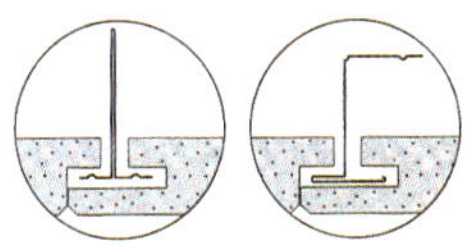

- 무늬 : Pococo
- 규격 : $15^{T}\times 300(395)\times 1{,}210$mm
- 포정수량 : 10매 / 1BOX
- Edge 형태 : Ship Lap / Beveled
- 색상 : White

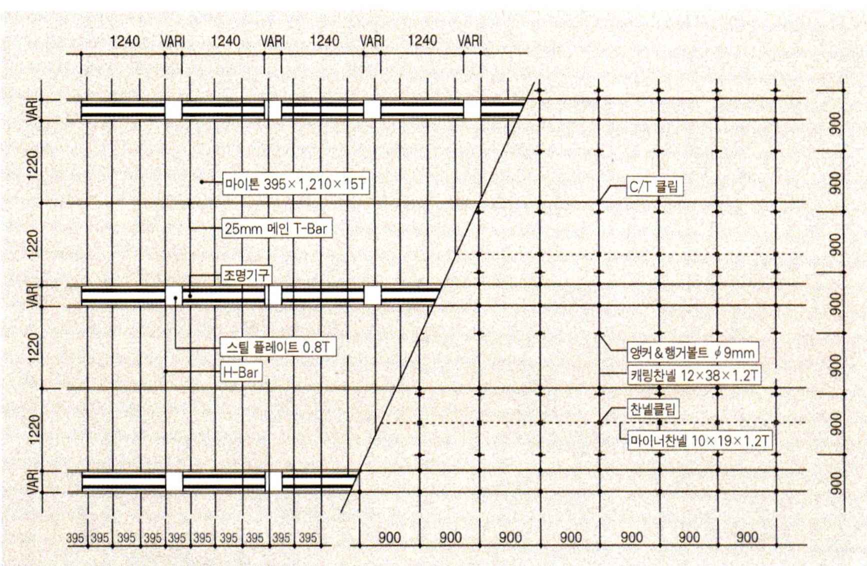

7.6 철골의 내화피복

철골은 화재에 의해 온도가 상승하면 강도가 떨어져 구조적 문제가 발생하게 된다.(온도가 450° C 이상이 되면 철골의 강도가 급격하게 저하하고 800° C가 되면 화재에 견딜 수 없게 된다.) 현재 철골구조물의 내화피복공법으로는 값이 싸고 시공성이 뛰어난 Rockwool 뿜기 공법이 가장 많이 쓰인다.

1. 암면(Rockwool) 뿜기공법

Rockwool 뿜기공법에는 습식공법, 반습식공법, 건식공법이 있다. 습식공법은 암면에 시멘트와 무기질 바인더로 된 접착재를 가해 물로 비벼 뿜는 공법이다. 일반적으로 많이 사용되고 있는 건식공법은 뿜칠건을 사용하여 혼합수를 노즐의 선단으로부터 암면과 함께 분사해서 분무 모양으로 뿜어 철골에 붙이는 공법이다. 노즐로 뿜어 부착시키므로 어떠한 형상의 철골에도 시공이 가능하며 신속한 시공이 가능하다.

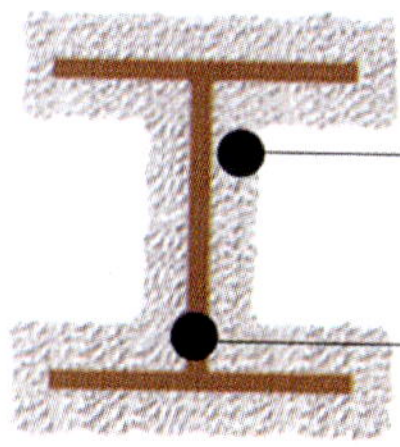

그림 7-23 Rockwool 뿜기

CHAPTER **8**

금속공사

8.1 개 요

8.1.1 일반사항

실내건축공사의 금속공사는 두 가지로 나눌 수 있다. 첫째는, 금속(경량철골 · 아연도금철판)을 제작소에서 1차 가공하여 현장에서 설치한 후 마감을 하는 공사를 말하며 현장에서는 철물공사라고도 한다. 이와 같은 공사는 주로 각 파이프 골조벽체, 등박스, 층단(우물)천장, 문틀 등이며 금속을 재단, 커팅, 절곡, 용접 등의 작업을 통해 이루어진다.

두 번째는, 완제품이나 반제품 형태로 공장에서 제작된 것을 현장에서는 조립하거나 설치만 하면 되는 금속공사를 말한다. 주로 집기공사나 하드웨어의 취부와 같은 것을 말한다.

금속공사는 목공사보다 내구성이 좋고, 견고하며, 시공성도 좋기 때문에 벽체 · 천장공사 등 목공사에서 취급되는 각종 공종들이 철물공사로 대체되고 있는 경향이다.

경량철골 절단

용접

조립

글라인딩

그림 8-1 금속공사의 기본작업

금속의 특성

금속은 금속에 따라 차이는 있지만 일반적으로 산, 알칼리(시멘트), 해수, 가스, 암모니아에 부식되며 이질금속끼리 접촉 시에도 부식된다. 동은 암모니아와 해수에 부식되며 알루미늄은 염산, 알칼리, 흙속, 해수에 부식된다. 납은 알칼리에 부식되고 아연(Galva.)은 가스, 해수, 산, 알칼리에 부식된다. 동판과 철판이 닿게 되면 부식되며 동판에 아연도금 못을 박을 경우도 부식된다. 이러한 부식현상을 막기 위해서는 금속재에 페인트, 아스팔트 등을 칠하거나 도금 또는 법랑코팅을 한다. 납은 방사능 차폐성능이 콘크리트의 100배 정도이므로 X선실의 바닥, 벽, 천장, 문짝에 표면이 피복된 납판을 사용하여 방사선을 차단한다.

8.1.2 기성제 철물

기성제 철물은 미리 견본품을 제출하여 재질, 모양, 치수, 색깔, 마무리 정도 및 구조, 기능 등에 대해 승인을 받아야 한다.

1. Corner bead와 End bead(plaster stop)

벽 · 기둥의 모서리를 보호하기 위해 미장바름할 때 붙이는 아연도금 철물로서 길이는 1.8m이다.

공법은 다림추를 사용하여 수직바르게 세우고, 콘크리트 못을 상 · 하 · 중간에 박아 임시로 고정한 후 모탈을 덧발라 고정한다.(참조 : 84페이지)

2. 알루미늄 몰딩

알루미늄 몰딩은 공간분위기에 따라 사무실, 학교 등에서 목제 몰딩대신 쓰인다. 목제 몰딩과 달리 알루미늄 몰딩을 벽체에 먼저 붙여대고 천장틀(M-bar)과 천장판을 설치한다.

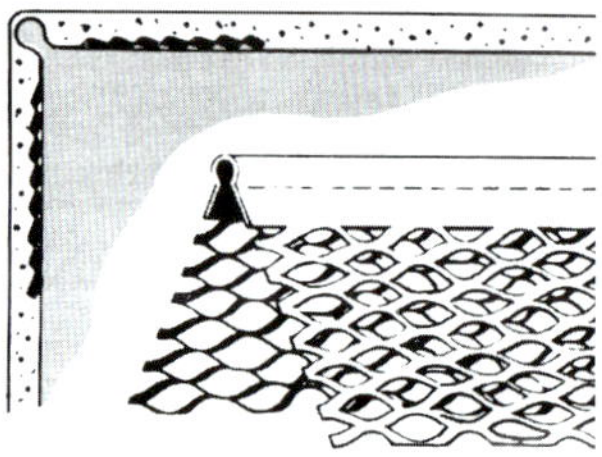
코너비드

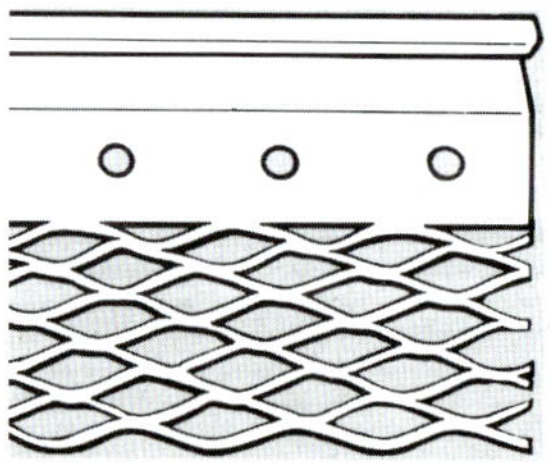
엔드비드

알루미늄 몰딩과 천장틀

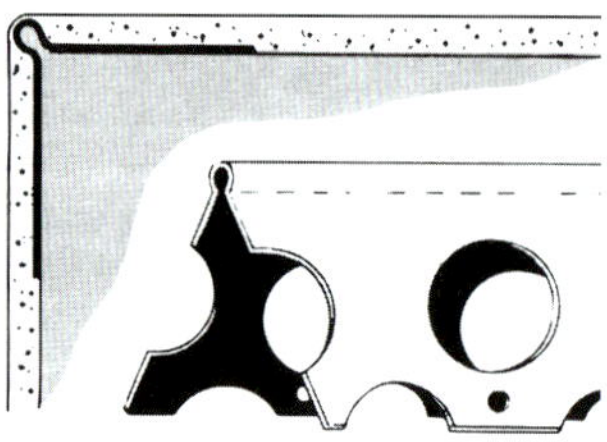
코너비드

End bead(Plaster stop)

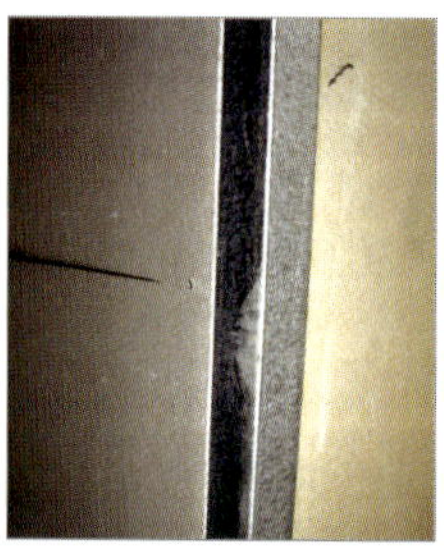
석고보드용 코너비드

알루미늄 몰딩과 코너비드

그림 8-2 Corner bead와 End bead

3. 메탈 라스 · 와이어 메시

메탈 라스는 얇은 강판에 마름모꼴의 구멍을 연속적으로 뚫어 그물처럼 만든 것으로 천장, 벽 등의 미장바탕에 쓰인다. 와이어 메시는 연강철선을 전기용접하여 장방형의 판형으로 만든 것으로 바닥콘크리트 등에 사용하며, 판의 크기는 1.2m×2.4m, 1.5m×3.0m이다. (320페이지 참조)

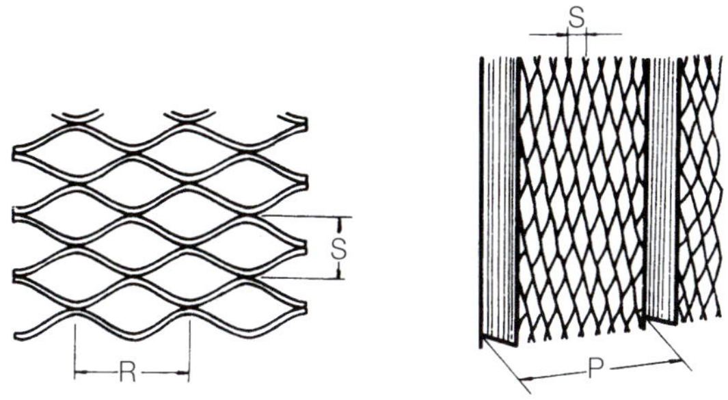

평라스 리브 라스(Rib lath)

그림 8-3 메탈 라스

8.1.3 고정철물

1. Ceiling anchor와 Insert

주로 콘크리트조 슬래브 밑에 반자틀, 덕트, 파이프 등을 달아매고자 할 때 달대(Hanger)의 걸침이 되는 것으로, 설계도에 따라 거푸집바닥에 배치간격을 확정하고 위치를 정확히 설치하여 콘크리트 부어넣기 할 때 이동 · 변형이 없게 한다. 실링 앵커는 스트롱 앵커라고도 한다.

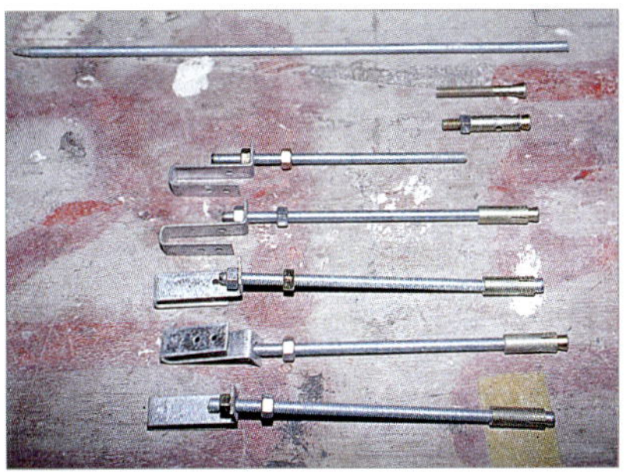

행거, 행거 볼트, 실링 앵커

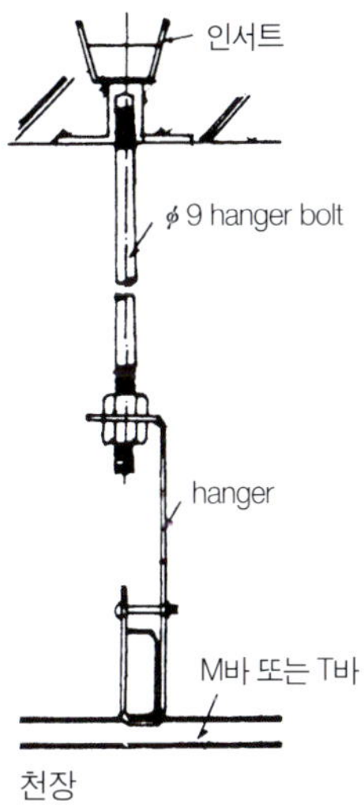

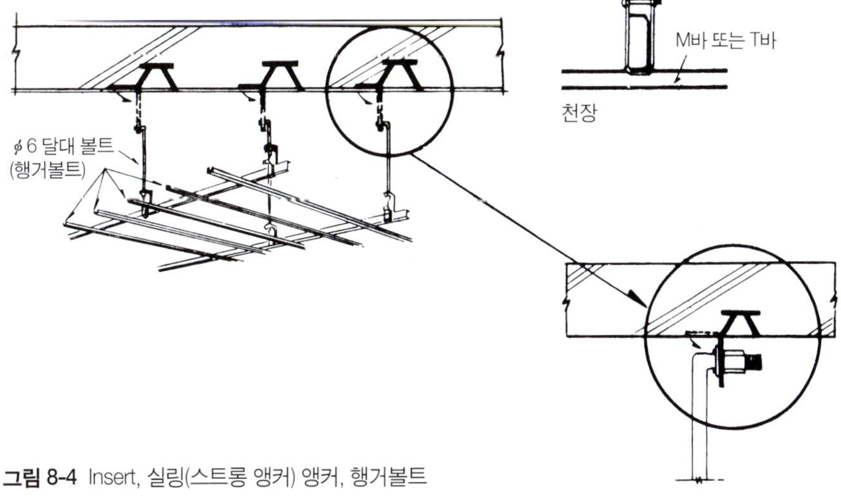

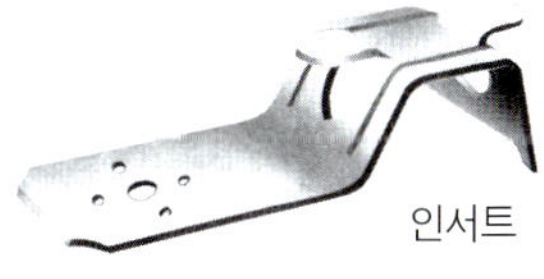

그림 8-4 Insert, 실링(스트롱 앵커) 앵커, 행거볼트

2. 팽창볼트(Expansion bolt), 스크루 앵커(Scrow anchor)

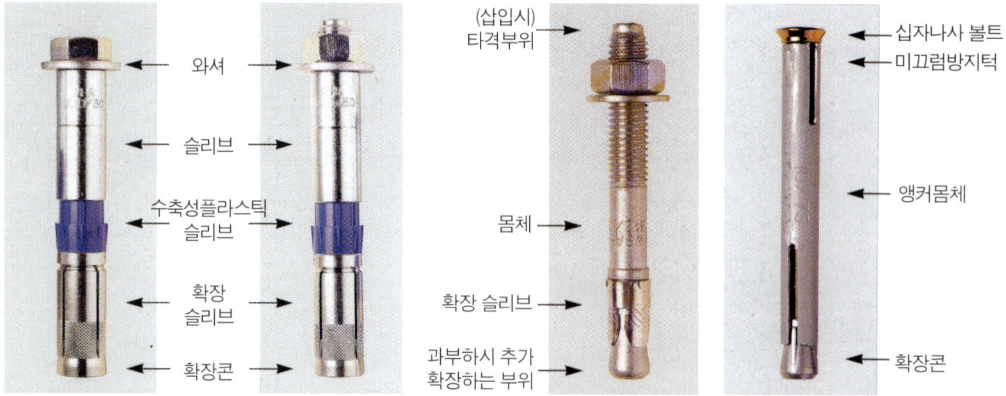

고하중용 중하중용 창틀 · 문틀 고정용

콘크리트 · 벽돌 등의 면에 문틀 · 판석 · 행거 등의 부재를 고정하기 위해 묻는 볼트이며, 바탕면을 콘크리트 드릴로 뚫고 철제 실드(Shield)를 넣은 후 볼트를 틀어박거나 철제 실드의 머리부분을 두드려 박으면 철제 실드가 바깥쪽으로 벌어져 견고히 고정되는 것이다.

그림 8-5 Exp.bolt 고정

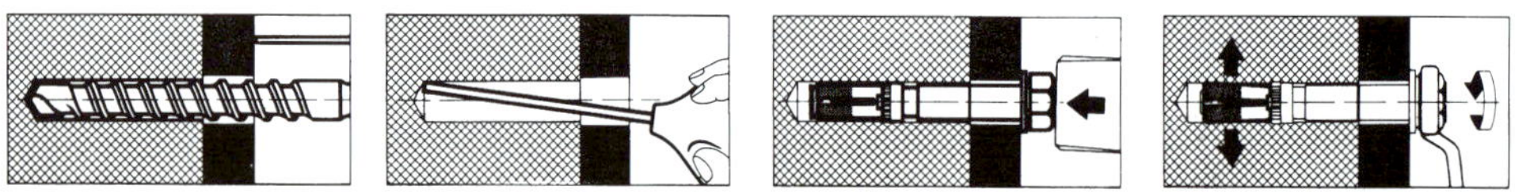

앵커 크기에 맞게 구멍을 천공, 부착물의 앵커공차에 구멍직경을 확인한다.

스포이드로 분진, 파편 제거

구멍에 앵커를 두드려 삽입

적색 조정캡을 링스패너로 떨어져 나갈 때까지 조여서 앵커를 확장시킨다. 녹색 너트는 보이게 된다. 앵커가 세트되는 즉시 하중을 걸 수 있다.

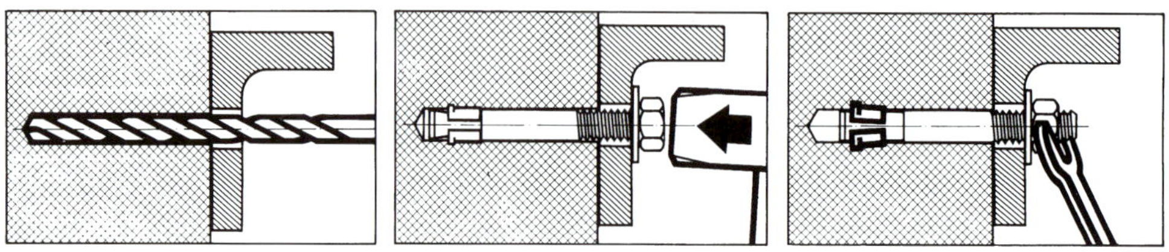

그림 8-6 익스팬션 볼트와 세팅방법

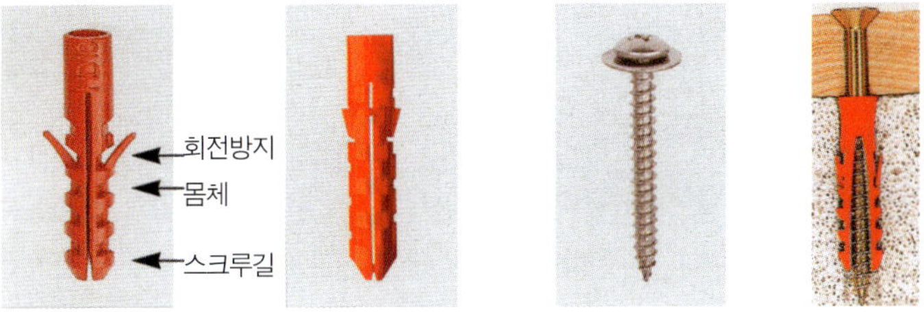

그림 8-7 플라스틱 실드와 스크루 앵커

그림 8-8 전동드릴과 콘크리트 드릴 비트(drill bit)

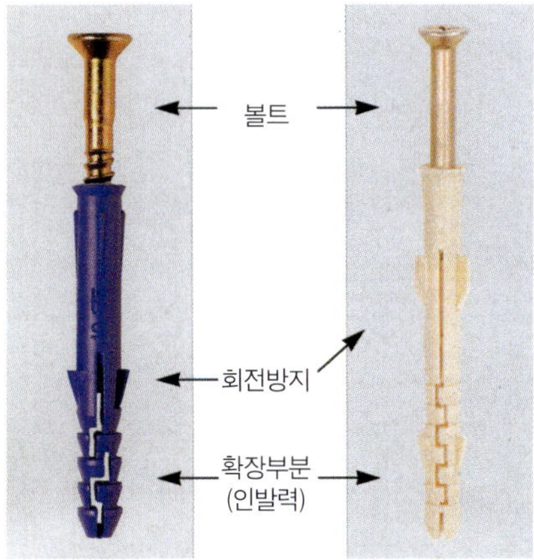

그림 8-9 창호 · 주방기구 고정용

나사못을 박을 경우는 목제 심 대신에 플라스틱 실드를 넣고 스크루(나사못)를 고정한다.

3. 타정총(Conc. gun) 및 드라이브 핀(Dirve pin)

소량의 화약을 써서 콘크리트 · 벽돌벽 · 강재 등에 드라이브 핀을 순간적으로 쳐박는 기계를 Conc.gun이라고 한다.(319페이지 참조)

드라이브 핀에는 콘크리트용과 철재용이 있으며, pin형과 stud형이 있다.

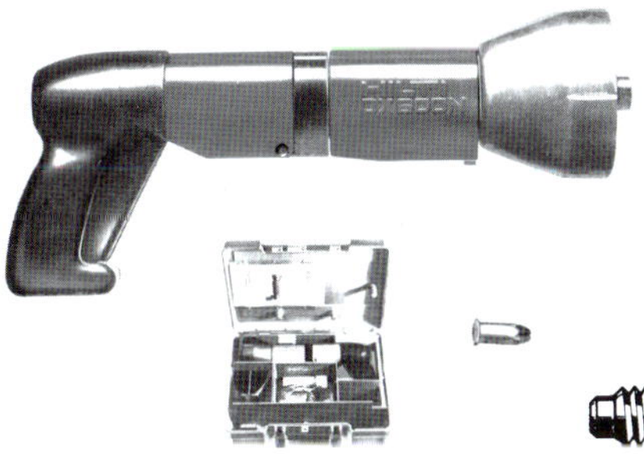

그림 8-10 타정총

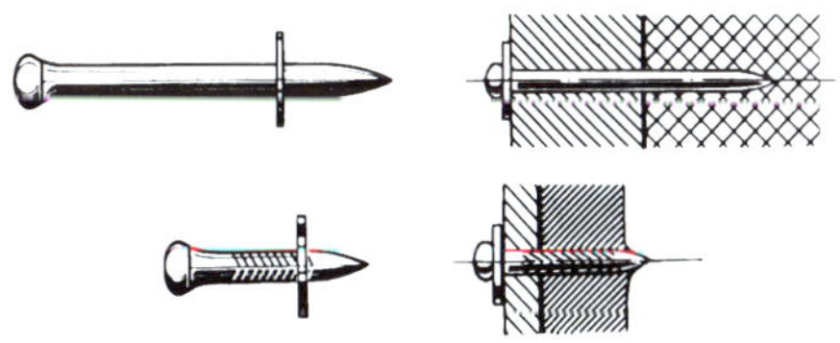

그림 8-11 드라이브 핀

그림 8-12 나사형 스터드

4. 몰리볼트(Molly Bolt)와 토글볼트(Toggle Bolt) (동공 앵커)

시멘트블록, 경량칸막이에 사용하는 고정철물이다. 바탕을 드릴로 뚫고 세팅공구를 사용하며, 볼트가 블록 살이나 경량 칸막이판을 붙잡도록 된 것이다.

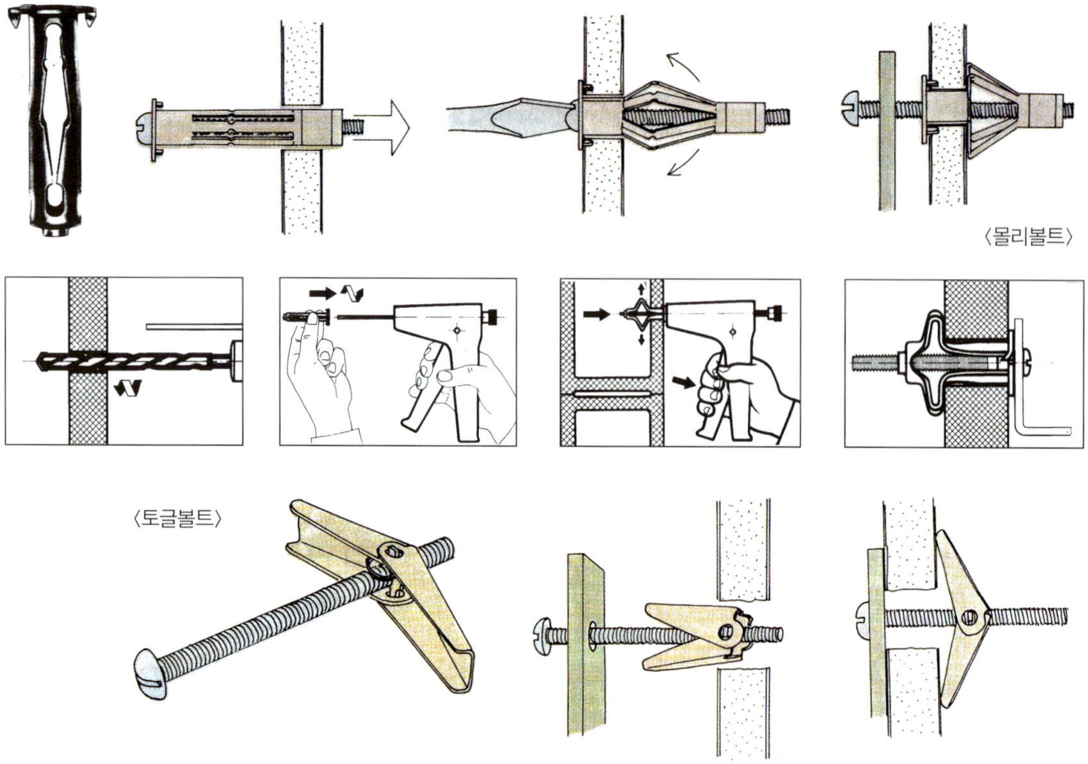

그림 8-13 몰리볼트와 토글볼트 세팅방법

5. 타이(Tie)

타이는 주로 이중벽(공간벽)을 쌓을 때 내벽과 외벽을 연결해 구조적으로 잡아주는 연결철물이다.

6. Slotted angle과 Shim

Slotted angle(구멍 앵글)은 주로 판석을 외벽에 건식공법으로 붙일 때 사용한다. Shim(쐐기)은 높이를 조정하고 수평·수직을 잡기 위한 받침철물이다.

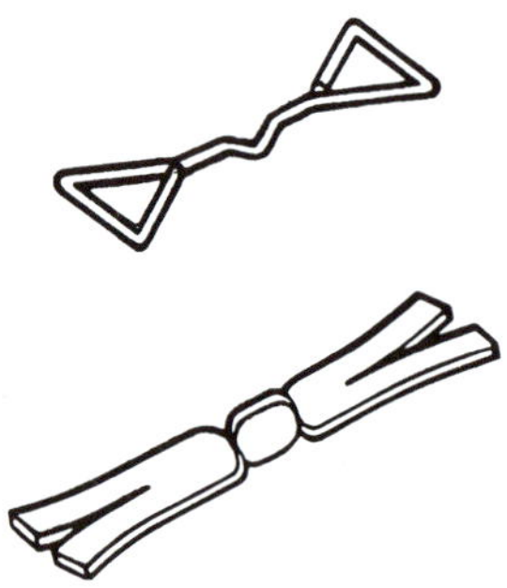

그림 8-14 타이와 클램프

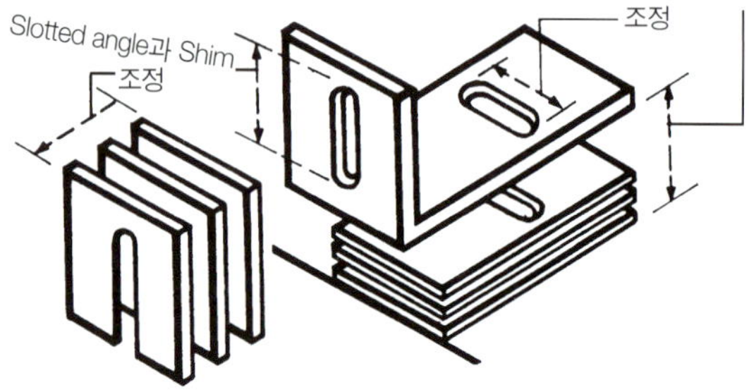

그림 8-15 Slotted angle과 Shim

8.2 장식용 철물

8.2.1 재 료

장식용 철물은 황동제, 청동제, 알루미늄제, 스테인리스 강제 등이 있으며 도장제품과 도금제품 등이 있다.

8.2.2 기성제 장식용 철물

1. 줄눈대(Joiner, 재료분리대)

줄눈대는 천장, 벽 등에 보드, 합판 등을 붙이고 그 이음새를 감추어 누르는 데 쓰이는 것과 바닥에서 이질재와의 접합부 사이에 쓰이는 것이 있다. 경금속제 · 스테인리스제 · 황동제의 얇은 판이나 합성수지제품 등이 있다.

① 줄눈대 고정 ② 고정상세 ③ 고정부 모탈덮기 ④ 바닥모탈 마감 ⑤ 마감재 완성 ⑥ 마감재 완성(카펫)

그림 8-16 줄눈대 시공 예

2. 타공철판과 요철문양 철판

얇은 강판에 여러 가지 모양의 구멍을 뚫은 것을 타공철판(Punching metal)이라고 하며, 강판 표면에 문양을 요철 처리한 것을 요철문양 철판(Embossed steel Sheet)이라고 한다. 타공철판은 구멍의 크기가 작은 것부터 큰 것까지 다양하게 있다. 아연도금철판, 동판, 두랄루민판, 알루미늄판, 스테인리스판 등이 있다.

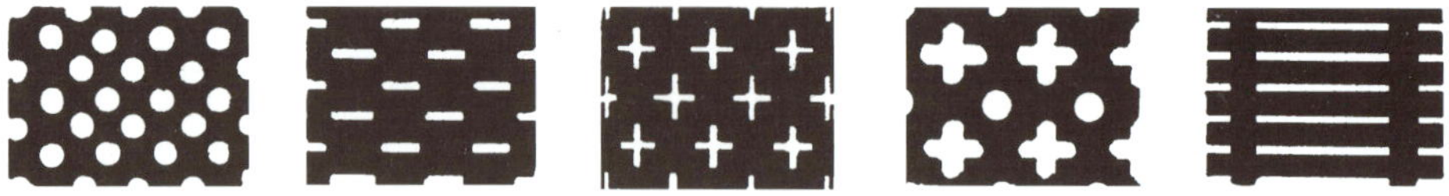

그림 8-17 타공철판

그림 8-18 타공철판 시공 예

그림 8-19 엠보시드 스틸 시트(요철 금속판)

8.3 금속(철물) 시공

각 파이프와 아연도 강판(갈바판—Galvanized steel plate)을 주로 사용하는 철구조틀 공사는 목구조틀에 비해 인건비가 절약되고 제작소에서 부분제작하여 현장에서 조립하는 장점이 있다. 각 파이프는 목구조의 각재 역할로 쓰이며 아연도강판은 석고보드, 합판의 역할로 쓰인다. 실내건축 현장의 철물공사는 무게가 많이 나가는 천장 구조물과 벽체조성이 주된 공사이므로 공사 후 위험이 발생되지 않도록 보, 기둥, 슬래브, 옹벽 등의 구조물에 매우 튼튼하게 긴결해야 한다. 또한 철구조물 시공시는 철구조물의 위치가 정확하도록 철구조물의 수평 · 수직이 정확해야 한다. 용접작업시는 보안경과 작업복을 반드시 착용토록 하며, 화재예방을 위해 소화기를 배치하고 용접불똥과 커팅불똥이 튈 우려가 있는 곳은 사전에 보양해야 한다. 전기용접시는 철판의 두께를 고려하여 철판에 구멍나지 않게 해야 하며, 노출되는 모서리면은 날카로움을 없애야 하고, 표면은 상처 · 긁힘이 없도록 주의하고 화학물질이 묻지 않게 유의해야 한다. 스테인리스는 아르곤용접을 한다.

1. 천장틀 및 천장구조틀

일반적 천장 형태인 수평천장은 달대볼트 · 캐링찬넬 · M-bar로 조성되나 천장형태가 층단형 · 곡선형의 특별한 경우는 시공의 편리 · 공기단축 · 크랙발생 문제 등으로 철판(아연도 강판) · 각파이프 등을 이용해 천장틀을 조성한다.

아연도 강판(갈바판)은 두께가 얇아 휘어지고 지지에 약하므로 각파이프를 대고 용접하여 구조적으로 힘을 받을 수 있도록 보강한다.

갈바판과 갈바판을 이어대기 위하여 용접한 곳은 면을 고르기 위해 그라인딩해야 하며, 그라인딩한 곳은 철판의 아연도금이 벗겨졌으므로 녹막이칠인 광명단을 칠해야 한다. 또한 그라인딩 후 용접부 그라인딩 면의 작은 요철을 고르게 하기 위해 고무질의 폴리퍼티로 퍼티작업을 해야 한다. 금속천장틀은 매우 무거우므로 천장틀이 안전하게 튼튼히 지탱되도록 건축구조물에의 고정과 천장틀 보강에 매우 유의해야 한다.

그림 8-20 용접기

천장구조물을 튼튼히 달아매고 흔들리지 않게 하기 위해 쓰이는 철물로는 각파이프와 Exp. bolt를 사용하며 앵글 · 찬넬 · 달대볼트를 쓰기도 한다. 구조물과 각파이프, 각파이프와 Exp. bolt의 긴결은 용접으로 하는데 이때의 용접은 튼튼하게

그림 8-21 철물 천장구조틀 및 천장틀 시공 예

층단천장 구조물

각파이프 지지(보)

각파이프 지지(슬래브, 보)

각파이프 지지 상세

기둥에 지지

구조틀과 개별 등박스

천장틀과 석고보드

천장틀 지지

천장틀 지지와 용접부 그라인딩

되어야 한다. 각파이프의 한쪽은 구조물과 용접하며, 다른 쪽은 철골 보 · 기둥 또는 콘크리트에 고정된 Exp. bolt와 용접한다. 콘크리트(슬래브 · 보 · 기둥)에 고정시는 콘크리트에 드릴링을 하고 Exp. bolt를 매입하고 각파이프와 용접한다. 용접부는 녹막이를 위해 반드시 광명단을 칠한다.

● 천장 조성물 시공순서

그림 8-22 팔각층단천장 시공 예

① 천장조성물 제작

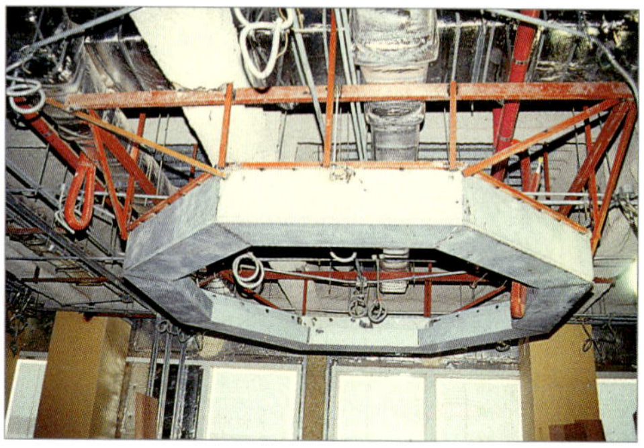

② 천장 조성물 설치

③ 천장틀 설치

④ 완성

2. 등박스

광천장이나 간접등박스의 설치를 위해서는 천장 도면에 표시된 대로 먼저 바닥슬래브 위에 천장 조성물이 매달릴 위치를 먹매김(먹줄치기)한다. 바닥 슬래브에 표시된 크기대로 대형의 등박스는 바닥에서 제작(조립)한 다음 다림추를 이용하여 바닥에서 천장으로 수직실을 띄워 올리고 수직으로 등박스를 끌어올려 설치 위치를 잡는다. 등박스의 위치가 정확히 자리잡게 되면 각파이프 등으로 슬래브 · 보 · 기둥과 등박스를 연결 · 고정하여 등박스가 떨어지거나 흔들리지 않도록 한다. 연결 · 고정은 용접으로 하며, 용접 부위는 광명단칠을 하여 녹방지를 한다. 연결 · 고정은 충분히 튼튼하게 하여 추후 떨어져 내리는 일이 없도록 해야 한다. 등박스 등의 천장 조성물을 설치할 때에는 스프링클러 · 디퓨저와 문제가 발생하지 않도록 천장 속의 각종 설비시설들을 정확히 파악한 후 시공해야 한다. 용접시는 이미 완료된 주위의 마감재에 용접불꽃이 튀지 않도록 해야 하며, 화재에 유의하고, 용접시 생기는 연기와 냄새는 집진기 등을 이용해 즉시 건물 밖으로 뽑아내도록 한다.

● 등박스(광천장) 시공순서

그림 8-23 등박스 시공 예

① 광천장 틀 제작

② 틀 설치

③ 주변부 설치

④ 합판 및 외장틀 부착

⑤ 페인트칠 및 형광등 설치

⑥ 완성

3. 스크린박스 · 커튼박스 · 기타 철판 조성물

스크린박스는 천장 조성물과 같은 방법으로 각파이프 등을 이용해 달아매며 흔들리지 않도록 견고히 지지한다. 천장마감재와 천장틀이 스크린박스 주위에 정확히 설치될 수 있도록 설치높이와 수평잡기에 유의해야 한다.

커튼박스는 아연도강판을 접은 후 설치를 위해 각파이프 또는 앵글을 커튼박스에 용접해 붙이고, 벽체를 콘크리트 드릴로 뚫고 Exp. bolt를 고정시킨 후 Exp. bolt와 각 파이프를 용접해 고정 · 설치한다.

● 스크린박스 설치 시공순서

그림 8-24 스크린박스 시공 예

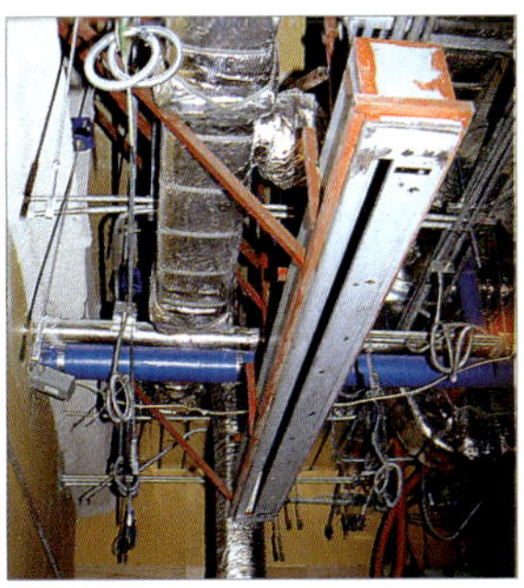

① 각파이프 연결고정 1

① 각파이프 연결고정 2

② 천장틀 접속상세

③ 천장 석고보드 부착

④ 완성

커튼박스 설치 시공순서

그림 8-25 커튼박스 시공 예

① Exp. bolt 고정 및 용접

② 끝부분 고정 및 용접

③ 완성

철판 조성물

그림 8-26 경량철골에 철판부착 예

제작소 제작 및 현장제작 시공

기타 철판 조성물은 먼저 각파이프와 아연도강판을 이용해 형태를 만들고, 바닥에 Exp. bolt를 고정하고 틀과 용접하며, 틀의 상부 고정은 각 파이프를 이용해 쓰러지지 않도록 견고히 고정한다.

4. 각파이프 골조

각파이프를 골조로 하여 조성되는 구조물은 벽체, 고정창틀, 계단, 가 기둥과 보, Built-in 형의 가구틀 등 다양하다. 특히 Built-in형의 가구틀로는 카운터, 화장실 세면대, F.C.U커버 등을 주로 조성한다.

● 계단 시공순서

그림 8-27 철제원형 계단 및 원형 계단실 시공 예

① 곡면 벽체 조성

② 곡면 벽체 흡음(단열)재 채우기

③ 원형 철제 파이프와 계단

● 벽틀 설치 시공순서

그림 8-28 철골벽체 시공 예

① 철골 파이프 기둥 설치

② 하부틀 용접 조립

③ 하부틀 바닥에 고정

● 기둥 · 보 설치

기둥 설치

보 틀 설치

보 틀 고정 상세

● Built-in형 가구틀 설치

카운터 틀 조성 및 합판부착

카운터 틀 조성 및 전기배관

카운터 틀 합판부착

OSB

목재널

몰딩, 마루판, (개량)코펜하겐리브

Flooring block

OAK NATUAL

OAK BROWN

OAK GRAY

OAK WHITE

OAK PINK

OAK BLACK

MAPLE NATUAL

BEECH NATUAL

MERBAU NATUAL

진체리

중체리

연체리

월넷

홍송

오크

랩핑 목제 문틀

랩핑 걸레받이, 몰딩

루버

(9×150×2440mm)

(9×250×2440mm)

걸레받이

(9×90×2440mm)

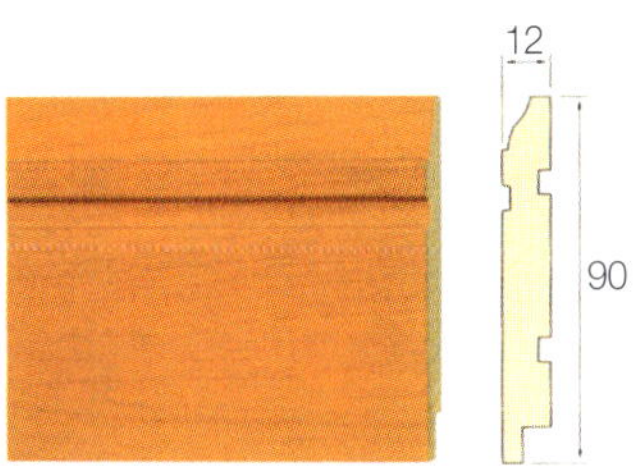

(12×90×2440mm)

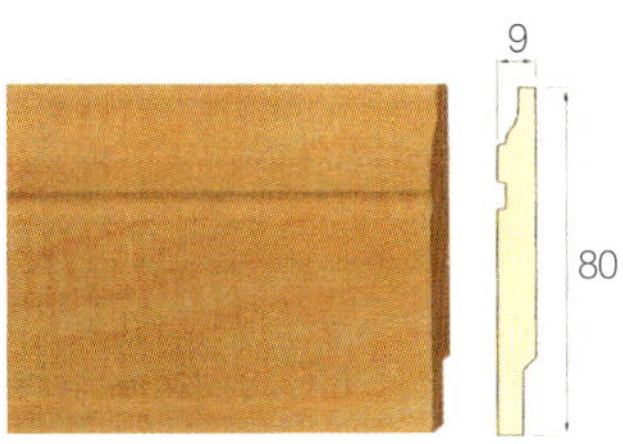

(9×80×2440mm)

마감몰딩

(12×45×2440mm)

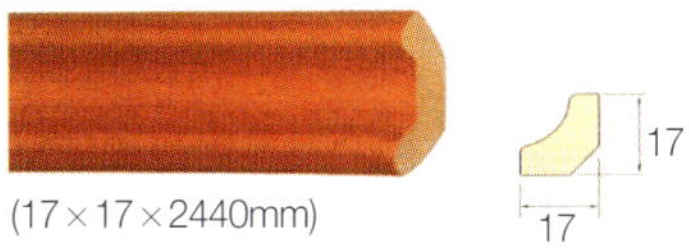

(17×17×2440mm)

천장몰딩

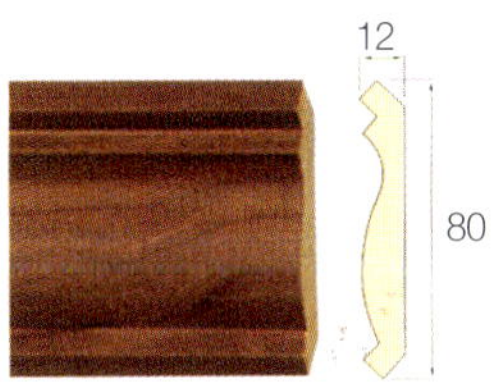

(12×80×2440mm)

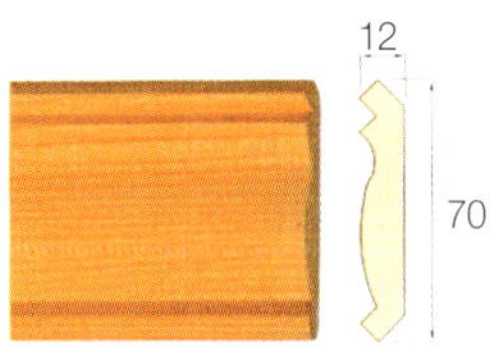

(12×70×2440mm)

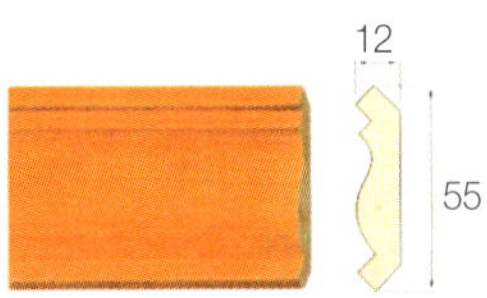

(12×55×2440mm)

문선몰딩

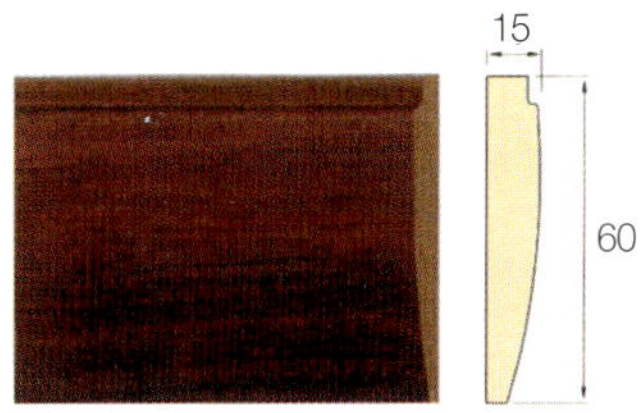

(15×60×2440mm)

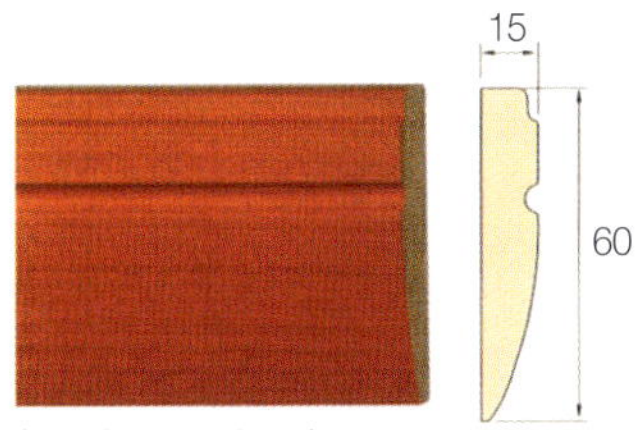

(15×60×2440mm)

(15×60×2440mm)

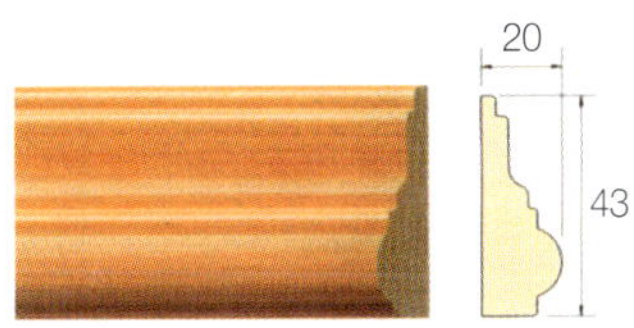

(20×43×2440mm)

허리몰딩

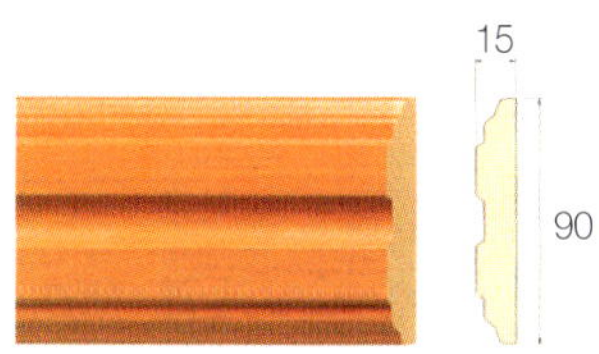

(15×90×2440mm)

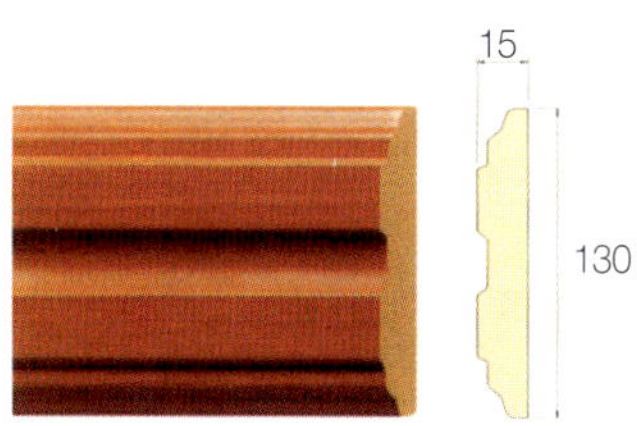

(15×130×2440mm)

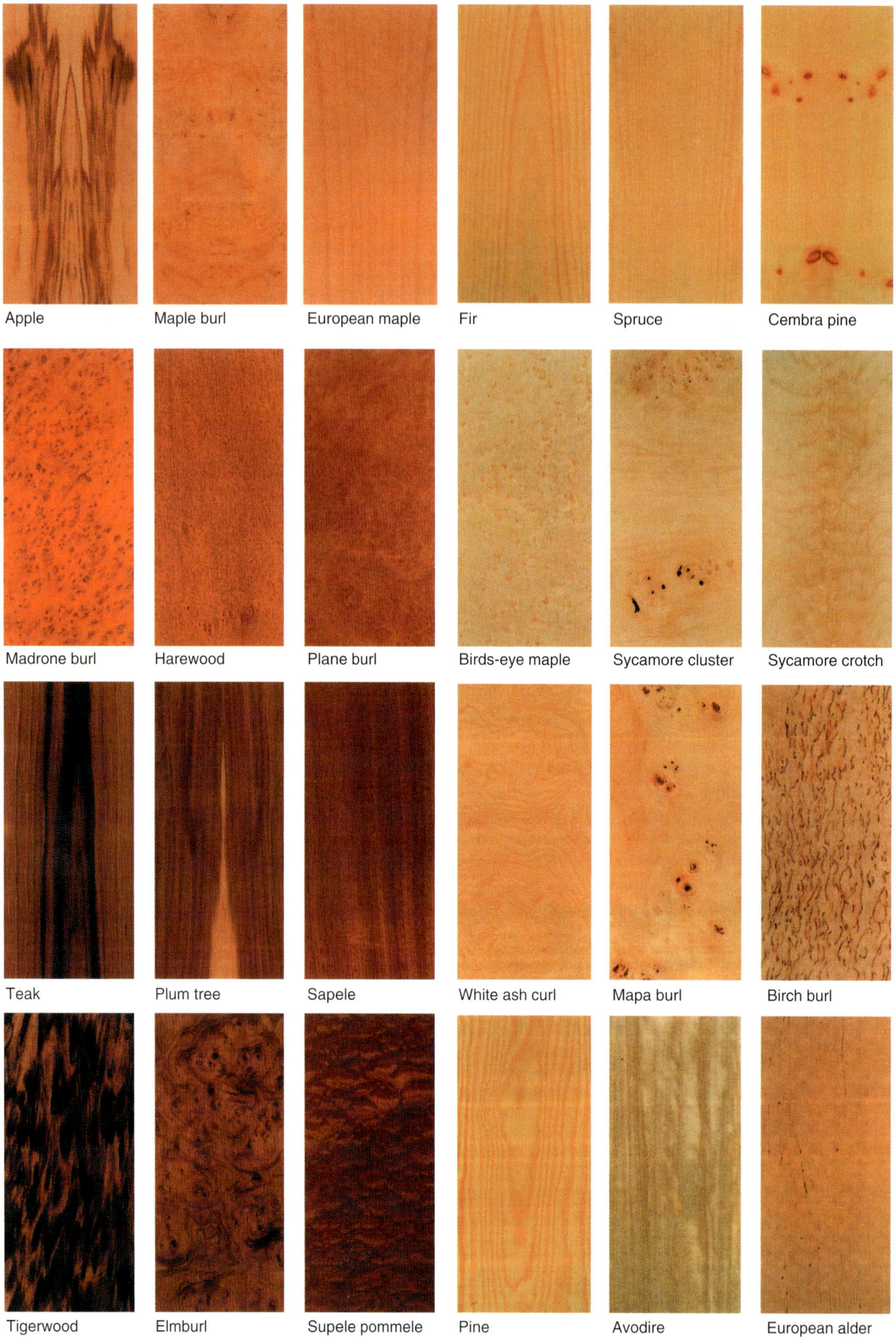
Apple
Maple burl
European maple
Fir
Spruce
Cembra pine
Madrone burl
Harewood
Plane burl
Birds-eye maple
Sycamore cluster
Sycamore crotch
Teak
Plum tree
Sapele
White ash curl
Mapa burl
Birch burl
Tigerwood
Elmburl
Supele pommele
Pine
Avodire
European alder

무늬목 종류의 예

Santos rosewood

Rio rosewood

East indian rosewood

Eucalyptus burl

Red alder

Brown ash

Vavona burl

Macore

Figured macore

Limba

Figured anegre

Anegre

Sucupira

Laurel

Louro preto

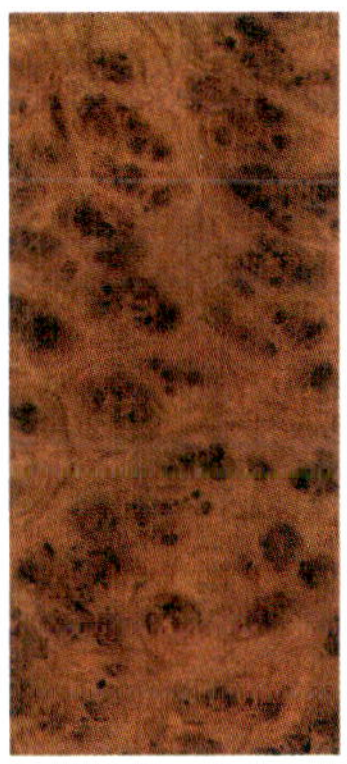
Oal burl

Movingui

Sassafras

Thuya burl

Macassar ebony

Ziricote

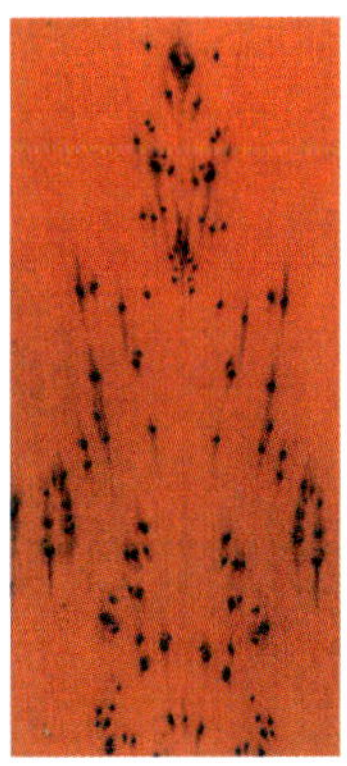
Yew

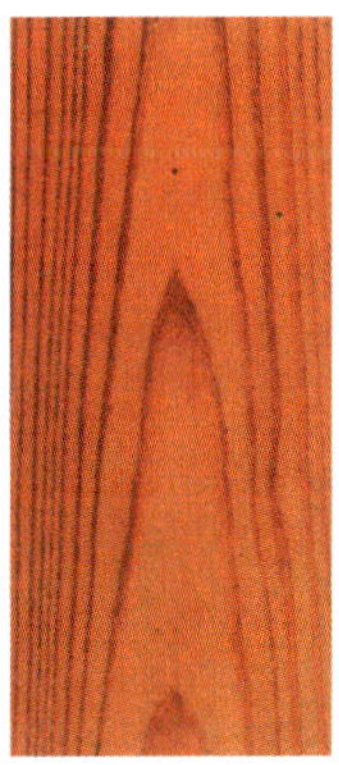
Larch

Chestnut burl

무늬목 종류의 예

콜크타일(판)

인조무늬목(인테리어 접착지, 인테리어 필름)

CHAPTER **9**

목공사

9.1 개 요

실내건축공사의 목공사는 구조적인 면의 목공사와 마감 측면의 목공사로 나눌 수 있다. 최근의 실내건축 현장의 상황에서 목공사가 차지하는 비중은 차츰 줄어들고 있는 실정이다. 특히, 과거에 비해 공사현장에서 목구조공사의 비중은 줄어들고 있으며, 수장 성격의 마감공사와 현장가구공사의 비중이 상대적으로 높아지고 있다. 목구조공사는 경량철골공사로 대체되고 있다.

수장재로 쓰이는 목재는 결, 무늬, 빛깔 등이 아름답고 변형이 작고 질긴 것이어야 한다. 목재의 함수율은 특별히 정하지 않았을 때는 12~18% 범위로 하며 15% 이하가 이상적이다.

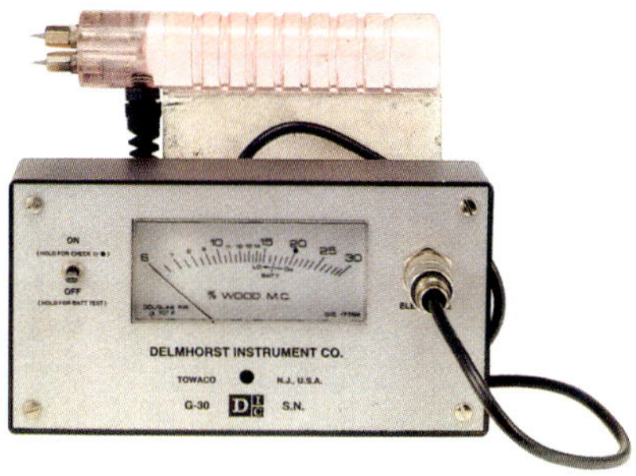

그림 9-1 목재 함수율 측정기

목재의 특성은 다음과 같다.

- 재료의 비중에 비하여 인장강도가 크다.
- 가공성과 시공성이 우수하다.
- 열진도율이 작다.
- 외관이 미려하여 마감재와 가구재로 우수하다.
- 가연성이므로 화재에 약하다.(200~250° C에서 인화됨)
- 습기에 약하여 신축변형이 되기 쉽다.
- 비내구적이며 부식성이 크다.
- 심재보다 변재의 수축률이 크며, 변재가 잘 갈라진다.
- 옹이, 썩음, 송진구멍 등으로 인한 재료 자체의 조직적인 결함이 있다.

9.1.1 목재의 정척길이

정척물이란 일정한 길이로 된 목재를 말하는 것으로, 1.8m(6자), 2.7m(9자), 3.6m(12자)의 3종이 있으며, 보통 0.9m(3자)씩 길어진 것을 표준으로 한다. 장척물(장대재)은 정척물보다 긴 것으로 4.5m(15자), 5.4m(18자)가 있으며, 또 길이 1.8m 이하의 것을 단척물이라 하고, 정척물이 아닌 것을 난척물이라 한다.

9.1.2 목재의 취급단위

목재의 단위는 m^3로 하는 것을 원칙으로 하나 오랜 관습으로 고쳐지지 않고 있다. 대재의 관용단위는 다음과 같다.

①1m^3=100cm×100cm=299.475才(사이)=438.596B.F.

② 1才(사이)=1치×1치×12자=3cm×3cm×3.6m

③ 1石=1자×1자×10자=30cm×30cm×3.0m=83.33치

④ 1Board feet(B.F.)=1"×1"×12'=2.54cm×2.54cm×3.66m

9.1.3 주문 · 검수 · 보관

1. 주문

목재를 주문할 때는 실제 필요치수, 수량, 재질, 품종별로 주문하고 시중기성품, 제재주문품, 현장납품기일, 대금지불방법 등에 대한 계약서를 작성한다.

2. 검수

주문한 목재가 현장에 반입되면 품종, 길이 · 치수의 적부, 재면 · 마무리면의 옹이, 부식 · 갈램 · 엇결 등에 대한 사용 가능 여부를 확인 · 검사하여 합격품만 인수하고 불합격품은 즉시 장외로 반출한다.

3. 보관

반입된 목재는 종류, 용도, 사용순서, 치수, 길이별로 구분하여 직접 땅에 닿지 않게 보관한다. 특히 비나 이슬에 맞지 않고 직사광선을 받지 않도록 하며, 흙이나 불순물이 묻지 않게 보관한다. 또한 미장한 모탈이 건조되기 전이나 창에 바람막이가 설치되지 않은 상태에서는 건물 내부로 목재를 들여와서는 안 된다.

목재의 저장은 오염 · 손상 · 변색 · 썩음 · 습기 등을 방지할 수 있도록 적재하고, 또 건조가 잘 되게 보관해야 한다.

합판과 M.D.F는 비가 맞지 않도록 특히 유의해야 한다.

9.2 가 공

9.2.1 목공용 공구 및 기계

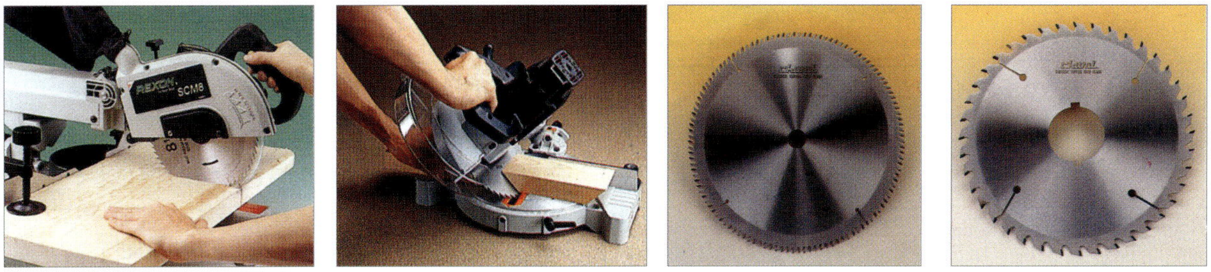

그림 9-2 Miter톱과 톱날

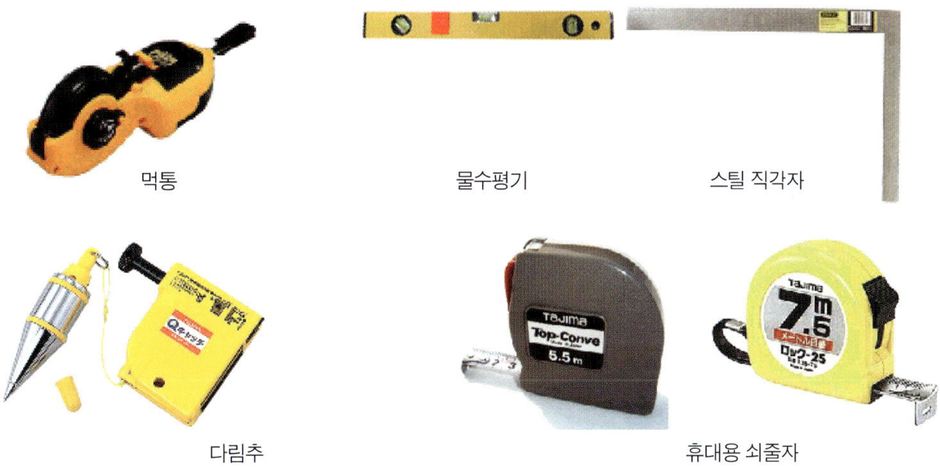

그림 9-3 목공용 공구

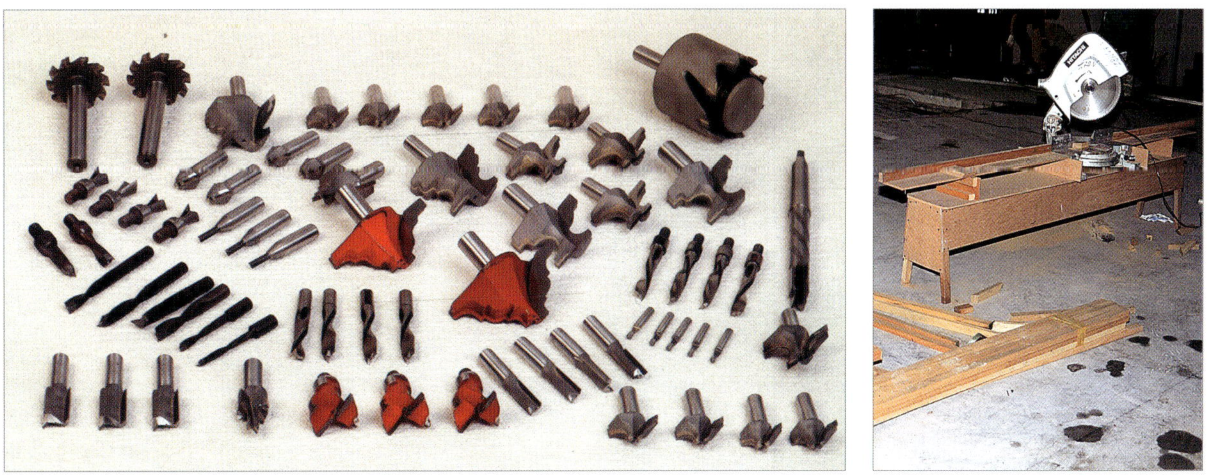

그림 9-4 각종 따내기 · 홈파기 Bit

자동대팻날

샌더용 샌드페이퍼

그림 9-5 목공기계용 부착공구

환거(선반톱) 기계

대패 기계

띠톱 기계

각끌기

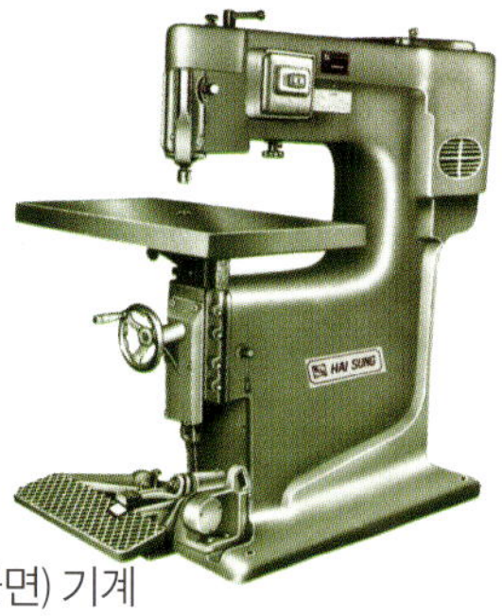

루터(곡면) 기계

입면취(따내기) 기계

그림 9-6 목공용 기계

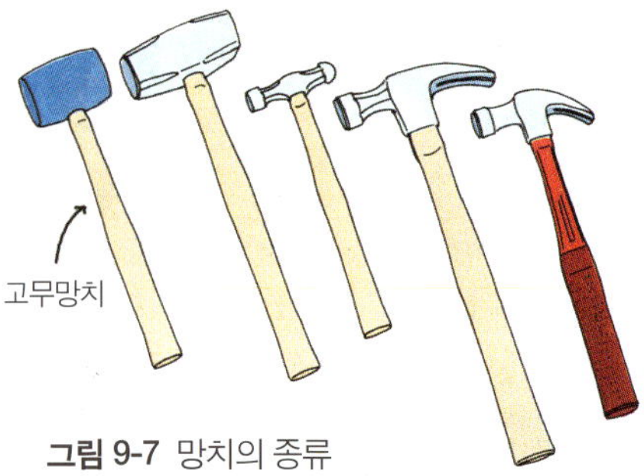

그림 9-7 망치의 종류

1. 목공용 공구

목공용 공구는 목수의 손도구로서 직능에 따라 개개인이 갖추고 있으며, 그 종류는 매우 많으나 보통 목수 한 사람이 20~30종 정도를 구비하고, 또 이들을 정비하는 공구도 필요하다. 각종 목공용 공구는 그림 9-8과 같은 것들이 있다.

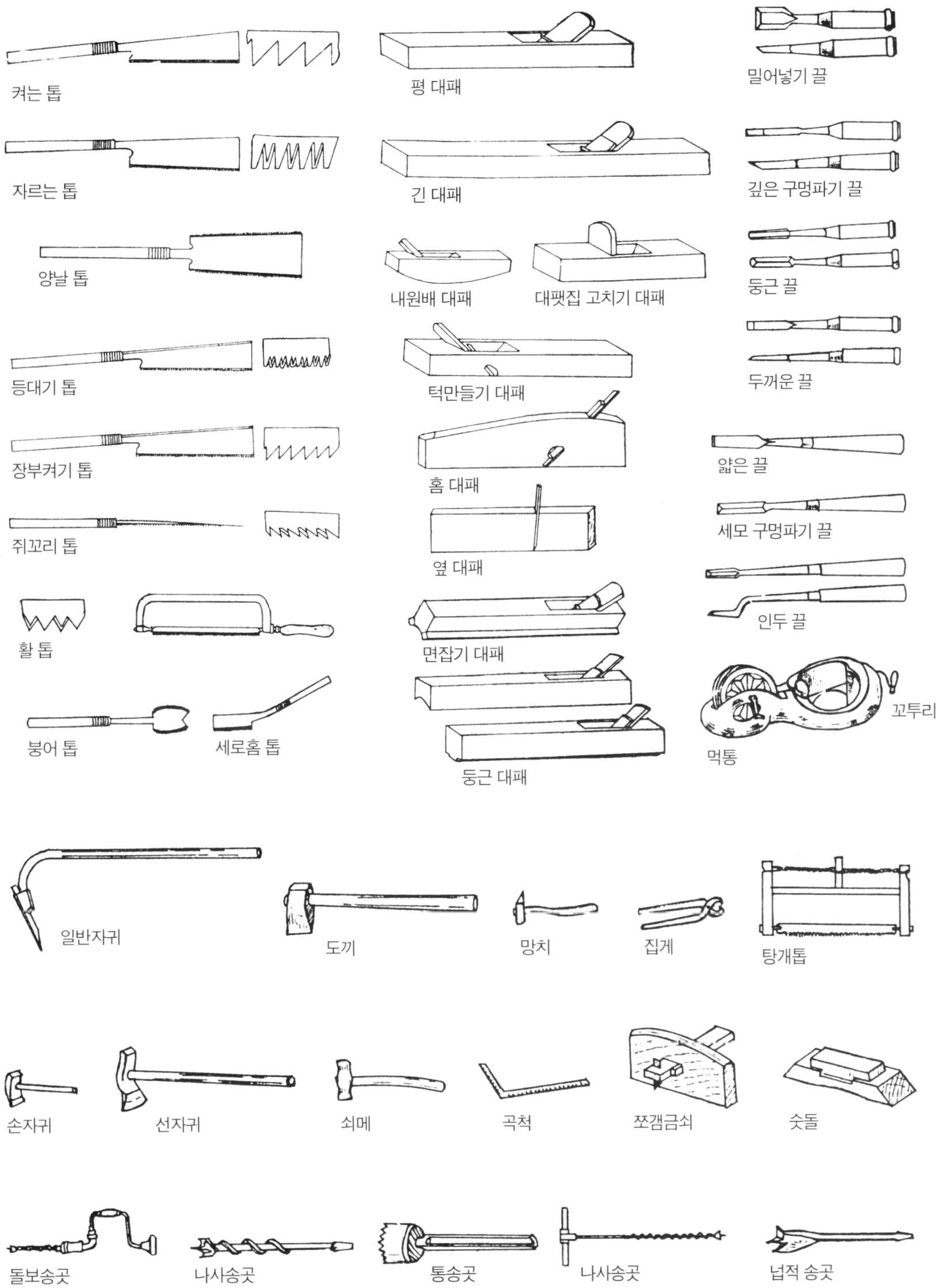
켜는 톱
평 대패
밀어넣기 끌
자르는 톱
긴 대패
깊은 구멍파기 끌
양날 톱
내원배 대패
대팻집 고치기 대패
둥근 끌
등대기 톱
턱만들기 대패
두꺼운 끌
장부켜기 톱
홈 대패
얇은 끌
쥐꼬리 톱
옆 대패
세모 구멍파기 끌
활 톱
면잡기 대패
인두 끌
붕어 톱
세로홈 톱
둥근 대패
먹통
꼬투리
일반자귀
도끼
망치
집게
탕개톱
손자귀
선자귀
쇠메
곡척
쪼갬금쇠
숫돌
돌보송곳
나사송곳
통송곳
나사송곳
넙적 송곳

그림 9-8 각종 목공구

2. 목공용 기계

목공용 기계는 다음과 같은 것들이 있다.

1) 띠톱

띠톱은 둥근톱으로 켤 수 없는 큰 목재를 켤 때나 직선 이외의 곡선으로 자를 때 쓰이는 기계톱이다.

2) 선반톱

회전축에 둥근 톱날을 끼워 테이블 위에서 목재를 켤 수 있도록 한 기계톱으로 톱날 외에 커터날을 끼워서 홈파기, 턱만들기, 장부만들기 등을 할 수도 있다.

3) 자동대패 기계

회전축에 고정시킨 2~4개의 날을 전동기로 고속으로 회전시켜, 목재를 테이블 위에 놓고 밀어 넣으면 자동적으로 옮겨가며 깎이는 기계대패이다.

4) 손밀이 대패

회전축에 2~4개의 대팻날을 끼워서 고속으로 회전시켜 각재나 판재의 면을 깎아대는 전동대패이다.

9.2.2 가 공

1. 가공순서

목재를 가공할 때에는 재료 반입 · 건조 · 먹매김 · 마름질 · 바심질 · 세우기 등의 유동성 작업에 착오가 없도록 순서있게 진행되어야 한다.

(1) 먹매김

목재의 마름질, 바심질을 하기 위해 먹줄을 치거나 먹칼로 그리는 것을 먹매김이라 하며 절단부, 가공부 표시는 그림 9-9와 같다.

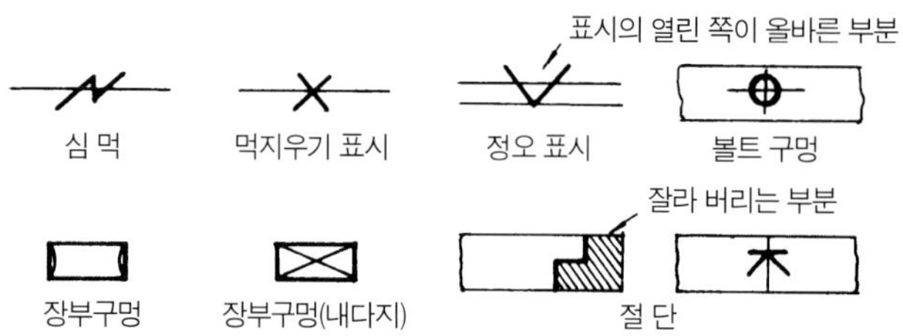

그림 9-9 먹매김 표시

(2) 마름질

목재를 소요의 형과 치수로 먹매김에 따라 자르거나 오려내는 일이다.

(3) 바심질

먹매김에 따라 구멍뚫기, 홈파기, 자르기, 대패질, 기타 다듬질을 하는 것이다.

● 목재 가공시 주의사항

① 엇결, 옹이, 갈램 등의 결함이 없는 곳을 가공 위치로 한다.

② 이음 또는 맞춤은 응력이 크게 작용하는 위치에 두지 않는다.

③ 심재, 변재의 건조시 변형을 고려한다.

④ 압축재의 접착면은 밀착되도록 가공의 정밀도를 높인다.

⑤ 끌구멍과 볼트구멍 등은 정확한 위치 · 깊이로 하고, 볼트구멍은 볼트지름보다 3mm 이상 크게 뚫어서는 안 된다.

⑥ 치장 부분은 먹줄이 남지 않게 대패질한다.

9.2.3 철물 조이기

1. 못치기

못의 지름은 널두께의 1/6 이하로 하고 길이는 나무두께의 2.5~3.0배로 하되, 재의 마구리에 박는 못은 3.0~3.5배로 한다. 또 못을 박을 때에는 15° 정도 기울게 박는 것이 수직으로 박는 것보다 빠지지 않아 좋다.

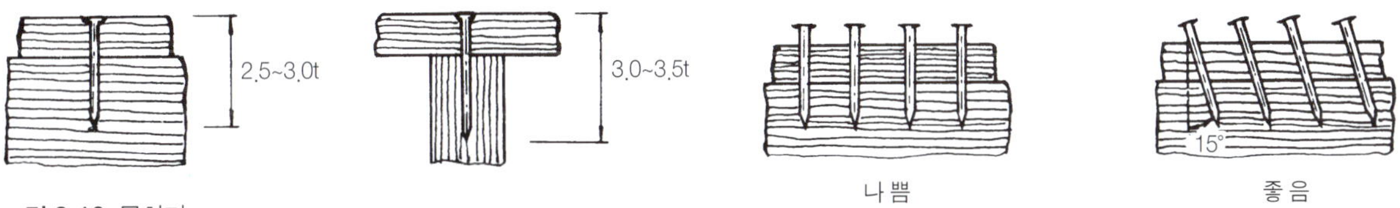

그림 9-10 못치기

각종 전동못(Blad 못, Coil 못, Coil 나사못, Pin 못, Staple)

그림 9-11 공기타정공구 및 타정못

2. 못의 종류

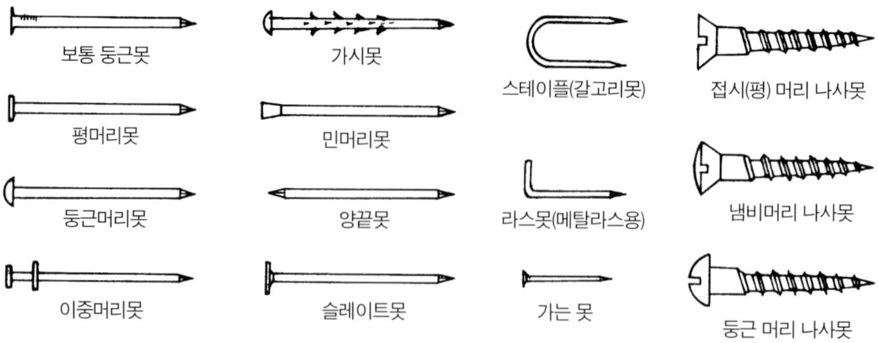

그림 9-12 못의 종류

못과 나사의 종류는 그림 9-12 이외에도 형태별, 길이별, 굵기별로 상당히 많이 있다.
(※ 나사못은 망치로 때려 박아서는 안 된다)

3. 접착제

수장재, 창호재, 가구재 등을 조립할 때 두 부재를 튼튼하게 접합시키기 위해 쓰이는 접착제는 합성수지 접착제와 천연접착제(아교풀)가 있으며, 일반적으로 합성수지제인 목공용 접착제를 사용한다. 아교는 사용이 많이 번거롭다.

9.2.4 이음과 맞춤

두 부재를 길이방향으로 길게 접합하는 것을 이음이라 하고, 두 부재를 경사 또는 직각으로 접합하는 것을 맞춤이라 한다.
이음과 맞춤은 구조상 약점이 되므로 충분히 보강되어야 한다.

● 이음 · 맞춤시 주의사항

① 이음 및 맞춤의 접착면은 필요 이상으로 파내기, 깎아내기 등을 하여 약해지지 않도록 한다.

② 이음과 맞춤의 위치는 응력이 작은 곳에서 만들고 이음의 위치는 엇갈림으로 배치함을 원칙으로 한다.

③ 한 부재의 부분적인 약점은 그 전체를 약화시키므로 각 부재는 약한 단면이 없게 한다.

④ 이음 · 맞춤 부분에 생기는 응력에 따라 적당한 이음과 맞춤을 선택해야 한다.

⑤ 공작이 간단한 것을 쓰고 큰 응력이 작용하는 곳에는 철물로 보강하며, 모양에 치중하지 않아야 한다.

⑥ 이음과 맞춤의 면은 정확히 가공하여 서로 밀착되고 빈틈이 없도록 한다.

9.2.5 목구조공사 유의사항

① 목조틀은 잘 짜여져 기준선과 수평 · 수직이 정확히 맞게 되어야 하고 안전한 구조가 되어야 한다.

② 스터드, 중도리 등은 마감재 등의 내력에 충분히 견딜 수 있는 규격이어야 한다.

③ 볼트 등의 철물은 적정 크기, 적정 타입으로 하고 완전히 고정되어야 한다.

④ 목재 골조의 모든 못은 끝을 구부려야 하고 못머리가 마감공사에서 노출되어서는 안 된다.

9.3 목공사 시공법

9.3.1 목조 벽체틀 짜기

목조 벽체틀은 일면벽체 조성과 양면벽체 조성이 있다. 목조 벽체틀 세우기는 실시설계 도면에 따라 먹매김을 하고 세운다. 벽체용 목틀에 사용되는 목재는 나왕 · 미송 각재 및 합판으로 현장반입 각재는 휨과 함수율(16% 이하)이 검수되어야 한다. 각재 굵기는 1치×1치 · 1치×1.5치 · 1.5치×1.5치 · 1.5치×2치가 주로 사용되며, 합판두께는 10mm가 주로 사용된다. 수직재(Stud)의 간격은 30cm 또는 45cm로 하며, 수평재는 수직재의 간격에 맞추어 잘라 30~45cm 간격으로 수직재와 수직재 사이에 끼워넣고 고정한다.

수직재와 수평재의 결속은 한편은 Air coil 못으로 박고 반대편은 본드를 발라 빗못치기를 한다. 바닥, 천장 슬래브 또는 벽체에 고정되는 부재(각재)는 타정못으로 견고하게 고정한다. 목조 벽체틀은 수직으로 바르게 세워야 하며, 일면벽체틀의 경우 바탕면이 고르지 않을 때에는 쐐기를 대고 수직으로 바르게 세운다. 목조벽체틀이 조성되면 붓, 롤러, 스프레이로 화재방지를 위한 방염처리를 한다.

① 부재 바로놓기

② 먹줄치기(먹매김)

② 먹줄치기

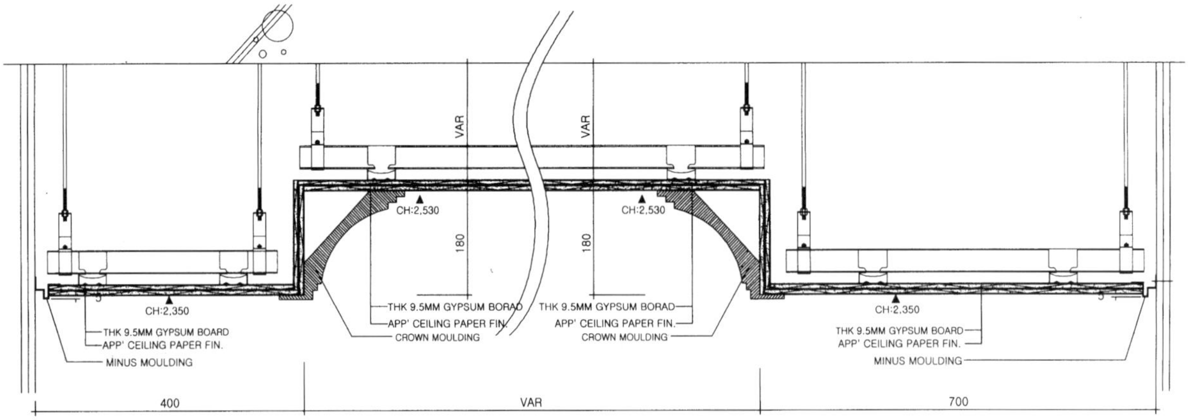

그림 9-18 거실천장(몰딩) 단면 상세도

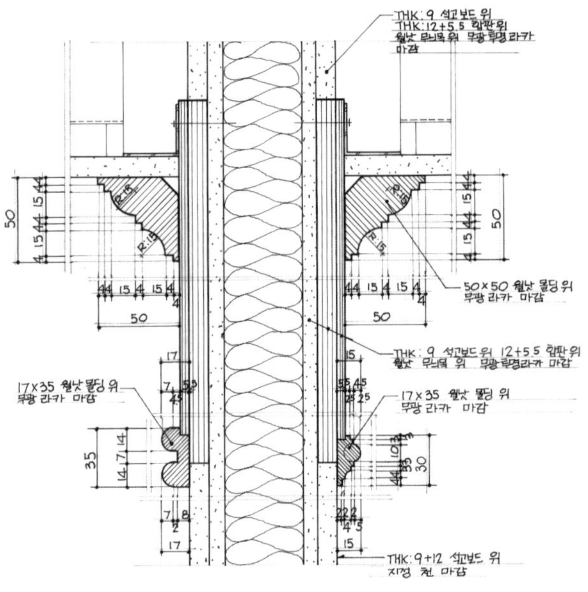

그림 9-19 몰딩부분 상세도

2. 달대받이, 달대

달대받이는 슬래브 밑에 9cm 각 정도의 각재를 약 90cm 간격으로 걸처대고 큰못 고정한다.(경량철골천장틀로 할 때에는 슬래브에 드릴링을 하고 Strong anchor를 고정한 후 여기에 달대볼트 (Hanger bolt) 등으로 반자틀을 달아맨다)

달대는 거리 간격 90~120cm 정도로 배치한다.

3. 반자틀

반자틀은 3.5~4.5cm 각재를 간격 45~60cm 정도로 수평으로 격자로 대고 못박아 설치한다.(경량철골천장틀로 할 때에는 캐링찬넬과 훠링찬넬(M-bar, T-bar)로 조립구성한다)

4. 반자널

반자에 붙이는 널을 말하며, 주로 고급주택의 거실 · 복도의 천장 등에는 목제 널이 쓰인다. 널판자의 이음은 제혀쪽매 또는 반턱쪽매 등으로 한다.

반자널로 섬유판(Fiber board)이나 석고판(Gypsum board)을 사용할 때에는 나사못으로 박아 붙이고 석고판은 2겹으로 대는 것이 좋다. 연질 섬유판은 반자틀의 간격이 60cm가 넘으면 상당히 처지게 되므로 판의 크기가 클수록 두꺼운 것을 써야 한다.

9.3.3 걸레받이 · 징두리판벽

1. 걸레받이

걸레받이는 바닥과 벽의 접속부를 아물리고, 벽 하부의 오손을 방지하며, 깨끗이 청소할 수 있게 할 목적으로 설치한다. 보통 벽보다 1~2cm 정도 두드러지게 하거나 벽 재료에 따라 벽보다 드려 밀기도 한다.

목제 걸레받이는 두께 2.5cm, 너비 20cm 정도의 널로 하고, 벽체가 콘크리트조 · 벽돌조일 때에는 걸레받이 위치에 목제 심을 간격 90cm 정도로 묻고 여기에 걸레받이를 직접 대고 민머리못으로 고정한다.

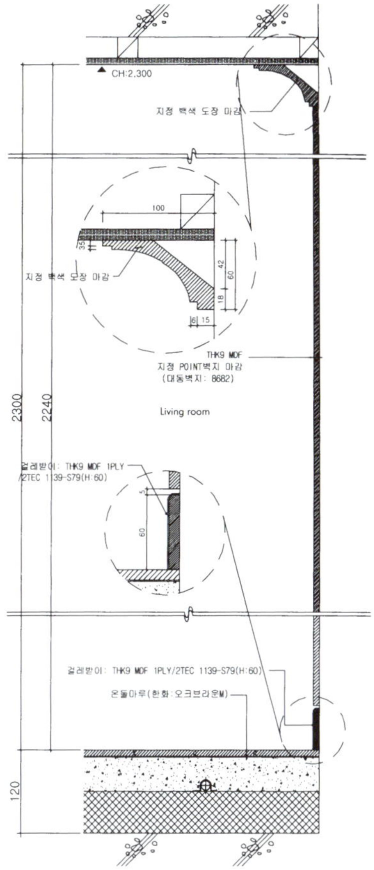

그림 9-20 몰딩, 걸레받이 상세도

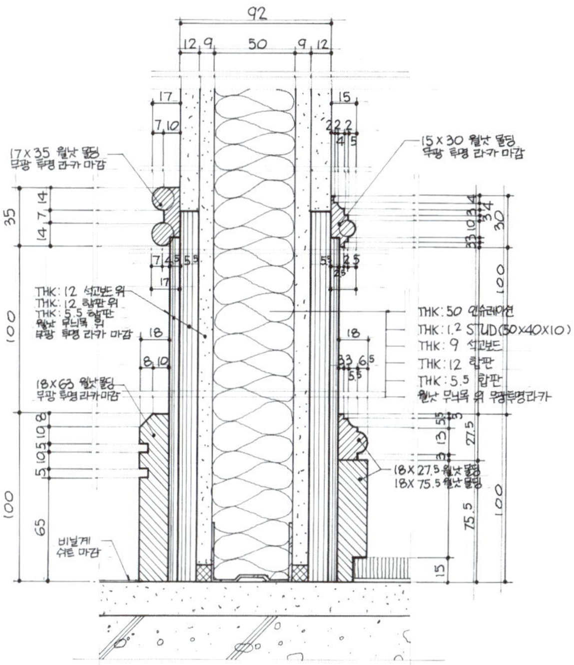
그림 9-21 걸레받이 부분 상세도

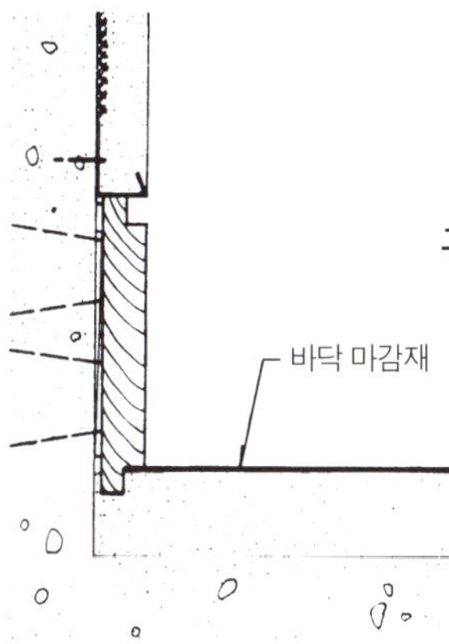

그림 9-22 걸레받이 부분 상세도

그림 9-23 목제 걸레받이 부착을 위한 밑판 설치

2. 징두리판벽

실내 벽 하부에서 높이 1~1.5m 정도로 널을 댄 것을 말하고, 이 널은 띠장에 못박아 대고, 밑은 걸레받이에, 위는 두겁대에 홈을 파 넣는다. 징두리는 병원의 복도 등에서 벽체 하부의 손상을 막기 위해 판벽 · 판석 · 타일 등으로 만들어지는 것이나 사무실 · 식당 등에서 실내디자인을 위해서도 쓰인다.

9.3.4 콘크리트 슬래브 위 마루깔기

콘크리트(파이프 온돌) 슬래브 위에 마루를 깔 때는 온도변화에 따른 마룻널의 신축이 없어야 하므로 원목 널을 쓰지 않고 두께 10mm 정도의 내수합판에 두께 2mm 정도의 원목판을 붙인 마룻널을 사용한다.

마루판 한쪽의 크기는 600mm×75mm×12mm, 900mm×100mm×12mm, 1800×150mm×13mm 등이 있다.

슬래브 위에 마루를 까는 방법의 분류

① 접착제로 마룻널만 붙여 까는 방법

② 접착제로 합판을 붙이고 마룻널을 붙여대는 방법

③ 장선을 깔고 그 위에 합판을 깔고 마룻널을 붙여대는 방법

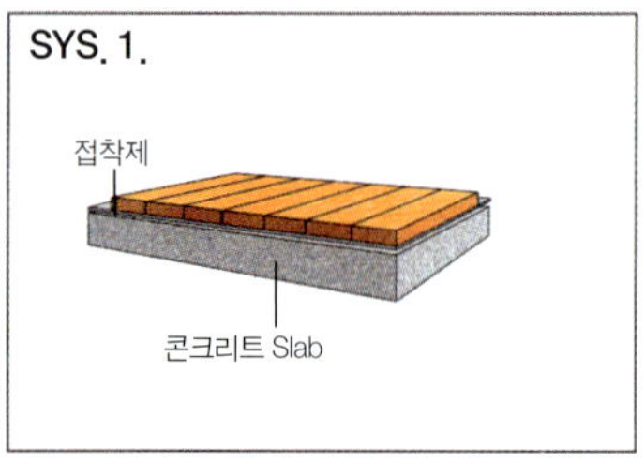

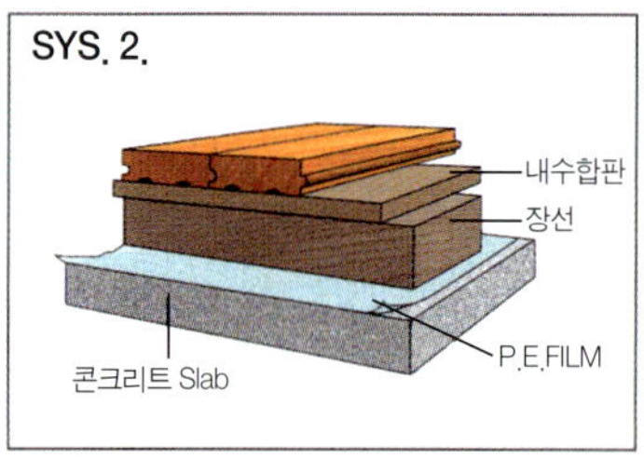

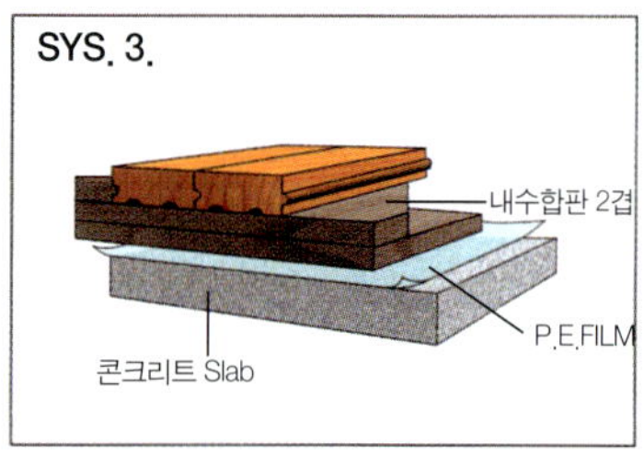

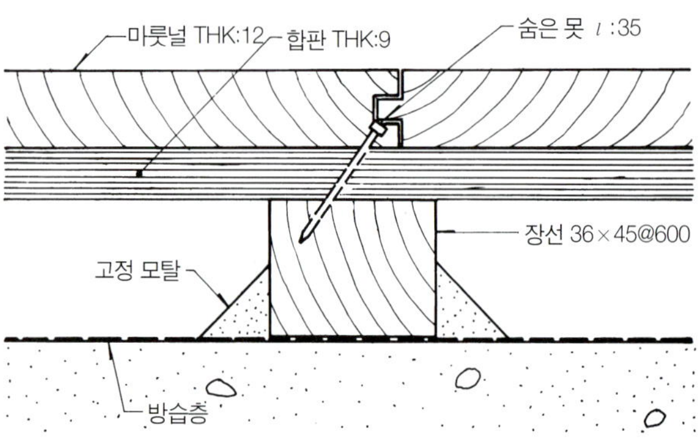

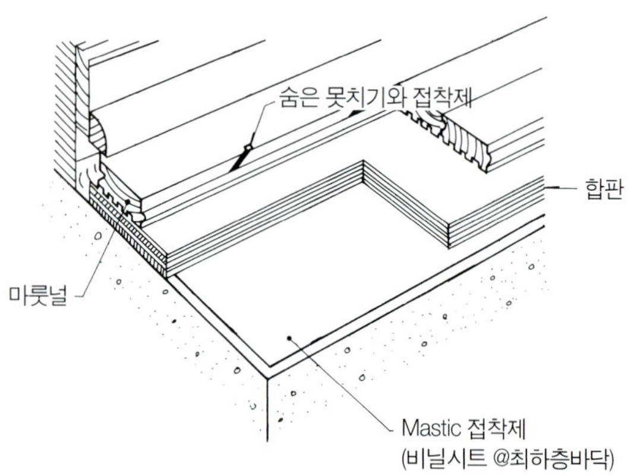

그림 9-24 콘크리트 슬래브 위 마루깔기

요즘은 숨은 못치기 대신 성능이 우수한 에폭시 접착제만을 사용하여 시공하기도 하고, 고무계 일반 접착제와 숨은 못치기를 함께 시공하기도 한다. 슬래브 위에 마룻널만 까는 것보다는 마루의 내구성과 평탄을 위해 합판을 깔고 마룻널을 까는 것이 좋은 방법이다.(※ 마루깔기용 접착제가 피부에 묻었을 경우는 즉시 물로 닦아야 한다)

마룻널 깔기 시공순서

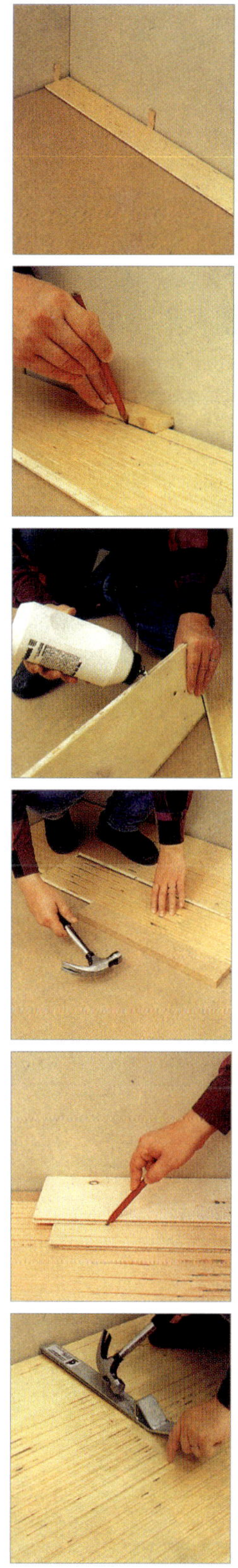

1. 합판마루 · 원목마루 시공방법

① 슬래브 바닥의 먼지, 모래, 쓰레기 등을 깨끗이 청소한다.

② 슬래브 바닥의 요철을 정리한다. 요철이 심할 경우는 Self Leveling Plaster (Mortar)로 전면 평탄 보수작업을 한다.

③ 슬래브 바탕을 완전히 건조시키고 깨끗이 한다.

④ 슬래브 바닥(합판, 장선 위 합판)에 접착제를 빗살흙손(톱니주걱)으로 고르게 도포한다. 이 때 접착제는 약 30분간 마룻널을 깔 수 있는 정도의 부분만 도포하며 시공시 접착제가 마루판에 묻지 않도록 주의한다. 접착제는 반드시 온돌마루용을 사용해야 한다.

⑤ 모서리에서 몇 mm 정도 띄우고 첫 널을 설치한다.

⑥ 첫 널을 기준으로 벽체가 똑바른지 살피고 벽이 굽은 경우는 벽에 맞도록 마룻널을 따낸다.

⑦ 글루버 홈(쪽매)에 접착제를 일직선으로 충전시킨다.

⑧ 접착제가 충전된 널을 앞에 설치된 널에 끼운다. 이 때, 망치와 나무토막을 이용해 널과 널이 밀착되어 틈새가 생기지 않게 압착한다.

⑨ 홈의 접착제 충전과 널 끼우기를 반복해 깔아 나간다.

⑩ 마지막 널을 남은 바닥부분에 맞게 재단해 자른다.

⑪ 쇠지레 등을 이용하여 쐐기를 끌어당기면서 마지막 널을 끼운다.

⑫ 보행이나 충격을 주지 말고 골판지 등을 덮어 보양한다.

들떠 있는 부분은 무거운 물건 등으로 24시간 이상 눌러준다.

여름철은 24시간 이상, 겨울철은 48시간 이상 보양해야 하며, 난방을 실시할 경우는 시공 48시간 이후부터 서서히 온도를 올려준다.

마룻널의 표면에 묻은 접착제는 즉시 젖은 걸레로 닦아내고, 보양재 제거 후 마루판 위에 붙은 접착제는 에폭시 박리제를 사용하여 깨끗이 제거한다.

2. 강화마루 시공방법

강화마루는 합판마루의 합판 대신에 섬유판(HDF)을 사용한 것이며, 시공시 접착제를 도포하지 않고 바닥면의 습기방지와 보행감 향상을 위해 방수비닐과 PE폼을 깔고 마루판을 조립시공한다. 시공현장은 시공 1일 전부터 온도 15° C 이상, 습도 75% 이하를 유지해야 한다.

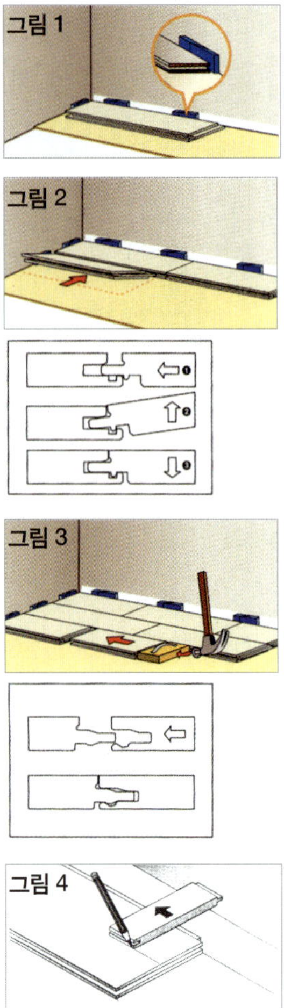

그림 9-25 강화마루 시공법

시공시 적절한 환기가 유지되어야 하며, 시공 후는 보양해야 한다. 방수비닐은 매칸마다 30cm 이상 겹치도록 깔고 시공 중 찢긴 부분은 테이프로 완전히 붙인다. PE폼은 매 칸끼리 겹치지 않게 하고 OPP테이프로 접착한다. 강화마루는 해체하여 재시공이 가능하다.

① 바탕면의 정리 방법은 합판마루의 경우와 같다.

② 먼저 열에 사용할 제품의 혀부분을 톱으로 제거한 후, 마루의 첫 번째 열은 짧은 쪽의 홈부분과 혀부분이 제거된 긴 쪽이 벽을 향하게 되도록 시공한다. 시공방향은 시공장소의 왼쪽부터 오른쪽 방향으로 시공하며, 간격 유지기를 사용하여 벽으로부터 10~12mm를 반드시 띄운다(그림 1).

▶ 열간결합

결합할 마루를 첫 번째 열의 앞에서 밀어 넣는다.

마루를 위로 들어 15~25° 정도 기울여서 결합이 되도록 한다.

마루가 밑으로 처지면, 마루를 밀면서 눌러 결합시킨다(그림 2).

▶ 길이방향

이전에 결합된 마루쪽과 간격을 최대한 가깝게 위치시킨다.

각 쪽들은 해머 블록을 사용하여 서로 수평으로 밀어서 결합시킨다(그림 3).

③ 매 열간 폭방향의 이음매 사이의 간격은 반드시 40cm 이상을 유지하여 시공한다.

④ 매 열의 마지막 장은 크기를 측정한 후, 직각자를 사용하여 재단할 부분을 표시하고, 표시부분을 재단한다. 이 때 벽과의 간격은 10~12mm를 유지한다(그림 4).

⑤ 마지막 열의 폭 크기 또한 10~12mm의 벽과의 간격을 감안하여 재단한다.

⑥ 마루시공이 끝난 다음, 두께 15mm 이상의 걸레받이를 시공하여 마감한다.

● 마루재의 종류 및 특성

	특성	구조도	특성
강화마루	섬유판(HDF)의 표면에 나무무늬의 인쇄지를 접착시킨 후 표면을 강화한 제품	 	• 기능성 우수, 디자인 다양 • 시공 간편(Click 방식) • 환경친화(접착제 미사용) • 내구성 우수(표면강화처리) • 청소 및 유지관리 수월

	특성	구조도	특성
HPM마루	내수합판 위에 나무 무늬의 HPM층을 접착시킨 후 표면을 강화한 제품		• 수분, 열에 덜 민감 • 내구성 우수(표면강화처리) • 청소 및 유지관리 수월
합판마루	내수합판 위에 0.2~2.0mm의 무늬목을 접착하고 그 위에 우레탄계통의 도장재로 마감한 제품		• 천연질감 • 원목마루에 비해 시공 간편 • 수분, 열에 덜 민감 • 열 전도율 우수
원목마루	1~7겹의 목재질의 코어목질층 위에 원목단판을 집성하여 접착하고 그 위에 아크릴계통의 도장마감재로 마감한 제품		• 천연질감 • 미려한 실내공간 연출 • 표면 마모시 재도장 기능

9.3.5 천연무늬목 붙이기

나무는 색, 무늬결, 질감이 우수하여 실내를 온화하고 품위 있게 하므로 현대에도 계속적으로 좋은 실내건축재료로 쓰이고 있다. 그러나 원목의 사용은 비용이 많이 들고 습도에 의한 신축문제가 있어 근래에는 무늬목이 많이 쓰이고 있다. 무늬목은 합판 또는 MDF 위에 붙이므로 신축의 문제가 거의 없고 비용도 절약된다.

무늬목 시공에 이상적인 기후는 기온 22° C, 습도 50% 정도이며, 무늬목 시공 전 · 후 일주일간은 기상조건이 안정되어야 한다. 장마철은 시공을 피해야 한다.

1. 재료

무늬목(Wood veneer)은 나무의 결을 살려 종이와 같이 얇게 켠 것이므로 나무 색과 무늬결이 아름다운 것이 선호되며 수많은 종류가 있다. 종류가 많으므로 색깔, 무늬결 등의 특성파악이 중요하다. 무늬목(나무)의 색은 스테인 칠로 변화시킬 수 있다.(187페이지 참조) 주로 많이 쓰이는 것으로는 Cherry(벚나무) · Mahogany · Maple(단풍나무) · Walnut(호두나무) 등이다. 또한 백나왕 무늬목은 합판 위에 초벌붙임용으로 많이 쓰인다.

무늬목 구입은 균일한 마감을 위해 전체물량의 색, 결이 동일해야 한다. 무늬목의 현장입고시 전체물량을 세밀하게 동질여부를 검수해야 하며, 추가 물량 발주 및 입고시에 특히 유의해야 한다.

무늬목 접착을 위한 접착제는 합성수지 목공용 접착제와 아교가 있으나 대체로 합성수지 목공용 접착제가 쓰인다.

2. 바탕

무늬목의 바탕에는 합판, MDF, 철판, 일반목재 바탕이 쓰인다. 바탕색이 진하거나 동일하지 않으면 마감무늬목의 색깔이 변하는 것에 유의해야 한다. 목재바탕은 대패질한 바탕으로 하고, 무늬목보다 바탕색이 진할 경우는 초벌용으로 백나왕 무늬목을 붙인다. 합판은 바탕색이 일정치 않고 붉은색 바탕이 있으므로 백나왕 무늬목을 붙인 바탕을 만든 후 본무늬목을 붙인다. 합판은 가능한한 붉은색 합판을 지양하고 백색합판을 쓰는 것이 좋다. MDF 바탕인 경우는 바탕색이 옅고 일정하므로 본무늬목을 직접 붙이거나 백나왕을 붙인 후 본무늬목을 붙인다. 본 무늬목을 직접 붙일 때에는 무늬목 두께가 두꺼운 것을 사용해야 하며, MDF는 면이 너무 매끄러워 접착제의 부착력이 떨어지므로 롤러로 목공용 접착제를 MDF 표면에 발라 굳혀 거친 면을 만든 후 본무늬목을 붙여야 한다. 철판 바탕인 경우는 녹막이 칠인 광명단을 칠해 건조시킨 후 두꺼운 창호지를 바른 바탕에 무늬목을 붙인다.

무늬목 바탕에는 수분, 기름, 얼룩, 녹, 요철, 흠, 먼지 등이 없어야 한다.

3. 공법

무늬목은 먼저 썩거나 변색이 없고 흠이 없으며 폭과 길이가 쓰기에 충분한 양질의 것을 한 장 한 장 검사하여 선별한다. 선별된 무늬목은 쓰기에 맞게 재단한 후 한 장 한 장 깨끗한 젖은 걸레 또는 스프레이로 물축이기를 해 겹쳐 놓는다. 물축임해 부드럽게 된 무늬목을 넓은 깔판(MDF) 위에서 정확히 재단한다. 무늬목을 한 장씩 붙일 때마다 바탕과 무늬목에 롤러를 이용하여 목공용 접착제를 고르게 칠한다. 접착제가 칠해진 무늬목을 부착할 곳에 손과 수건 등으로 들뜸이 없도록 고르게 압착하여 붙인다. 압착하여 붙인 무늬목은 1시간 이내에 표면에 기포가 생겼는지를 검사하고 기포발생시에는 플라스틱 칼이나 다리미로 눌러 기포를 제거한다. 무늬목 2장이 겹쳐진 이음매 부분은 겹친부분의 중앙에 자를 대고 문구용 칼을 사용하여 무늬목 2장을 겹쳐 자른다. 이때 칼을 정확히 잘 다루어야 한다. 잘린 무늬목의 양끝은 떼어내고 다림질을 주의 깊게 한다. 붙여진 무늬목의 부착력을 강화하고 접착제가 속히 경화하도록 넓은 곳은 다리미, 좁은 곳은 인두를 사용하여 눌러 붙인다. 부착이 끝난 무늬목은 먼지 등이 오염되지 않도록 한다. 모서리 마무리, 홈파기 등은 문구용 칼 · 긴 자 등을 이용해 마무리하고 부착된 먼지를 제거한 후 바로 투명래커 도장을 하여 무늬목에 먼지 등이 오염되지 않도록 한다.

무늬목 재단시 각 장의 무늬목마다 무늿결이 일정하도록 해야 하며, 물축임 시에는 적정한 물축임으로 너무 빨리 건조하게 되거나 지나친 물축임이 되지 않아야 한다. 접착제를 칠할 때에는 접착제가 뭉치거나 무늬목 표면에 가능한 한 접착제가 묻지 않도록 해야 하며, 표면에 묻은 접착제는 무늬목 부착 즉시 깨끗한 수건 등으로 완전히 제거해야 한다.

또한 접착제를 바른 면이 지저분하게 되었을 경우는 사용하지 말아야 한다. 다림질이나 인두 사용 시에는 고열을 피해야 하고, 고열로 인해 부분적으로 변색이 되지 않도록 유의해야 하며, 다리미의 바닥은 청결을 유지해야 한다. 문구용 칼은 무늬목 표면에 긁힘이 생기지 않도록 유의해야 한다. 무늬목은 쉽게 손상되므로 항상 조심스럽게 다루어야 한다.

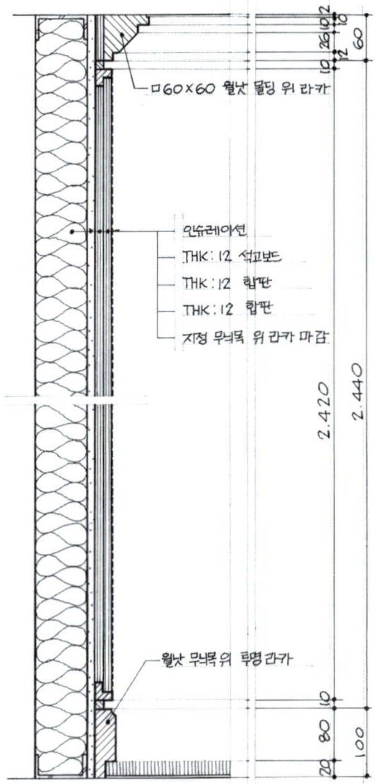

그림 9-26 벽체부부 상세도

무늬목 시공시 금지사항

① 젖거나 습기가 찬 벽에는 바르지 말 것.
② 방습처리가 안 된 외벽에는 바르지 말 것.
③ 습기를 계속 낮게 유지할 수 없는 곳에는 바르지 말 것.
④ 고알칼리성인 석고보드에는 시공하지 말 것.
⑤ 비닐벽지용 접착제 사용금지
⑥ 철제로 된 긁는 기구(scraper)는 사용금지
⑦ 끝칠에 왁스나 아마인 기름은 사용금지
⑧ 유성 채색제 사용금지
⑨ 시공은 서둘지 말고 기다리는 시간은 꼭 지킬 것.

무늬목 시공순서

합판 바탕

MDF 바탕

① MDF 위 접착제 칠하기 또는 백나왕 무늬목 붙이기

(경화된 접착제 샌딩)

② 무늬목 선별 -1

무늬목 선별 -2

③ 무늬목 재단-1

무늬목 재단-2

④ 무늬목 물축이기-1

무늬목 물축이기-2

⑤ 접착제 바르기-1

접착제 바르기-2

⑥ 바탕에 접착제 바르기(좁은 면)

⑦ 무늬목 부착-1

무늬목 부착-2

⑧ 다림질

⑨ 인두질

⑩ 마무리 커팅-1

그림 9-27 무늬목 시공 순서

마무리 커팅-2

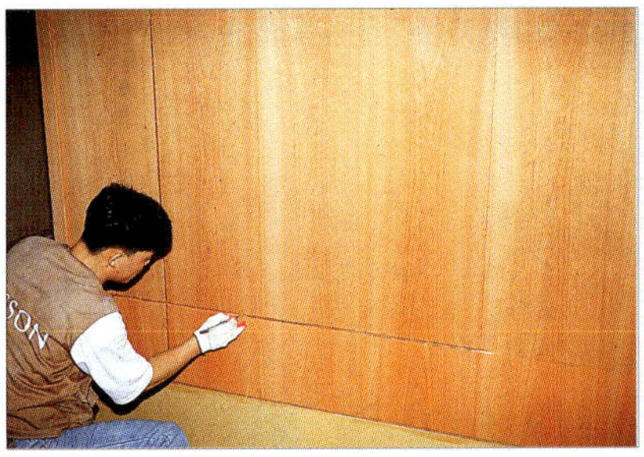

⑪ 커팅(홈파기)

⑫ 완성

무늬목 작업도구

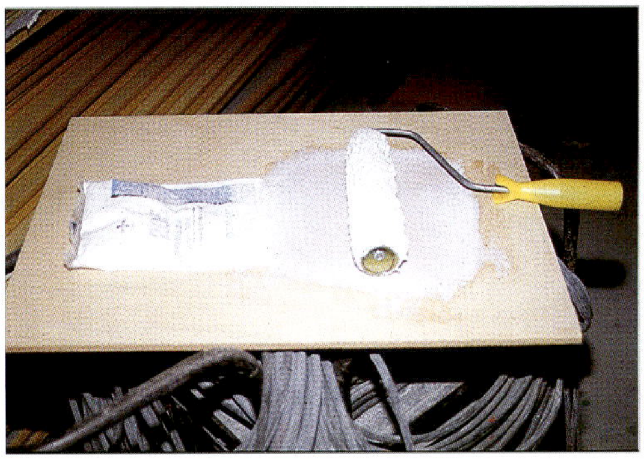

목공용 접착제와 롤러

메탈스터드 · 단열재
석고보드 · 합판

9.3.6 기타 목공사 시공 예

● 목조 가기둥 설치

그림 9-28

① 각파이프 · 합판 · 각목으로 기둥틀 조성

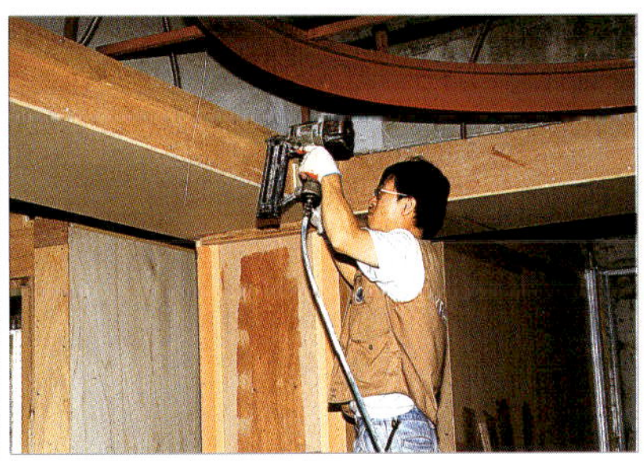

② 타카로 합판부착

③ 보양

④ 몰딩(코니스) 부착

⑤ 초벌래커칠 후 연마

⑥ 정벌칠 후 문짝달기

목조 문틀 · 문짝 설치

그림 9-29

① 경량골조에 목조문틀 설치

② 문틀 버팀목 가설치

③ 문틀 설치

④ 완성

목조 식당입구 설치

그림 9-30

① 합판 · 각목 이용 설치

② 목조 서까래 부착

③ 측벽 석고보드 부착

④ 완성

다채무늬 페인트(졸라톤) - 1

다채무늬 페인트(졸라톤) - 2

SAHARA ROSE T-100

AZTEC GOLD T-101

SUNSET TAN T-102

PALOMINO BEIGE T-103

TOPAZ YELLOW T-104

MOUNTAIN GRAY T-105

POLAR WHITE T-106

MINT GREEN T-107

ANTIQUE IVORY T-108

IVORY CREAM T-109

SWISS BROWN T-110

MOSS GREEN T-111

HAWAIIAN BLUE T-112

CITRUS GREEN T-113

SANDALWOOD T-114

CYPRESS GREEN T-115

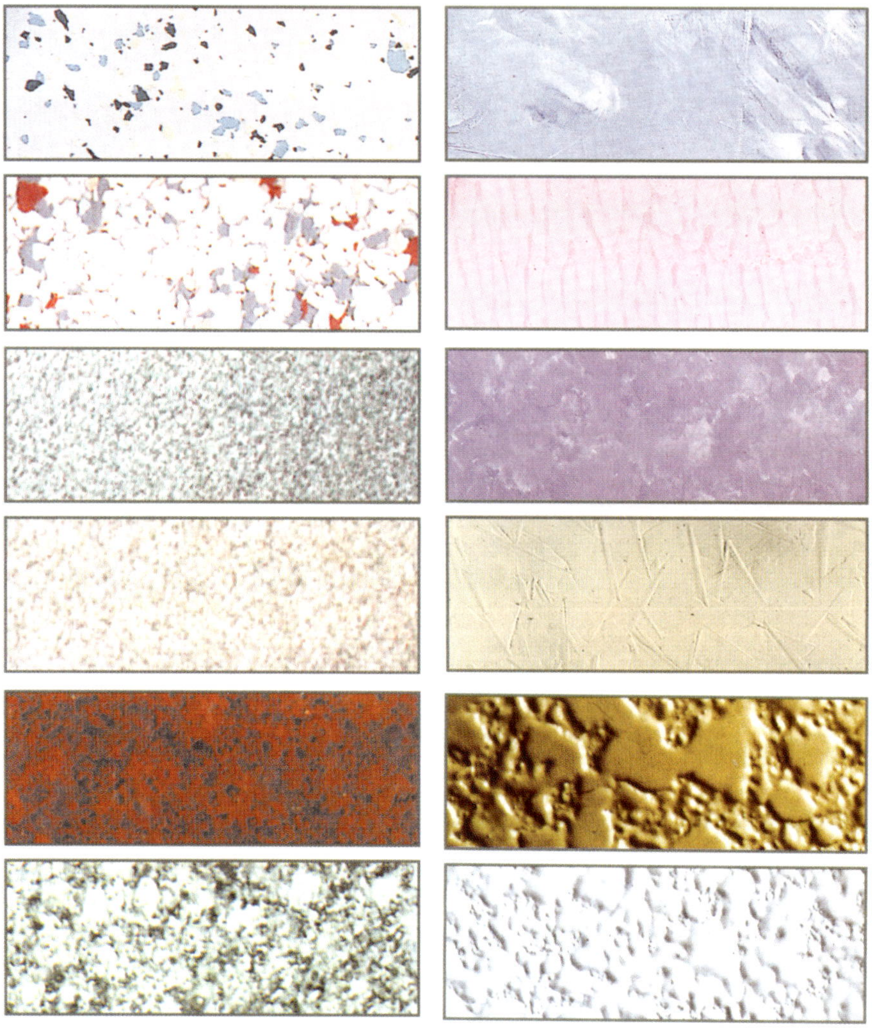

CHAPTER **10**

칠(도장)공사

10.1 개 요

10.1.1 일반사항

칠의 목적은 방부 · 방습 · 방청의 기능으로 마감재의 표면을 보호하는 코팅재의 역할을 하며, 동시에 색채 · 광택 등으로 미관을 주는 것을 목적으로 한다.
내구적이고 아름다운 칠을 하려면 도료의 제성질을 충분히 이해하고 칠할 개소에 맞는 도료를 선택하여 사용하는 것이 중요하다.
칠을 할 때에는 얼룩, 흘러내림, 주름, 기포 등의 결점이 생기지 않도록 칠해야 한다.

도장의 분류

- 도료에 의한 분류 : 수성도장, 래커도장, 멜라민도장, V.P도장 등
- 도장방법에 의한 분류 : 솔도장, 분무도장, 정전도장 등
- 바르는 바탕에 의한 분류 : 목재도장, 금속도장, 미장도장 등
- 공정에 따른 분류 : 프라이머 도장(초벌도장), 표면도장 등
- 마무리에 따른 분류 : 무광도장, 반광택도장, 광택도장 등
- 건조방법에 따른 분류 : 자연건조도장, 소부도장 등

1. 도료의 선정

도료 선정 시에는 페인트 제조회사의 도료일람표(페인트총람)에서 도료의 종류, 용도, 특성, 도장면적, 건조시간, 사용 시너 등을 보고 적정한 페인트를 선정해야 한다.

2. 도료의 확인

도료는 현장에 반입하면 KS 표시 여부, 명칭, 종별, 제조년월일 및 수량 등을 확인해야 한다.

3. 페인트 보관 및 장소

① 페인트는 전용 창고에 보관하는 것을 원칙으로 하며 페인트 창고는 방화구조 또는 불연구조로 한다.

② 페인트 창고의 출입문은 자물쇠를 설치한다.

③ 페인트 창고는 특히 화재에 주의하고 창고 내와 그 주변에는 화기엄금 표시를 하고 금연 및 화기 사용을 엄금한다.

④ 사용했던 페인트는 밀봉하여 새거나 엎지르지 않게 다루고, 새거나 또는 엎지른 것은 발화의 위험이 없도록 즉시 닦아낸다.

⑤ 페인트가 묻은 헝겊 등은 페인트 보관 창고 안에 두어서는 안되며 비닐봉지 등으로 밀봉하여 처리한다.

⑥ 페인트 창고내 환기를 충분히 하고 직사광선을 피한다.

⑦ 소화기 및 소화용 모래를 비치한다.

4. 칠공정과 견본품

칠의 종류가 다른 것마다 칠 견본을 제출하여 빛깔 · 광택 등에 대해 담당원의 승인을 받아야 한다. 칠 견본에 사용한 도료 및 견본판은 변색되지 않게 보존하여 둔다.

5. 칠하기 시험

칠은 같은 색일지라도 바름면적의 크기에 따라 느낌의 차이가 다르므로 칠하기 시험을 하는 것이 좋다. 칠하기 시험은 견본보다 아주 큰 면적의 판 또는 실물에 칠한다.

6. 칠의 배합 및 시너(Thinner)의 배합

칠은 바탕면의 조밀 · 흡수성에 따라 상태가 달라지며, 색의 배합에는 풍부한 경험이 요구된다. 칠의 배합비율은 중량비로 표시한다. 시너의 배합은 도료의 종류, 수지의 종류에 따라 각기 다르므로 도료일람표에 의해 반드시 적합한 시너를 사용해야 한다.

7. 체 거르기

칠은 사용 직전에 오물 · 기타 잡물이 섞여 있지 않도록 하고, 잘 저어 섞고 체에 걸러 사용한다.

8. 바탕만들기 및 바탕면 처리

녹 · 유해한 부착물(먼지 · 흙 · 기름 · 타르분 · 회반죽 · 플라스터 · 시멘트모탈) 및 노화가 심한 낡은 칠막은 깨끗하게 제거하고 흠, 구멍, 갈램, 옹이, 흡수성이 불균등한 곳 등은 결점을 보수하여 칠하기 좋은 상태로 한다.

유해물(수분 · 기름 · 알칼리(시멘트) 등)의 작용을 방지하는 처리를 하고, 칠의 부착이 잘 되게 하기 위해 연마(Sanding) 등의 필요한 조치를 한다.

바탕면이 건조되지 않았을 때에는 충분히 건조시킨 후 그 다음 공정을 작업해야 한다.

9. 환경 및 기상

※ 다음과 같은 경우에는 칠을 하여서는 안 된다.

① 칠하는 장소의 기온이 낮거나 습도가 높고 환기가 충분하지 못하여 칠의 건조가 부적당할 때(주위의 기온이 영하 또는 영하에 가깝거나 상대습도가 85%를 초과할 때, 안개가 끼었을 때 등)

② 강설우, 강풍, 칠 할 장소의 바닥에 먼지 등이 많은 경우 등으로 인하여 물방울, 들뜨기, 흙 및 먼지 등이 칠막에 부착되기 쉬울 때(※ 바람이 불 때에는 모든 창을 닫고 칠을 해야 하나 증발된 시너로 인한 인화 및 폭발에 유의해야 한다.)

③ 주위의 다른 작업으로 인하여 칠 작업에 지장이 있거나 또는 칠막이 손상될 우려가 있을 때

10. 도장용 기구

도장용 가구에는 솔, 롤러브러시, 뿜칠기, 정판, 주걱, 샌더 등이 있다.

솔은 동물의 털을 사용한 것과 합성섬유를 사용하여 만든 것이 있으며, 솔의 털 끝은 부드럽고 정렬이 잘 되어 있어야 한다. 솔은 좁은 곳의 칠에 주로 쓰인다.

솔은 허리부분이 튼튼하여 털이 빠지지 않는 것이 좋은 것이다.

롤러브러시는 합성수지로 된 인조모를 심은 것 · 천을 감은 것 · 스펀지로 된 것이 있다. 도료를 묻혀서 문지르면 롤러가 돌아가면서 도장이 된다. 롤러에 요철을 주어 도장 면에 문양을 만드는 제품도 있다. 롤러브러시는 넓은 곳의 칠에 주로 쓰인다.

정판은 퍼티작업을 할 때 팔레트의 역할을 하는 공구로, 목재판 · 철재판 · 알루미늄 등이 있다. 주걱은 퍼티를 정판 위에 놓고 반죽을 할 때와 바탕고르기 작업을 할 때 사용되는 공구로서 스테인리스 주걱 · 쇠주걱 · 목주걱 · 고무주걱 등이 있다. 스테인리스 주걱이 녹슬지 않고 내구성이 있어 좋다. 고무주걱은 긁힘이 생기지 않는다.

스프레이 건은 뿜칠도장을 하는 공구로서 컴프레서를 통한 공기압으로 도료를 가는 노즐을 통하여 분사하는 공구이다. 노즐의 구경은 일반적으로 마무리칠에는 1.0mm, 초벌칠에는 1.5mm를 사용한다. 스프레이 건은 외부혼합형, 내부혼합형이 있다. 뿜칠은 마무리칠과 가구의 도장에 주로 쓰인다.

샌더는 도장면에 대하여 퍼티작업이나 초벌 · 재벌 칠을 한 후 면을 편편하고 거칠게하기 위하여 연마하는 공구로 연마지(사포)를 고정하여 전동모터의 구동에 의하여 면갈이를 하는 기능을 갖고 있다.

진동기의 일종으로 전후로 움직이는 제품과 원형으로 회전하는 제품이 있다.

칠하기용 기구는 쓰기 좋은 상태로 깨끗하게 해 두어야 한다.

그림 10-1 페인트 용구

11. 칠의 양

칠하기의 양은 제품 안내서의 표준량에 따르고, 실제의 사용량은 칠하는 바탕면의 상태나 칠 재료의 손실 등을 고려하여 여분(할증)을 생각해 두어야 한다.

12. 칠하기 전 보양 및 칠 후 검사

미리 칠할 곳의 주변, 바닥, 매입 등기구, 감지기, 디퓨저 등은 비닐시트 · 골판지 · 종이테이프 등으로 감싸 페인트가 묻지 않도록 적당한 보양을 해야 하며, 바닥에 갈아 앉은 먼지는 습윤한 톱밥 등을 뿌리고 깨끗이 쓸어내야 한다.

칠이 끝난 후에는 칠면에 오염 · 손상을 주지 않도록 주의하고 손상이 우려되는 곳은 골판지 등으로 보호한다. 칠이 끝나면 칠의 상태와 긁힌 곳 · 찍힌 곳 등을 검사하고 표시해 수정토록 한다.

그림 10-2 보양 및 검사

벽면비닐보양 | 매입등 감싸기 | 습윤 톱밥이용 먼지쓸기 | 검사

13. 정리

배합장소 및 작업장은 잘 정리 · 정돈하고 청소해두며, 먼지 · 대팻밥 · 종이조각 등이 날아다니지 않게 한다.

10.2 바탕 만들기

10.2.1 일반사항

바탕도장은 최종도장을 완벽하게 하기 위한 선행작업으로 최종도장의 품질을 좌우하는 매우 중요한 작업과정이다. 실내건축에서 적용되는 도장의 종류는 다양하지만, 각 도장들의 바탕도장 과정은 거의 동일한 작업과정을 거친다. 목재면, 석고보드면, 합판면, MDF면, 미장면 · 철판면 등에 퍼티작업 과정을 거쳐 샌딩(연마)작업을 거친 후 선정된 도장을 하게 된다.

칠이 견고하게 부착되고 칠면이 고르게 하기 위해서는 바탕을 충분히 건조시켜야 하며, 평활하게 하고 충분히 청소해야 한다.

칠이 바탕에 부착하는 데는 우선 바탕이 깨끗하며, 먼지·기름 등의 이물질을 없애 칠의 밀착을 양호하게 하는 것이 필요조건이다. 바탕면의 퍼티가루, 먼지, 유분, 수분, 진, 녹 등은 칠의 부착을 저해하며 부풀음, 터짐, 벗겨지는 원인이 된다. 이와 같은 원인을 미리 방지하기 위해서 바탕면은 연마기로 잘 연마하여 요철을 제거하고, 연마시 생긴 먼지를 털어낸 후 칠을 하여 부착이 잘 되도록 해야 한다. 균열부, 이음자리, 우묵한 곳 등은 퍼티로 구멍땜을 하여 표면을 평탄하게 하고 24시간 이상 방치한 후 #120 연마지로 연마하고 먼지를 털어낸 후 칠을 한다. (퍼티 대신 실런트나 코킹으로 메움을 할 수도 있다.)

균열보수

퍼티먹임

그림 10-3 퍼티 땜질

회전 연마기

연마기

그림 10-4 연마기 및 연마 안전장구

흡진 연마기

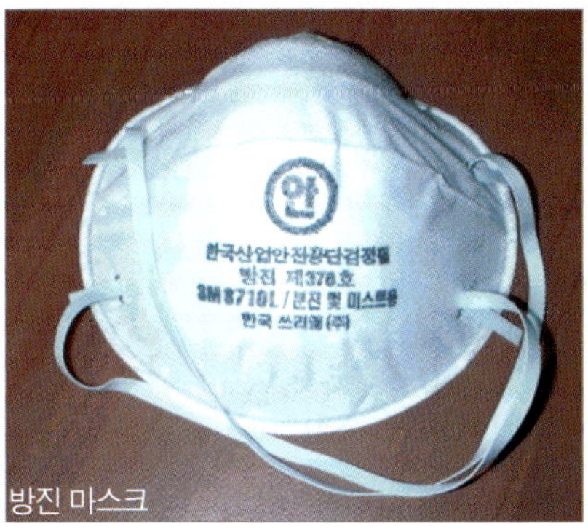
방진 마스크

방진 마스크

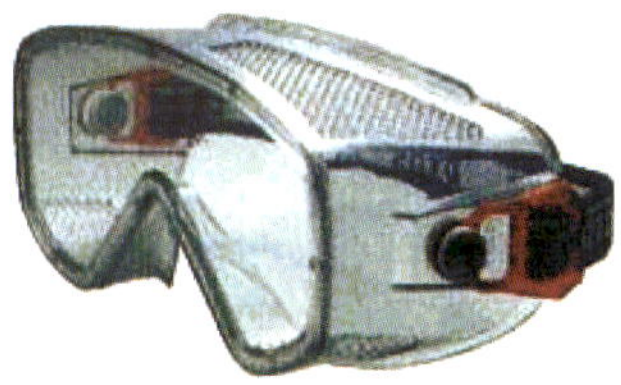

보안경

용접 또는 그라인딩 부분으로 철재 표면의 도금이 벗겨진 곳은 녹막이 페인트인 광명단을 칠한다.

석고보드 바탕의 경우는, 석고보드 붙이기 작업이 완료되면 1차 작업으로 석고보드의 이음매에 조인트퍼티 작업(줄퍼티)을 한다.

퍼티작업 → 조인트테이프 붙이기 → 퍼티작업 → 연마작업(Sanding)을 하는 것이다. 타카핀 · 나사못이 박힌 자리도 퍼티작업(점퍼티)을 하고 연마한다. 2차 작업으로는 전면퍼티(All Putty)작업 또는 초배작업을 한다. 전면퍼티 후에도 연마작업을 한다. 연마작업 후에는 연마 시 생긴 가루먼지를 털어내야 한다. 조인트(메시) 테이프를 붙이는 목적은 도장 후 이음매 부분에 균열이 생기는 것을 방지하기 위한 것이다. 도장을 위한 석고보드로는 모서리가 경사진 테파드보드를 사용하는 것이 좋다.

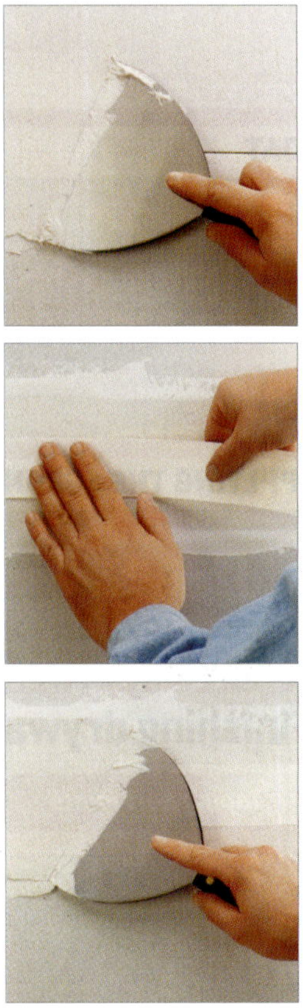

그림 10-5
석고보드 이음매 처리법

그림 10-6 광명단 칠작업

퍼티작업 순서

그림 10-7

① 1차 퍼티후 메시테이프 붙이기

② 점퍼티 · 줄퍼티 작업

③ 전면퍼티 작업

④ 천장 전면퍼티작업

⑤ 벽면퍼티작업

⑥ 퍼티연마작업

조인트(메시)테이프 퍼티 퍼티작업 도구

그림 10-8 퍼티작업 재료 및 도구

10.2.2 연마지 갈기

각 공정(바탕 · 초벌 · 재벌)의 연마지 갈기는 밑층 칠의 칠막이 건조한 다음 각 층마다 하는 것을 원칙으로 한다. 연마지 문지르기는 정벌칠에 가까울수록 입도가 작은 것을 쓰고 면밀하게 한다.

10.2.3 녹막이칠

녹막이칠은 현장에서 부재를 만들고 용접 등을 한 후에 칠한다. 용접한 곳은 그라인딩하며 부착물을 제거하고 광명단으로 녹막이칠을 1~2회 한다.

10.2.4 퍼티먹임

퍼티먹임은 균열 부위 · 깊은 구멍 · 우묵한 곳 · 긁힌 곳 등에 퍼티를 스테인리스 주걱으로 눌러 끼우는 듯이 하고 1회의 두께가 지나치지 않게 하며 건조를 기다려 연마하여 평탄히 한다. 이때 퍼티가 건조되기 전에 연마지 닦기를 해서는 안 된다. 연마시 생긴 민지(퍼티가루)는 에어스프레이와 마른걸레를 이용하여 털어낸다.

10.3 칠공법

10.3.1 솔칠(붓칠)공법

솔은 좁은 곳의 칠에 주로 사용되며, 솔은 칠하는 곳에 알맞은 것을 사용해야 한다.

솔칠은 초벌 · 재벌 · 정벌로 3회 칠하는 것이 표준이며, 두껍게 2회 칠하는 것보다 얇게 3회 칠하는 것이 광택과 부착력이 좋다.

솔칠은 솔에 페인트를 충분히 묻혀 위에서부터 아래로, 왼편에서부터 오른편으로, 직각방향으로 교대로 칠한다. 이음새, 틈서리, 구석 등을 먼저 바르고 중간을 대강 바른 다음 다시 세게 눌러 칠하면서 균일하게 칠하고, 마무리 솔질은 재료의 길이방향, 나뭇결 방향으로 가볍게 운행하여 솔자국 · 흐름 · 기포 등이 없도록 칠한다.

솔칠은 가장 일반적인 방법이나 초기 건조가 빠른 래커 칠에는 부적당하다.

실내건축에서는 부분적인 도상과 정벌도장 후 잔손보기 작업시 주로 행해진다.

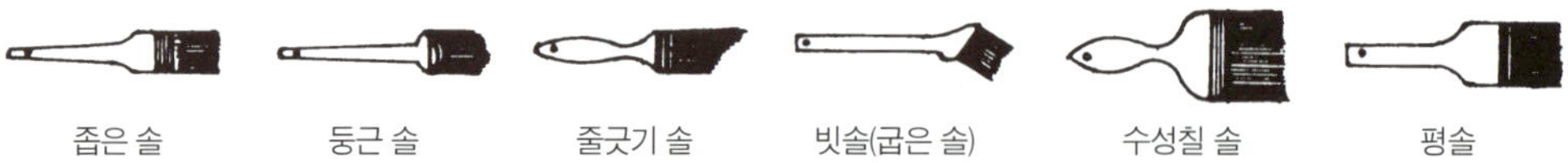

그림 10-9 칠 솔의 종류

그림 10-10 칠하기전 테이프 보양

그림 10-11 좁은 곳의 솔칠

10.3.2 롤러(Roller)칠 공법

롤러는 넓은 곳의 칠에 주로 사용된다. 스펀지 또는 털이 깊은 롤러를 써서 일정한 누름으로 칠하고 균일하게 되도록 칠한다. 롤러칠은 벽 · 천장 등의 평활하고 넓은 면을 칠하는 데 많이 사용되며 구석 등 좁은 장소에 칠하기는 적합하지 않다. 또 손잡이가 긴 것을 사용하면 발돋움대 없이 높은 곳을 칠할 수 있다.

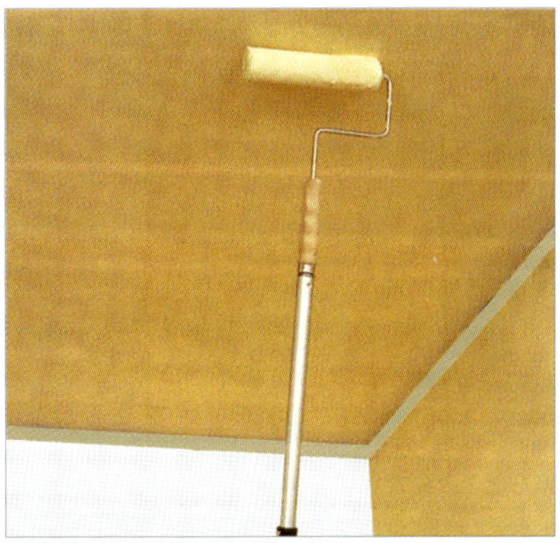

그림 10-12
천장 수성 페인트 칠

그림 10-13
벽 무광 래커칠

그림 10-14 롤러에 의한 무늬형태

10.3.3 뿜칠공법

뿜칠은 도장면의 효과가 좋고 작업속도가 빨라 질적 도장이 필요한 곳과 넓은 면 도장시 주로 사용된다. 질적인 도장면을 위해서 초벌과 정벌을 모두 뿜칠을 하기도 하고, 초벌 · 재벌은 붓칠 또는 롤러칠을 하고 정벌은 뿜칠로 하기도 한다.

뿜칠(Spray painting)에는 도장용 스프레이 건을 사용한다.

핸드 스프레이에 사용되는 스프레이 건은 권총 모양으로 초벌 바르기에는 노즐의 구경이 큰 것을, 정벌 바르기에는 작은 것을 사용하며, 래커칠일 때에는 구경 1.0~1.5mm를 쓴다.

뿜칠 거리는 뿜칠면에 30cm를 표준으로 하고 공기압력에 따라 가감한다.

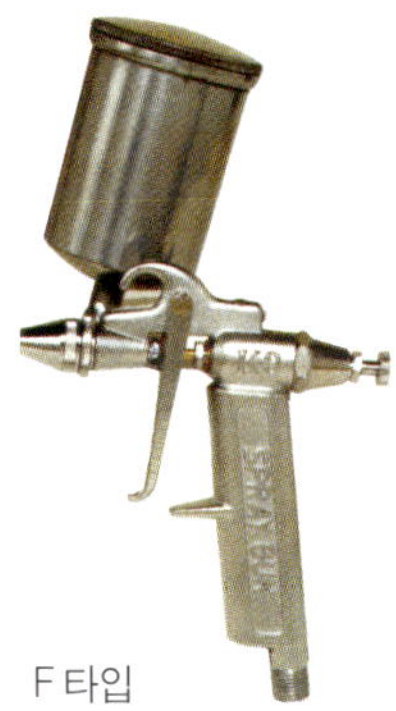

F 타입

S 타입

그림 10-15 스프레이 건

전기식

엔진식

그림 10-16 에어 콤프레서와 페인트통

뿜칠은 항상 평행 · 일정 속도로 이동하면서 운행의 한 줄마다 뿜칠너비의 1/3 정도를 겹쳐 뿜으며, 각 회의 뿜칠 방향은 전회의 방향에 직각으로 하여 칠두께가 균등하게 되도록 한다.

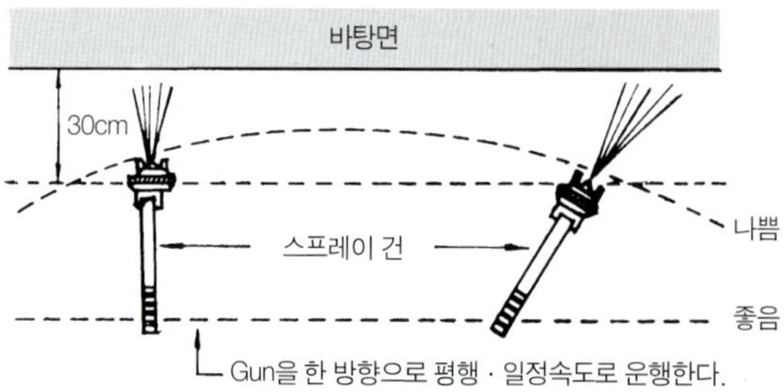

그림 10-17 스프레이 건의 운행

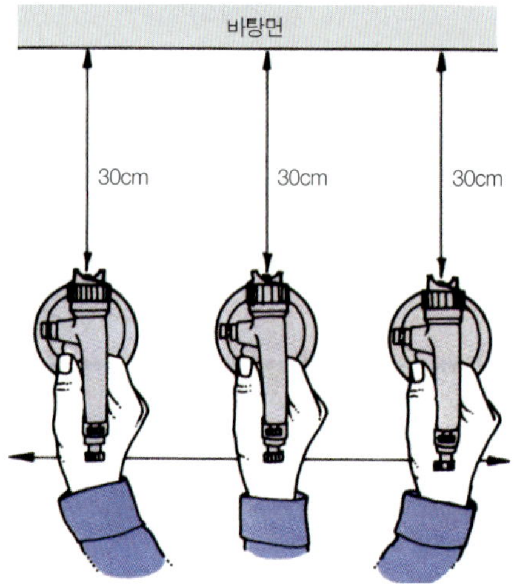

그림 10-18 뿜칠 예

10.3.4 특수도장기법

칠의 도는 좁은 면적을 칠할 경우는 붓으로 하고, 넓은 면적을 칠할 경우는 롤러나 스프레이로 한다. 고운 마무리를 위해서는 스프레이를 한다. 페인트의 질감표현이나 특수한 문양을 내기 위해 다양한 기법이 개발되어 스펀지 기법, 붓으로 끄는 기법, 빗을 이용한 기법, 헝겊조각에 의한 기법, 나뭇결을 만드는 기법 등이 인테리어 시공 시에 쓰이고 있다.

1. 스펀지기법

① 기본바탕 위에 붓으로 엇갈리도록 거칠게 칠해 나간다

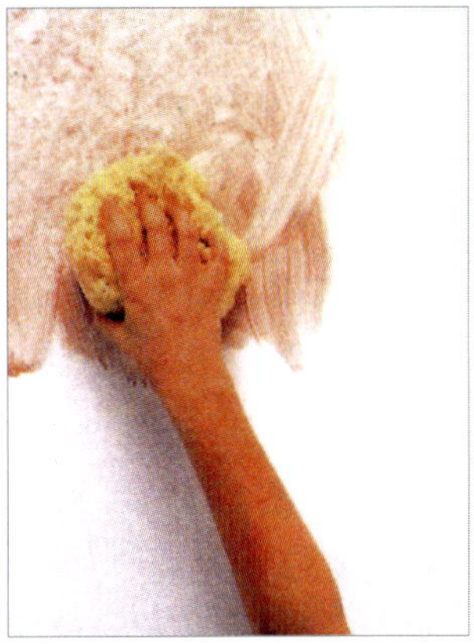

② 붓자국 위를 축축한 스펀지로 가볍게 손목을 뒤틀면서 리드미컬하게 움직인다.

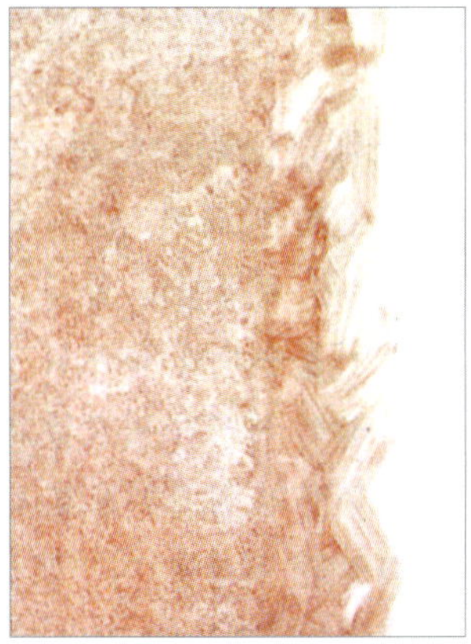

③ 아직도 채 마르지 않은 붓자국이 가장자리에 남아 있다.

④ 앞에서 사용한 붓으로 남아 있는 붓자국 부위를 계속해서 연결해 나간다.

⑤ 첫 번째 스펀지 작업 위에 한 번 더 반복해서 다른 스펀지를 사용해서 깊고 풍부한 효과를 낸다.

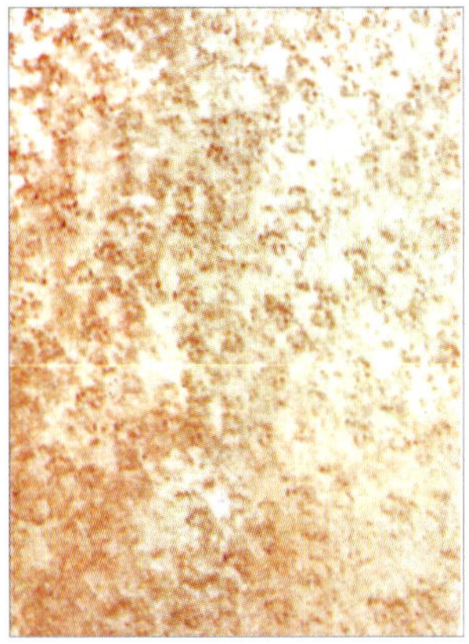

⑥ 작업이 완성되었을 때의 모습

2. 붓으로 끄는 기법

① 칠한 부분 위에 오일바탕의 칠을 붓으로 긁어내리듯 상 · 하로 칠한다.

② 같은 붓을 가지고 아직도 마르지 않은 바탕칠을 펴듯이 겹쳐서 평평한 면이 될 때까지 상 · 하로 계속 칠해 나간다.

3. 빗을 이용한 기법

① 붓으로 오일바탕의 칠을 겉칠한 후 거친 무명천을 둥글게 말아 찍어낸다.

② 가느다란 이빨을 가진 빗을 사용하여 같은 크기의 패턴을 만들어 나간다.

③ 다른 패턴을 원할 경우 가늘면서도 굵은 이빨을 가진 빗을 같은 방법으로 교차하여 긁는다.

④ 이러한 방법으로 체크무늬 패턴을 만들어낼 수 있다.

4. 나뭇결을 만드는 기법

① 밑바탕의 나뭇결을 잘 드러나게 하기 위해 오일 바탕의 칠을 수직으로 한다.

② 붓자국을 없애기 위해 무명천으로 나뭇결을 따라 두드리고 문지른다.

③ 위 그림의 연장으로 나뭇결을 따라 수직으로 내리면 타원형의 옹이들이 나타난다.

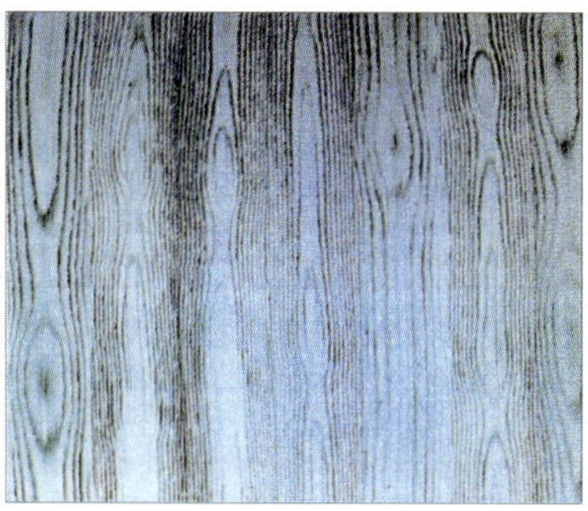

④ 긴 붓으로 부드럽게 수직방향으로 펼쳐나간다.

⑤ 나뭇결의 아름다움이 나타난 마감된 상태

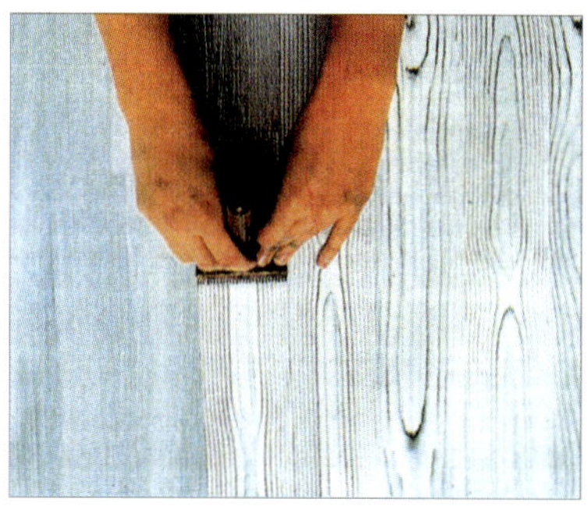

⑥ 작업에 사용되는 연장(rocker)

10.4 수성페인트칠

10.4.1 일반사항

수성페인트는 안료(염료)를 카세인 · 녹말 등과 물로 반죽하여 만든 것으로 내수성이 없고 내알칼리성이며 광택이 없는 것이 특징이다. 주로 미장면, 블록면, 콘크리트면 위에 쓰인다.(※ 시멘트 : 알칼리성)

10.4.2 수성페인트칠을 할 때 주의사항

(1) 수성페인트의 풀기법 및 체 거르기

솔질로 하는 수성페인트칠은 저온수 또는 물을 조금씩 넣으면서 충분히 혼합하여 30분 이상 방치하여 풀기가 완전히 용해된 다음 #200~250 정도의 체에 걸러서 사용한다.
뿜칠로 할 때에는 솔칠에 준하여 소요 수량의 절반으로 먼저 칠을 풀고, 칠하기 전에 나머지 물을 가하여 묽게 하여 걸러서 쓴다.

(2) 칠하기 공법

칠하기는 롤러칠 또는 뿜칠로 하며, 잘 저어서 섞어 사용하고 뭉침 · 얼룩 · 알맹이 · 거품 등이 없게 한다. 1회 바름 후의 방치시간은 5시간 이상이다.

10.5 유성페인트칠

10.5.1 일반사항

유성페인트는 안료(염료 또는 색돌가루) · 건성유 · 희석제(Thinner) 및 건조제를 조합한 칠이고, 현장에서는 된반죽 페인트에 희석제(시너)를 조합하여 묽은 페인트로 만들어 쓴다.
유성페인트를 목재에 칠하면 견고한 피막을 만들어 목재 표면을 피복하므로 방수 · 방부성이 생긴다.

10.5.2 유성페인트칠 할 때의 주의사항

① 사용하기 전에 균일 상태로 잘 혼합한 후에 사용한다.
② 도장할 바탕은 기름, 먼지, 녹 등을 완전히 제거한 후 도장한다.
③ 희석은 해당 시너로 10~20% 정도로 희석하여 사용한다.
④ 하도가 완전히 건조된 후 상도를 칠한다.

목부 투명 래커칠의 공정, 방치시간 및 칠의 양은 표 10-1을 표준으로 한다. 면이 고운 질적인 마무리칠을 위해 정벌을 뿜칠로 하고, 목재의 색깔을 변형시키기 위해 목재바탕에 스테인칠을 한 후 래커칠을 한다.

무늬목 위 래커칠 시공순서

① 무늬목 주변을 비닐시트와 테이프 등으로 씌운다.

② 롤러나 붓으로 3~7회 래커를 칠한다(래커가 굳지 않은 상태로의 칠 횟수).

③ 샌딩작업을 한다. 넓은 부분은 샌더를 이용하고 좁은 부분은 손으로 한다.

④ 샌딩시 발생하여 바탕에 묻은 가루먼지를 에어 콤프레서의 압축공기와 마른걸레를 이용하여 제거한다. 이 때 발생하는 많은 먼지는 집진기를 이용해 외부로 빼낸다.

⑤ 스프레이 건으로 래커를 뿜어 뿌려 마무리(정벌)칠을 한다.

그림 10-19 래커칠 시공준비, 시공, 검사, 마무리

① 습윤톱밥이용 먼지쓸기

무늬목 바탕

② 비닐 시트 보양

② 골판지 보양

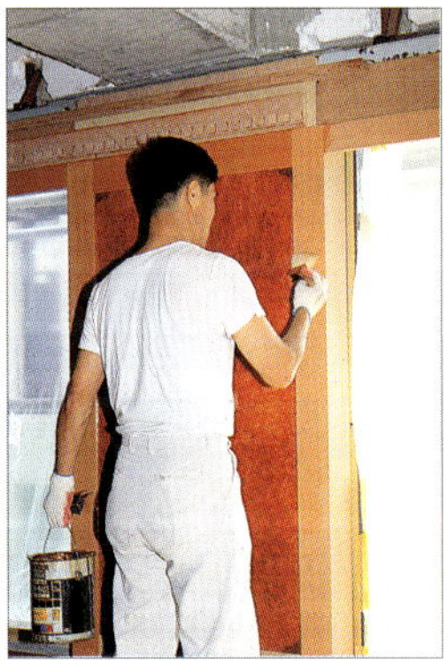

③ 붓칠(좁은 곳)

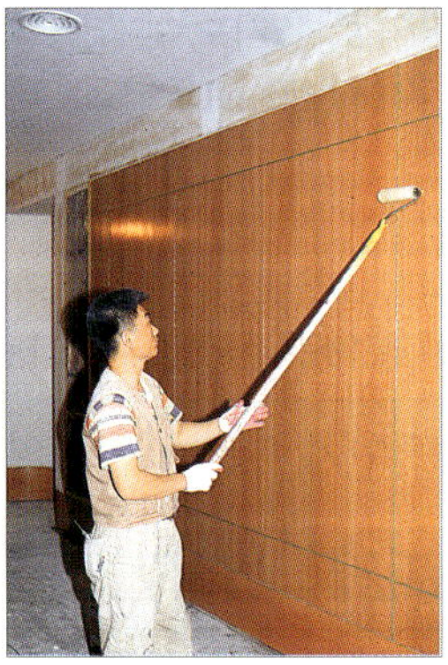

④ 롤러칠(넓은 곳)

⑤ 샌 딩(연마)

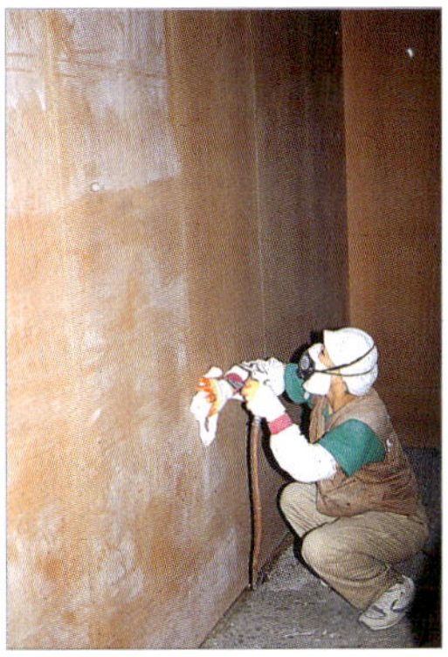

⑥ 가루먼지 털기

⑦ 집진기로 먼지 빼기

⑧ 래커 스프레이

⑨ 래커칠 완료

⑩ 칠 검사

⑩ 칠 검사

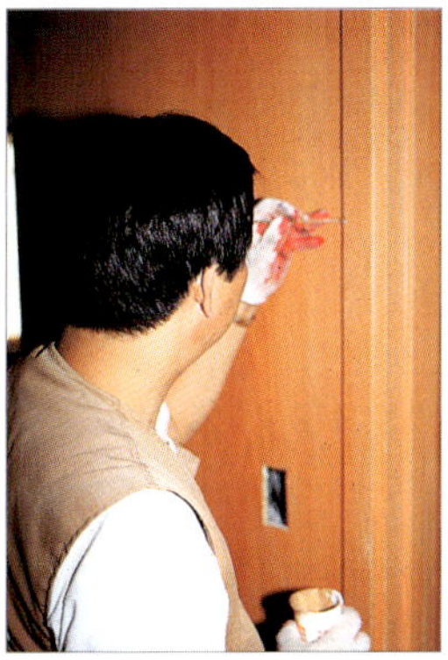

⑪ 색수정 보수

물감

⑫ 비닐 보양

⑬ 래커 수정칠

집진기

10.9.3 투명 래커칠 할 때 주의사항

1. 연마지 닦기

재벌칠이 건조된 다음 연마지로 갈아낸다. 재벌칠 막이 모두 갈라지지 않도록 유의한다.

2. 정벌칠(마무리칠)

정벌칠은 뿜칠로 한다. 습도가 80% 이상이 되어 칠 면이 백색이 될 우려가 있을 때에는 칠하지 않아야 한다.

3. 닦기 마무리

가구광택제를 헝겊에 묻혀 문지르고 새 헝겊으로 닦아 마무리한다.

10.10 특수 칠

10.10.1 다채무늬 페인트

1. 일반사항

다채무늬 도료(Multicolor spray paint)는 다양한 컬러의 스프레이 코팅제이다. 화학처리된 수용액 속에 들어 있는 각각의 색입자가 단 한 번의 스프레이로써 다양한 색·패턴·질감을 표현할 수 있는 효과를 나타낸다. 비교적 값이 싼 일반제품이 있고, 색상과 품질이 우수한 고가품(상품명 : Zolaton, Multispec)이 있다.

2. 칠방법 및 공정

① 도포를 하기 전에 바탕면을 고르고 상태에 따라 기초코팅을 한다(하지작업은 일반적인 방법과 동일).

② 막대기를 사용하여 도료의 색소입자를 한쪽 방향으로 서서히 골고루 잘 섞는다(기계를 사용하면 색소입자가 파괴될 우려가 있다).

③ 스프레이 건을 점검하고 공기압에 따라 다양한 패턴을 만들 수 있으므로 공기압을 적당히 조절한다.

④ 공기압력을 평균보다 조금 높이고, 15~30cm 정도의 벽과 거리를 유지하고 벽면과 90° 의 직각을 유지하여 십자형으로 일정하게 움직인다.

⑤ 장비의 청소는 마르기 전에 물로 세척한 후 시너로 닦아낸다.

3. 주의사항

① 용액 자체만으로 쓰거나 물로서 희석시키며, 시너나 솔벤트 등의 희석제를 사용해선 안 된다.

② 희석시 일정한 방향으로 서서히 저어야 한다.

③ 지촉 건조시간은 4시간, 사용가능 건조시간은 24시간이다.

10.10.2 돌무늬 페인트

1. 일반사항

2가지 색상을 동시에 뿜칠하여 자연석과 같은 우아하고 부드러운 질감의 무늬를 형성시키는 도장방법으로 접착력이 좋고 내오염성이다.
내부 도장용은 수용성이므로 냄새가 거의 없으나 외부 도장용은 유용성 투명 우레탄 도장을 상도로 하므로 냄새가 있다.(상품명 : Emacoat)

2. 칠방법 및 공정

① 작업 전에 바탕의 상태를 점검하여 도장조건에 적합한지 확인한다.
② 표면에 부착되어 있는 레이턴스, 먼지, 수분, 유분 등 각종 오물을 제거한다.
③ 표면에 요철 부분이나 균열 부위가 있으면 퍼티로 메꾸어 준다.
④ 제1공정에서 프라이머는 바탕에 침투시켜 바탕면을 보강해주어야 한다.
⑤ 제2공정 작업 시에는 무늬 형성용 도료를 거의 희석하지 않고 원액을 TN 스프레이 건을 이용하여 뿜칠한다.(압력 1~2kgf/cm², 캡구경 3~4mm)
⑥ 제3공정은 무늬 형성용 도료가 건조되기 전에 중상도용 투명 도료를 뿜칠하는데, 이때 뿜칠압력은 3~4kgf/cm²로 높여서 균일하게 도포한다.
⑦ 제3공정의 도료가 완전히 건조된 다음 제4공정의 투명 우레탄을 A액과 B액을 정확한 혼합비율로 섞은 다음 롤러나 스프레이로 도장한다.

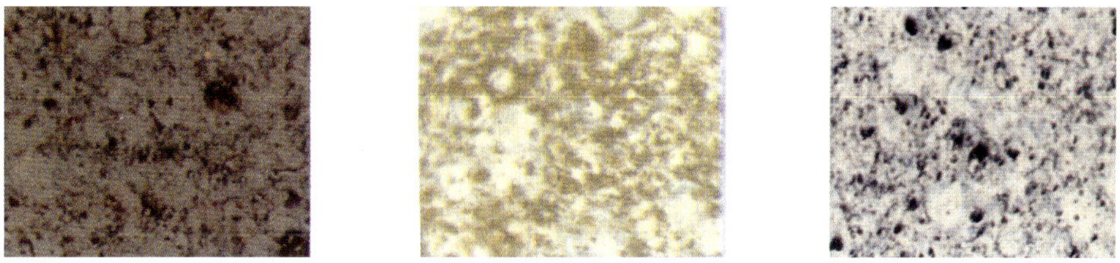

A색 : B색 = 1 : 1　　A색 : B색 = 1 : 1　　A색 : B색 = 1 : 2

그림 10-20 돌무늬 페인트의 도장 예

10.10.3 목재 방부칠

목재는 습윤 · 건조가 반복되는 부분이 잘 썩으므로 목재가 땅속에 묻히는 부분이나 벽돌 · 콘크리트 등에 접하는 부분은 목재 방부제 칠을 해야 한다.
목재 방부제는 크레오소트 오일 등이 많이 쓰이고, 이 외에도 P.C.P(Penta chloro phenol) · 황산동 · 염화아연 등이 있으며, 1~2회 솔질하거나 침적법으로 한다.

10.10.4 방청칠

녹막이 칠이라고도 한다. 방청도장은 철물에 도금(아연)되어 있는 녹방지용 코팅이 그라인딩, 용접, 긁힘 등에 의해 벗겨짐으로 인하여 철물이 녹이 스는 것을 방지하기 위해 본 도장 전에 시행하는 도장이다. 일반적으로 붉은색을 나타내는 광명단이 주로 쓰이고 회색을 나타내는 연단도 쓰인다.

10.10.5 옻칠 및 캐슈(Cashew)칠

옻칠은 옻나무 껍질에 상처를 내어 채취한 유상액(乳狀液)을 정제하여 칠로 만든 것이다.
옻칠은 칠막의 경도 · 부착성 · 광택이 뛰어나고, 내구 · 내수 · 장식효과 등이 있는 고급 칠이다.
시공은 공기가 깨끗하고, 온도 25° C, 습도 75% 전후의 조건에서 해야 하며, 전문 옻칠공이 칠해야 한다.
캐슈칠은 옻나무과의 식물인 Cashew나무 열매의 껍질 속에 들어 있는 액체를 원료로 하여 만든 칠로서, 옻칠과 비슷한 성질을 가지고 있으나 값이 싸고 사용법이 간단하여 옻칠 대용으로 사용하고 있다.(캐슈는 주로 일본에서 생산된다)

페인트칠 시공 예(천장)

1) 바탕정리

① 석고보드의 이음매 부분에 조인트 메시 테이프를 붙인다.
(※ 이음매 부분은 퍼티작업 → 조인트 메시 테이프 부착 → 퍼티작업이 정확한 방법이다)

② 타카(Tacker) 자국이 난 곳에 점퍼티(Point Putty) 작업을 하고, 석고보드 이음매 부분에 줄퍼티(Line Putty) 작업을 한다.

③ 전체퍼티(All Putty) 작업을 한다.(※ Putty를 현장에서는 '빠데' 라 잘못 말하고 있다.)

④ 경화 후 샌딩(연마) 작업을 하고 가루먼지를 털어낸다.(먼지는 집진기를 이용하여 밖으로 빼낸다.)

2) 주변 보양

① 벽을 비닐시트와 종이테이프를 이용해 싸맨다.

② 천장의 매입등 · 스프링클러 등을 비닐커버링과 종이테이프를 이용해 싸맨다.

3) 칠 작업

스프레이 건으로 페인트를 천장에 도포한다.

4) 정리

페인트가 마른 후 비닐과 테이프를 걷어낸다.

① 습윤톱밥이용 먼지청소

② 줄눈 퍼티메우기

② 메시테이프 붙이기

② 메시테이프 위 퍼티바르기

③ 점 · 줄 퍼티작업

④ 전면 퍼티작업

⑤ 먹줄치기

⑥ 타공

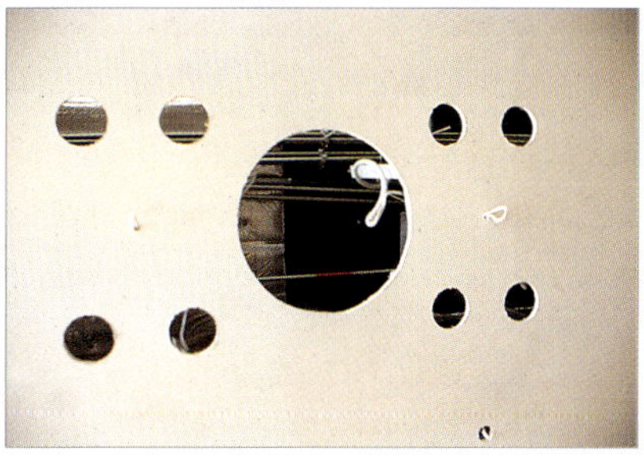

⑥ 타공상세

⑦ 종이 테이프 붙이기

⑧ 벽(바닥)에 비닐 치기

⑨ 부착물 비닐커버 작업

⑨ 매입등 비닐 커버 씌우기

⑩ 페인트 스프레이

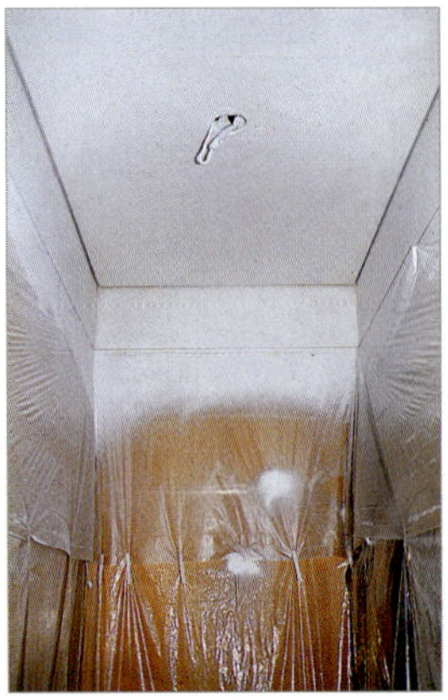

⑪ 천장 페인트 완료-1

⑪ 천장 페인트 완료-2

⑫ 우묵진 곳 퍼티보수

⑬ 재 페인트 스프레이 보수 후 완료

⑬ 페인트 작업 완성

매입등 커버비닐

그림 10-21 천장 페인트작업 준비, 타공, 보양, 뿜칠

FLUSH DOOR

빗살문

강재 현관문

257

시스템 창호

플라스틱 창호

KEFICO

CHAPTER 11

창호공사

11.1 개 요

창호공사란 창과 문의 제작 및 달기에 관한 공사의 총칭을 말하며, 방풍 · 방음 · 방도의 역할을 충분히 할 수 있어야 하고 개폐 및 활동이 원활해야 하며 충분한 강도가 있어야 한다.
창호는 사용빈도가 많아 고장이나 파손이 쉬우므로 우수한 재료로 견고히 제작하여 뒤틀림 · 파손 등이 없도록 해야 한다.
창호에는 목제, 알루미늄합금제, 합성수지제, 철판제, 스테인리스제 등이 있다.
일반적으로 목제는 온화하며 알루미늄제는 견고하고 합성수지제는 기밀하며 스테인리스제는 미려하고 내구성이 좋다.

11.2 목제 창호

11.2.1 재 료

1. 목재

장호재는 변형이 생기지 않도록 잘 건조된 심재를 사용하는 것이 좋으며, 건조 정도와 함수율은 15% 이하로 한다.

2. 접착제

목제 창호재의 접착제는 목공용 접착제를 쓴다. 목공용 접착제는 요소수지나 페놀수지로 만든다.

3. 재료 주문

창호의 형태 및 치수는 도면 또는 시방서에 따르고, 치수의 표시는 마무리치수로 한다.
근래에는 창호를 직접 제작하지 않고 완제품 구입 또는 주문 제작하여 사용한다.

11.2.2 공통공법

1. 창호재의 대패질 마무리

창호재의 대패질 마무리 정도는 보통 표 11-1에 따르되 특별한 지장이 없을 때에는 중대패질로 한다.

표 11-1 창호재의 대패질 마무리 정도

대패질 창호 종류	종류	평 활 도
투명 도료칠 창호	상	광선을 경사지게 비추어서 거스러미 및 대패자국이 전혀 없는 것.
불투명 도료칠 창호	중	거스러미 및 대패자국이 거의 없는 것.
	하	다소의 거스러미 및 대패자국을 허용하지만 톱자국이 없는 것.

2. 풍소란

풍소란은 외부의 바람, 먼지, 소음을 차단하기 위해 창호에 부착하는 것이다. 미세기, 여닫이의 풍소란에는 고무, 합성수지 개스킷으로 된 것과 금속제 스프링으로 된 것이 있다. 설치 위치에 따라 적정한 형태를 선택하여 사용한다.

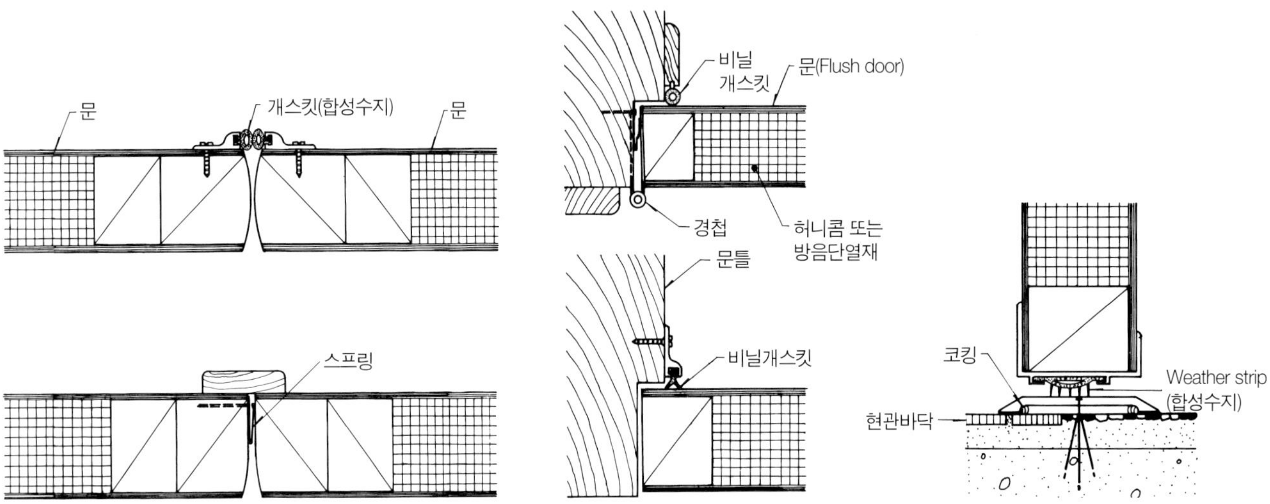

그림 11-1 풍소란

11.2.3 홈대 및 창문틀

1. 홈대

홈대는 홈을 판 창문틀을 말하며 윗홈대 · 중간홈대 · 밑홈대가 있다.
홈의 나비는 창문의 두께에 따라서 다르나 보통 20mm 정도로 하고, 깊이는 윗홈대 15mm · 밑홈대 3mm 정도로 한다.

2. 창문틀

창문틀은 창호와 같이 공장에서 제작하나 목제 창호일 때의 창문틀은 목공사의 목수가 짜서 설치하기도 한다.
창문틀은 창호재와 동질의 것으로 한다. 부재의 크기는 일정하지 않지만 두께 4.5~6cm, 나비는 12~20cm로 한다.
창문틀은 선틀, 밑틀(문일 때는 문지방), 중간틀, 위틀로 구성되며 중간선틀을 세울 때도 있다.

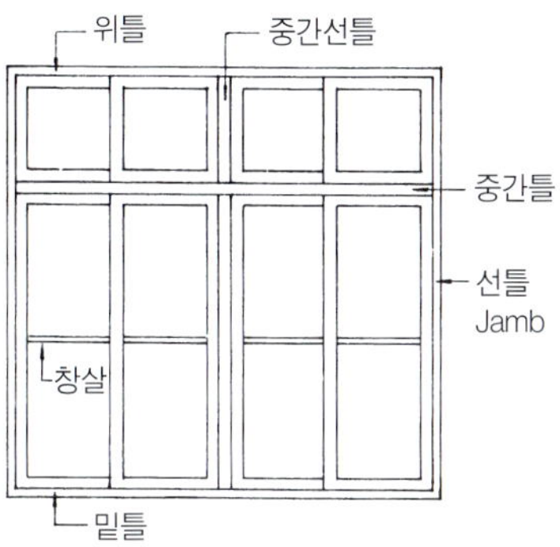

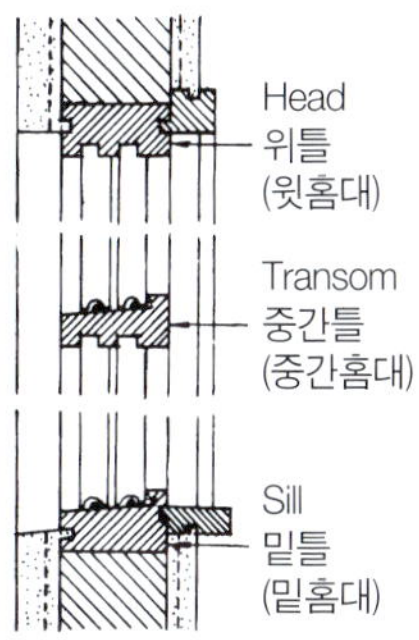

그림 11-2 창문틀

3. 창문선(trim)

창문선은 창문틀의 갓둘레에 대어 벽을 아물리며 치장이 되게 하는 대두리이다.
창문선을 따로 댈 때에는 창문틀에 홈을 파 끼우고 숨은 못치기하는 것이 좋다.

문선제작

문선 칠

문선설치 중

완료

그림 11-3 문선제작 및 설치

11.2.4 각종 창호의 제작

1. 플러시 도어(Flush door)

방에 일반적으로 설치하는 문짝을 말하며, 울거미(사각 틀)를 짜고 중간살을 배치하고 양면에 화장합판 등을 교착하여 만든 문으로 뒤틀림과 변형이 적다. 대체로 무거운 문짝이 품질이 좋은 것이다.

(※ 요즈음 내수적인 합성수지제 플러시도어도 생산되고 있다.)

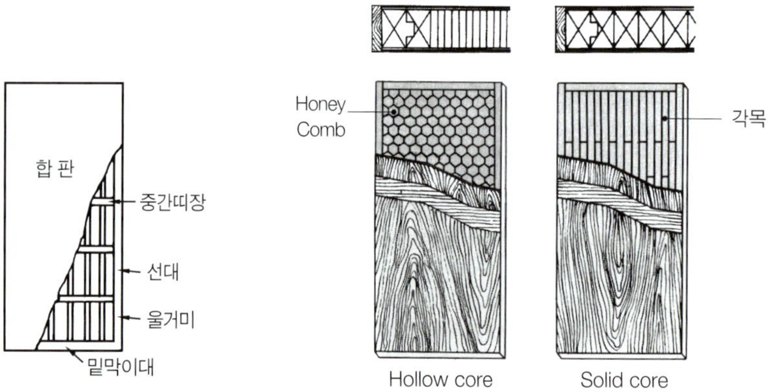

그림 11-4 플러시문

2. 널 문

문 울거미(사각틀)를 짜고 목재 널판을 붙인 문이다.

널 표면에 패턴형으로 홈을 파거나 조각을 한 고급 문짝이다.

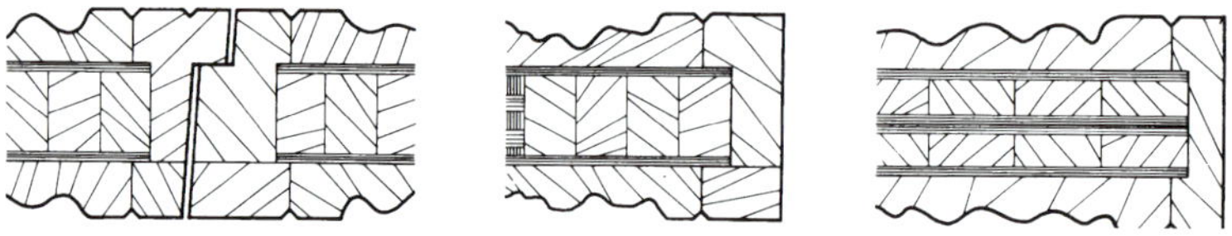

그림 11-5 널문 상세도

3. 비늘살문

울거미를 짜고 얇고 넓은 살을 경사지게 빗댄 것으로, 일광의 직사를 막고 통풍이 잘 되게 하는 문이다.

비늘살의 경사는 60° 정도로 하며, 통풍과 프라이버시가 요구되는 욕실과 화장실에 주로 쓰인다. 알루미늄 또는 아연도금철판으로 제작된 기성품도 있다.

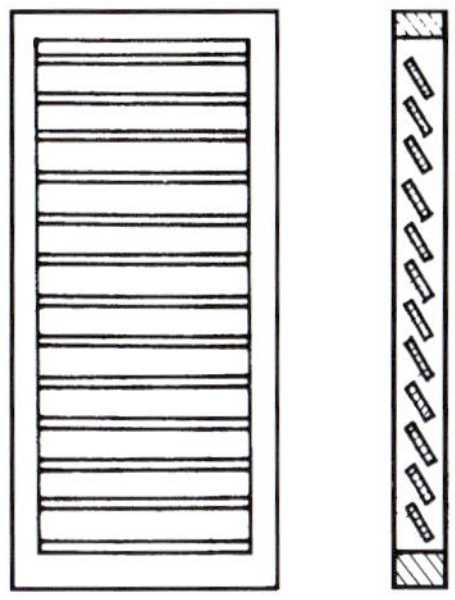

그림 11-6 비늘살문

4. 종이창문

창문 울거미에 가는 살을 짜 대고 창호지를 바른 것과 두꺼운 종이를 여러 겹 바른 도듬문이 있다.

살은 완자(卍字)살 · 아자(亞字)살 등으로 품위 있게 하는 것이 좋으며, 살의 배치간격은 종이 크기에 알맞게 한다.(※ 전통창살 · 문살 전문생산업체가 있음)

5. 운반 · 저장 · 보양

제작된 창호는 같은 종별, 같은 치수마다 분류하여 놓고, 운반 · 저장 중에 파손 · 뒤틀림 및 변형 등이 생기지 않도록 골판지 등으로 보양하거나 적당한 조치를 해야 한다.

보관할 때에는 수평으로 쌓아두고 빗물 또는 일광의 직사를 받지 않게 해야 한다.

11.2.5 창문틀 세우기

1. 일반사항

창문틀은 먼저세우기와 나중세우기가 있으나 요즘은 질적인 공사와 공사의 편리를 위해 나중세우기를 주로 한다. 또한 손상을 받기 쉬운 문틀 · 창틀은 밑틀과 선틀을 t : 10합판 등으로 적절하게 보양하여 통행 또는 재료를 운반할 때 변형이 생기지 않게 해야 한다.

그림 11-7 문틀보양

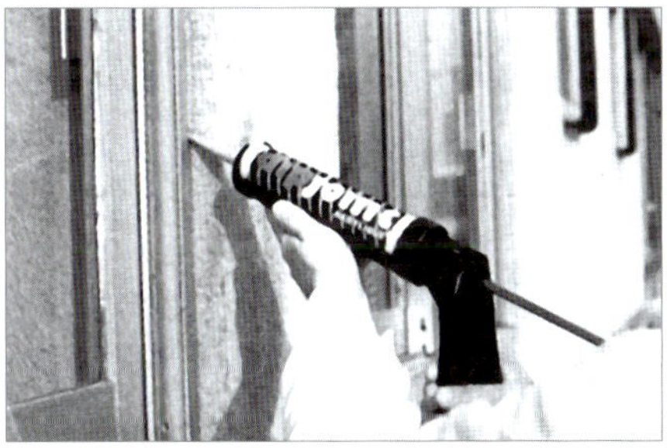

그림 11-8 창문틀 마무리 실링

2. 창 · 문틀 나중 세우기

창문틀을 나중세우기로 할 때에는 창문틀의 상하좌우에 1cm 정도의 여유를 두고 벽돌벽을 쌓은 후 쐐기(shim)를 이용하여 여기에 창문틀을 끼워 세우고 앵커용 볼트로 고정하는 방법이다. 이 방법은 창문틀에 시멘트 자국이 남지 않고 벽돌쌓기 시 사춤모탈의 물기가 목제 창문틀에 접하지 않게 되는 방법이다. 앵커용 볼트의 위치는 창문틀의 상하좌우에 60cm 정도의 간격으로 설치한다.

벽돌벽 문틀세우기

건식벽 문틀세우기

문틀세우기 완성 및 보양

그림 11-9 문틀 세우기

3. 창 · 문틀 먼저 세우기

창문틀은 고임목 · 쐐기 등을 사용하여 수평위치를 맞추고, 버팀대 · 연결대 등을 사용하여 수직위치를 정확히 유지하고, 이동 · 변형이 되지 않도록 튼튼하게 설치한다.

창문틀의 고정은 목제 창문틀에 ㄱ자쇠와 ㅡ자쇠로 고정하고 이를 줄눈에 물어 고착시킨다. 고정철물의 위치는 창문틀의 상하좌우에 60cm 정도의 간격으로 설치한다.

11.2.6 목제 문틀 · 창틀 세우기 시공순서

① 목제 창호의 설치 전에 개구부의 위치 및 크기를 확인하여 잘못 시공된 부위는 바로잡고, 창호 설치위치를 알 수 있는 기준 먹매김을 한다. 문틀이 세워질 곳은 ×표시를 한다.

② 벽체와 접착하는 문틀 이면에는 크레오소트오일 방부제를 2회 도포한다.

③ 문틀 및 창틀은 수평 · 수직을 정확히 하고 견고하게 고정해야 하며, 마감재의 두께를 고려하여 위치를 정한다.

④ 문틀을 가설치한다. 문틀이 움직이지 않도록 문틀과 콘크리트 사이를 쐐기로 고정하고 문틀과 쐐기가 고정될 만큼 못을 박는다.

⑤ 문틀의 수직 · 수평을 확인하고 조정한다.

⑥ 드릴을 사용하여 문틀에 뚫린 구멍을 통해 수평되게 벽체를 뚫는다.

⑦ 문틀 구멍에 앵커용 볼트를 박은 뒤 드라이버로 견고하게 고정한다.

⑧ 문틀 가설치에 사용한 못을 제거하고 뚫린 구멍 부위와 못자국 부위를 메운다.

⑨ 문틀 · 창틀을 세우고 기본적인 마감이 끝나면 창문선(Trim)을 붙인다.

11.2.7 창문 달기

창문 달기에 앞서 문틀의 뒤틀림, 휨, 손상이 있는 것 등을 조사하고 심히 변형되었을 때에는 교체한다.
부속철물은 볼트 또는 나사못을 써서 튼튼하게 고정시킨다.

1. 여닫이

창호는 여닫음 상태가 좋아야 하며, 문틀과의 틈서리가 나지 않도록 달고, 처져내림 등이 없도록 시공해야 하며, 도면에 표시된 대로 문이 열리는 위치가 정확하도록 정첩을 부착해야 한다.

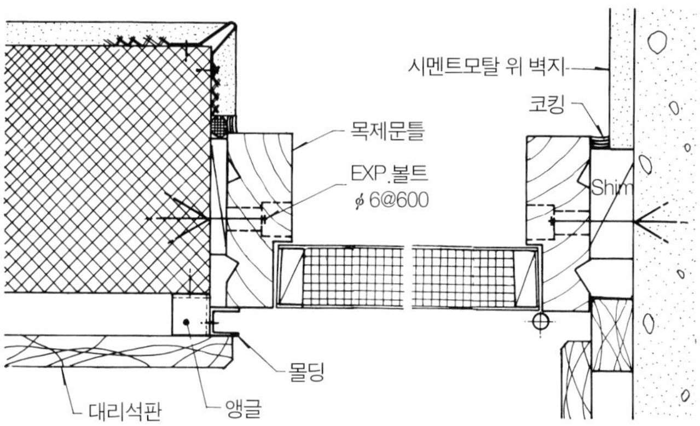

그림 11-10 여닫이문 설치

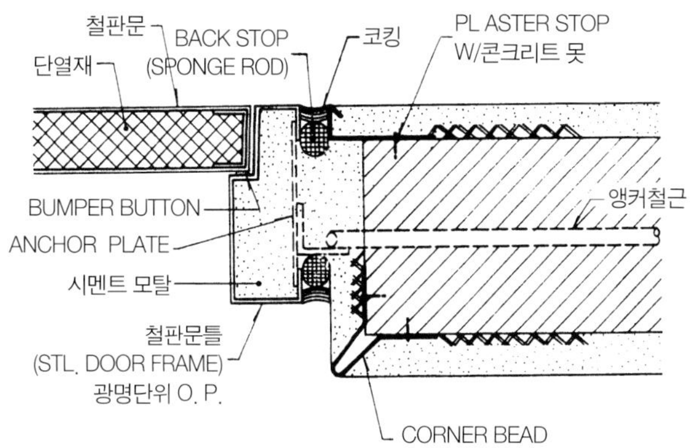

그림 11-11 철제문틀 · 철판문 시공상세도

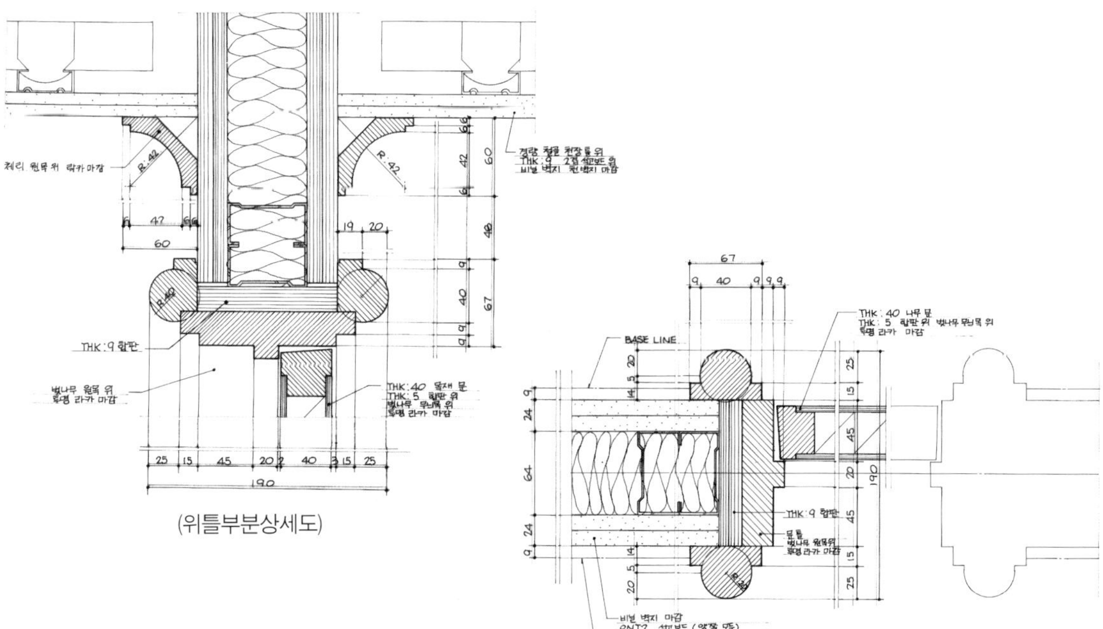

그림 11-12 경량건식벽체 문틀 · 문선설치 상세도

문의 여닫음 상태가 좋기 위해서는 문틀의 수직상태가 정확해야 한다.
여닫이문의 정첩은 문의 크기와 중량에 따라 문 한 짝에 3개 또는 4개를 달며, 손잡이 높이는 문 밑에서 위로 90cm 정도로 한다.

2. 미닫이 · 미세기

창문은 가볍게 들어가 끼워지고 여닫음이 잘 되도록 수평바르게 정확하게 단다.

3. 오르내리창

안팎 창짝의 여밈이 정확하여 여닫음이 잘되도록 한다.
상하 창의 창짝과 추를 끈으로 연결하여 상부의 도르래에 걸어 창이 오르내리게 한다.

4. 회전창

회전축을 다는 위치는 창 높이의 중심보다 조금 높은 위치에 좌 · 우 같은 높이로 하고 원활히 회전할 수 있도록 단다.

5. 붙박이창(고정창)

개폐할 필요가 없는 창으로 채광이나 외관을 위해 설치하는 고정된 창이다.

11.3 알루미늄 창호

11.3.1 일반사항

알루미늄 창호는 경량(비중이 철의 약 1/3)으로 가공이 쉬우며, 녹슬지 않고, 사용연한이 길고, 기밀 · 수밀성이 좋으며, 개폐조작이 경쾌한 장점이 있다. 반면에, 콘크리트 · 모탈 · 회반죽 등의 알칼리에는 매우 약하므로 부식되지 않도록 콘크리트 등에 직접 접촉하는 부분은 합성수지계의 도막처리를 충분히 해야 한다.

11.3.2 재 료

1. 새시 바의 재질

새시 바(Sash bar)의 재질은 KS에 규정된 것으로 두께가 두꺼워 튼튼하고 피막이 두껍고 균일한 색상이어야 한다. 조립이 기밀해야 하며 실내 쪽의 바에 결로가 발생되지 않도록 바 내부에 단열처리가 되어 있어야 한다. 또한 기밀적 구조로 되어 방음효과가 높아야 한다. 피막이 두껍고 변색이 없는 Kalcolor는 주로 대형 건축물에 쓰인다.

2. 틀 부재의 재질, 단면 및 두께

틀 부재의 재질과 단면은 KS 또는 동등 이상의 재질로 하고 부재의 두께는 1.35mm 이상으로 한다.

3. 기타 재료

조립 · 달기 등에 있어서 알루미늄과 재질이 다른 부품을 사용할 경우에는 전기화학작용으로 부식이 생기므로 이질금속재(철, 놋쇠, 동)와의 접촉은 금지하고 있다. 나사못 · 볼트 등을 사용할 때에는 아연 또는 카드뮴(Cadmium) 도금된 것을 사용해야 한다.

11.3.3 공 법

1. 공작 및 가공

창문틀 및 창문의 부재 접합은 정밀하고 튼튼하게 공작해야 한다.

나사류로 이음과 맞춤한 부분에는 서로 턱이 지지 않도록 하며, 충전제로 접합부에 물이 스며들지 않게 처리하고, 보강재는 충분한 성능을 갖도록 하고, 접촉시 부식이 일어나지 않게 처리한다.

콘크리트 · 시멘트모탈에 접하는 부분은 부식이 쉽게 되므로 내알칼리성의 도료를 2회 이상 칠한다.

알루미늄 새시 공작 및 가공시 유의사항

① 가공시 쇠톱 · 나사못 등에 의해 표면이 손상되지 않도록 해야 한다.

② 부재와 부재의 맞춤시 턱이 지지 않고 일매지게 조립해야 한다.

③ 나사는 부식 및 전식이 없도록 Self tapping screw나 스테인리스제를 사용해야 한다.

④ 밑틀에는 45cm 간격 정도로 Drain hole을 뚫어야 한다.

⑤ 호차는 튼튼한 것으로 해야 한다.

⑥ 방음, 먼지 유입 방지 등을 위해 Woven pile을 틀의 상 · 하 · 좌 · 우 · 중간에 끼워야 한다.

⑦ 문을 열 때 창문과 틀의 충격 감소를 위해 Bumper button을 끼워야 한다.

⑧ 방충망이 흔들리지 않도록 합성수지 Guide를 끼워야 한다.

⑨ 겨울철 창문틀에 결로가 생기지 않도록 틀 내부에 우레탄폼 등의 단열재를 채워야 한다.

⑩ 유리를 끼우기 전 유리 밑에 Glass shim을 대야 한다.

⑪ 유리의 고정은 실런트로 하는 것이 좋다.

그림 11-13 캔 우레탄폼

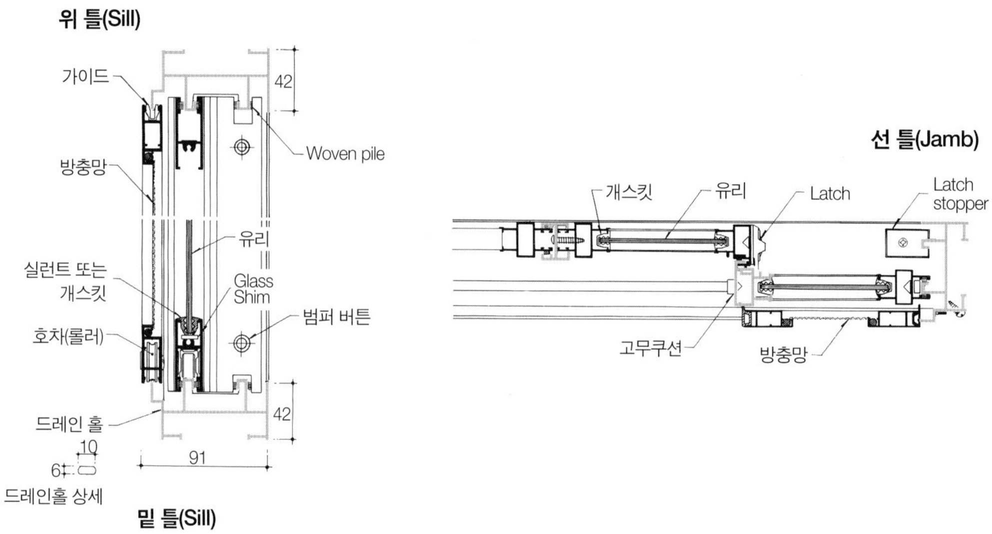

그림 11-14 알루미늄 새시 단면상세도

2. 틀 세우기

틀 세우기 및 창호 달기는 원칙적으로 제작회사의 책임으로 하고, 틀 세우기의 공법은 철제 창문틀 세우기에 따른다.

목제의 창과 문틀에 알루미늄 틀을 붙여 댈 경우에는 40cm 이내의 간격으로 나사못 등으로 고정시켜 목재 틀과 벌어짐이 없도록 정확하게 고정한다.

3. 보양

창문틀의 밑틀과 선틀 같이 오손되기 쉬운 부분은 합판 또는 골판지 등으로 적절한 보양을 해야 하며, 통행으로 인해 변형되지 않도록 하고, 시멘트 모탈이나 불순물이 새시나 밑틀에 묻지 않도록 비닐 커버를 씌워두고, 묻었을 때에는 즉시 제거한다.

11.4 금속창호

금속창호의 종류로는 아연도금 철제창호(Galvanized steel frame)와 스테인리스 스틸 창호(Stainless steel frame)가 있다. 금속제 창호는 PVC창호 · 알루미늄창호에 비해 변형이 거의 없고 튼튼하나 기밀성이 부족하다. 금속제 창호는 조립형태가 아니며, 주문제작으로 시공된다. 아연도금 철제창호는 용접 부분 · 긁힌 부분이 쉽게 녹이 발생되고 외관이 미려하지 못하므로 녹막이칠인 광명단을 칠한 후 마감도장을 하거나 합성수지 무늬목(무늬목 시트)을 취부한다. 광명단칠은 1차로 용접부위와 긁힌 부분을 칠하고 건조된 후 2차로 전체 면을 다시 칠한다. 용접부위는 요철이 심하므로 면이 바르도록 그라인더로 잘 갈아내야 한다. 녹이 나지 않는 스테인리스 스틸 창호는 깔끔한 미관이 요구될 때 사용된다. 공장제작시 부착된 비닐시트는 시공중에는 제거하지 않고 마무리 작업 완료 후 제거한다.

금속 창호 시공순서

① 개구부의 위치 · 크기를 확인한다.

② 창호가 설치될 위치에 먹매김을 한다. 문틀이 세워질 곳은 ×표시를 한다. 이 때, 마감재의 두께를 고려해 마무리가 정확히 되도록 설치한다.

③ 문틀의 수평 · 수직을 확인하며 임시로 고정한다.

④ 드릴로 콘크리트 슬래브 · 바닥 등을 뚫고 Exp. bolt를 고정한다.

⑤ Frame과 Exp. bolt에 철근 또는 경량철골을 견고히 연결 · 용접한다.

⑥ 문틀이 훼손되지 않도록 보양한다.

그림 11-15 금속창호 제작

경량철골벽체에 철제문틀 세우기 　 벽돌벽체에 철제문틀 세우기 　 콘크리트 벽체에 철제문틀 세우기

그림 11-16 금속제(아연도금 철판제) 문틀 세우기

문틀 상부 고정 후 모탈 채우기

문틀 하부 쐐기받침 및 철근 용접 고정

문틀 하부 철근용접고정 및 모탈 채우기

출입구 부분 문틀 · 창틀 세우기

접이식 문틀 · 문짝 세우기

Facade 부분 금속틀 세우기

11.5 특수 창호

11.5.1 무테 유리문

두꺼운 강화 유리판 상 · 하에 스테인리스판 등을 써서 설치하는 문으로 사무소, 백화점, 식당, 카페 등의 출입문에 플로어 힌지(Floor hinge)를 달거나 또는 자동개폐장치로 하여 많이 사용된다.

강화 유리는 현장에서 자르거나 다듬을 수 없으므로 문틀의 치수와 각도, 그리고 바닥의 수평이 정확해야 한다.

문틀은 유리문 크기보다 양여닫이인 경우 9mm, 외여닫이인 경우 6mm 정도 크게 한다.

표 11-2 무테 유리문의 크기(단위 : mm)

유 리	두 께	너 비	높 이
강화 유리	10	760	2, 130
	12	910~1, 060	2, 430

11.5.2 홀딩 도어

연회장, 식당, 전시실 등에서 실 크기의 필요에 따라 칸을 막기 위해 만들어진 병풍 모양의 문으로 병풍처럼 자유로이 신축할 수 있게 되어 있다. 이는 철제 프레임에 철판을 댄 문짝에 천 벽지 등을 붙인 것으로 상부는 홈대형의 Hanger rail에 튼튼한 달바퀴(Hanger roller)로 매달아 접어 여닫게 된다. 철판 사이에 유리면 등의 흡음재를 넣고 문짝 모서리는 Strip 등을 붙여 방음처리해야 한다.

간단한 Hanger rail 또는 Door track을 사용해서 주거 · 사무실 등에서도 사용한다.

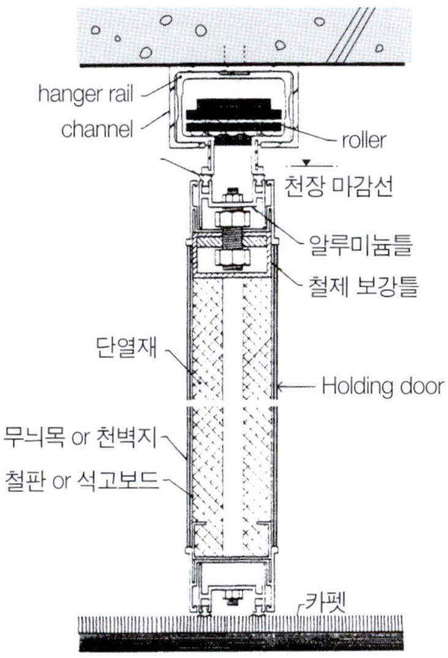

그림 11-17 홀딩 도어

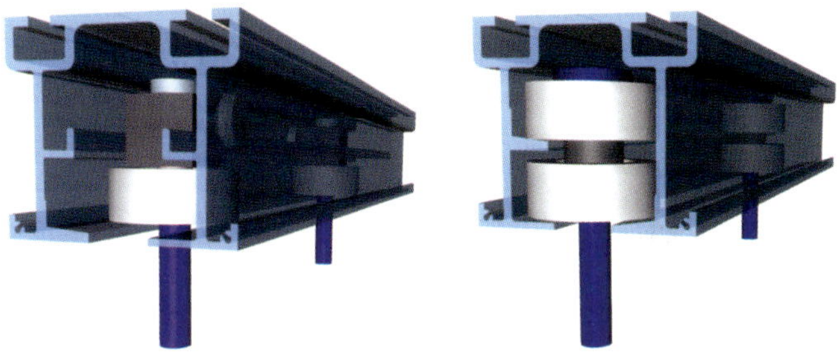

그림 11-18 Hanger rail 및 Roller

그림 11-19 홀딩 도어 개폐

그림 11-20 홀딩 도어 칸막이

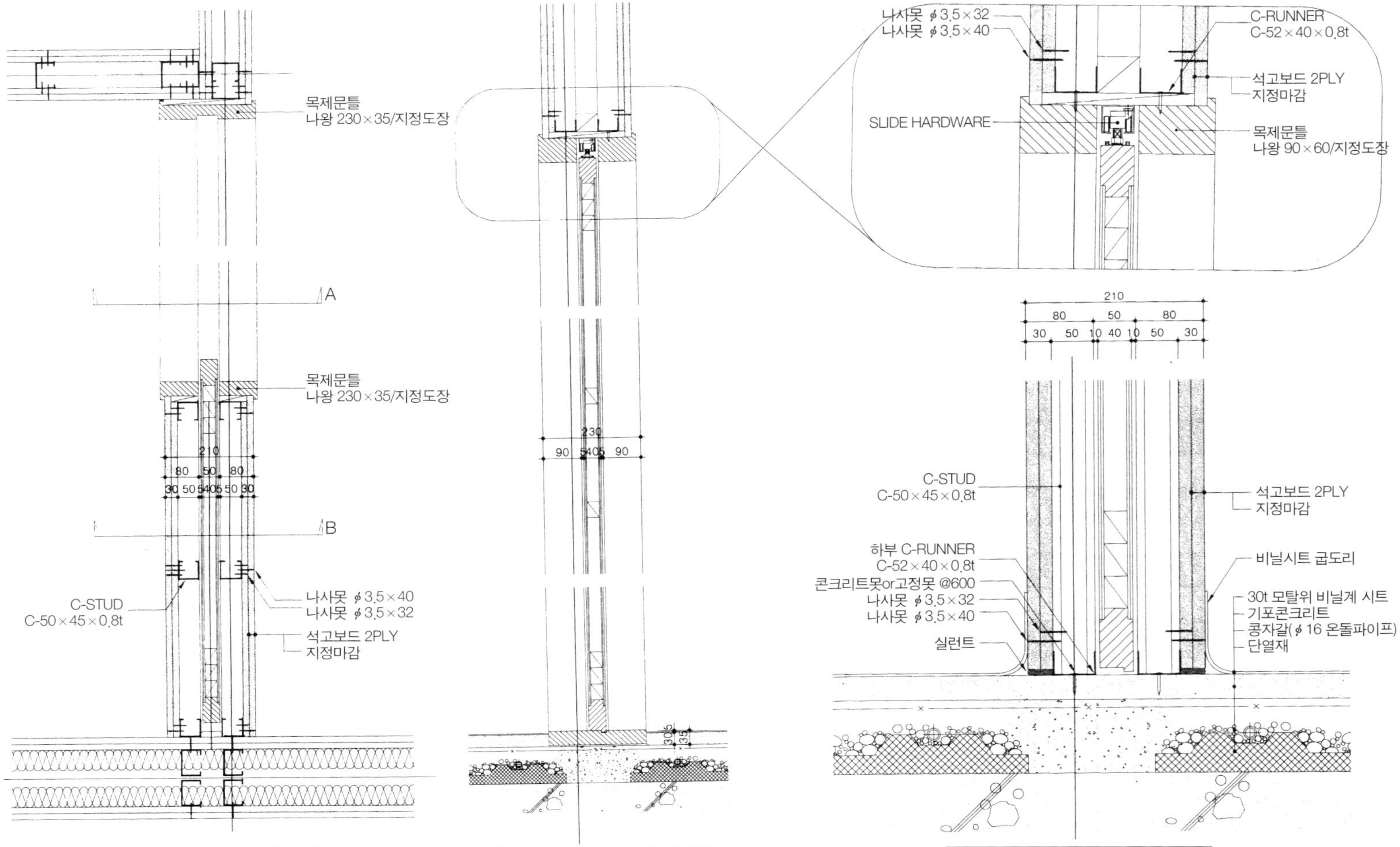

평면 상세도 SCALE : 1/10 | **A-단면 상세도** SCALE : 1/10 | **B-단면확대상세도** SCALE : 1/5

그림 11-21 포켓도어 시공 상세도

11.6 창호 철물

11.6.1 재 료

창호철물은 목제용, 강제용, 싱크대용, 유리문용이 있으나 형식 · 치수 등은 큰 차이가 없고, 형상과 구조는 다소 차이가 있다. 튼튼하며 내구력이 있는 것으로 하고, 기구의 조작이 원활히 되는 것으로 한다.

11.5.2 창호와 부속철물

1. 여닫이

(1) 보통정첩

철판제 · 황동제 · 포금제 등이 있으며, 창호의 大 · 小 또는 중량에 따라 창 한 짝에 2~4개를 사용한다.

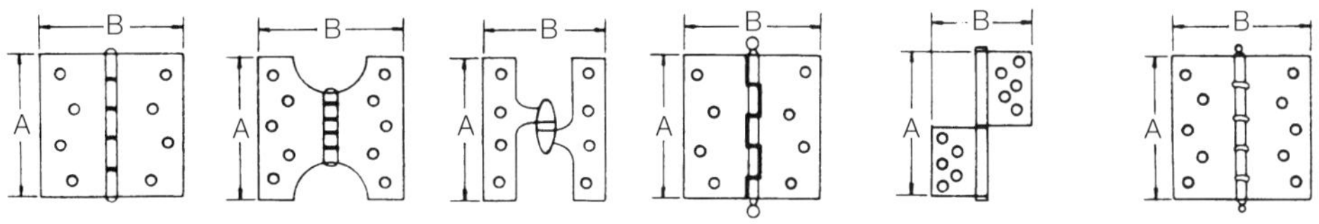

보통정첩 나비형 정첩 돌쩌귀정첩 보주정첩 돌쩌귀(깃발형)정첩 가락지 베어링 정첩

그림 11-22 보통정첩

표 11-3 창호와 정첩의 크기 및 수량(보통정첩)

창 호			정첩 크기			창호높이와 정첩개수		
종류	두께(mm)	너비(mm)	호칭	mm	in	2.0m 미만	2.4m 미만	3.0m 미만
작은 창호 창문			#25	64	2 1/2			
일반문	20~30	800 미만	#3	76	3	2개	3개	4개
	30~33	850 미만	#3.5	89	3 1/2			
	33~36	750 미만	#4	102	4			
	33~36	750~850	#4.5	114	4 1/2			
	36~43	800~850	#5	127	5			
	43~50	850~900	#6	152	6			
	50~	900~1,000	#6	152	6	3개		

※ 철판제, 두꺼운 유리제, 넓은 나비의 창호 등에는 1단계 큰 치수 정첩 또는 정첩 1개를 더 사용한다.

(2) 자유정첩

축받이 관 속에 스프링을 장치하여 안팎으로 자유로이 여닫게 된 정첩이며, 종류에는 외자유정첩과 양자유정첩이 있다.

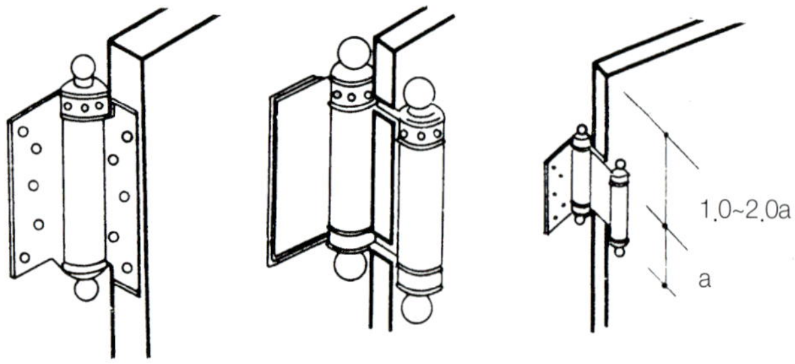

자유정첩 자유정첩달기

그림 11-23 창호와 자유정첩의 크기 및 수량

표 11-4 창호의 크기와 Door closer 및 Floor hinge의 크기

<table>
<tr><th colspan="2">창호의 크기</th><th rowspan="2">창호의 무게
(kgf)</th><th colspan="2">도어 클로저의 번호</th><th colspan="2">플로어 힌지의 번호</th></tr>
<tr><th>너비(mm)</th><th>높이(m)</th><th>보통일 때</th><th>Stop이 있을 때</th><th>보통일 때</th><th>Stop이 있을 때</th></tr>
<tr><td>800 이하</td><td>2.00 내외</td><td>20~30</td><td>71</td><td>171</td><td>110</td><td>210</td></tr>
<tr><td>900 이하</td><td>2.10 내외</td><td>30~40</td><td>72</td><td>172</td><td rowspan="3">120</td><td rowspan="3">220</td></tr>
<tr><td>950 이하</td><td>2.40 내외</td><td>50~60</td><td>73</td><td>173</td></tr>
<tr><td>1, 000 이하</td><td>2.40 내외</td><td>70~90</td><td>74</td><td>174</td></tr>
</table>

※ 번호는 편의상 Yale 번호에 따르고, 방화문에 도어 클로저를 달 때에는 퓨즈가 딸린 암(arm)을 사용한다.

(3) 플로어 힌지(Floor hinge)

자유정첩과 같이 문을 자동적으로 닫히게 하는 힌지이고 유압식으로 되어 있으며, 출입구의 강화유리문과 같은 주로 중량이 큰 문짝에 사용한다.

문짝은 내외로 약 90° 열리고, 스톱 장치식 플로어 힌지는 문짝이 90° 또는 135° 등 필요한 위치에서 정지시킬 수 있다.

그림 11-24 플로어 힌지

(4) 피벗 힌지(Pivot hinge)

철문 설치에 쓰이는 것으로, 볼 베어링이 들어 있는 것을 사용한다.

(5) Door check(Door closer)

여닫이문 상부에 달아 문을 열면 자동적으로 조용히 닫혀지게 하는 장치이고, 피스톤 장치가 있어 개폐속도를 조절할 수 있다.

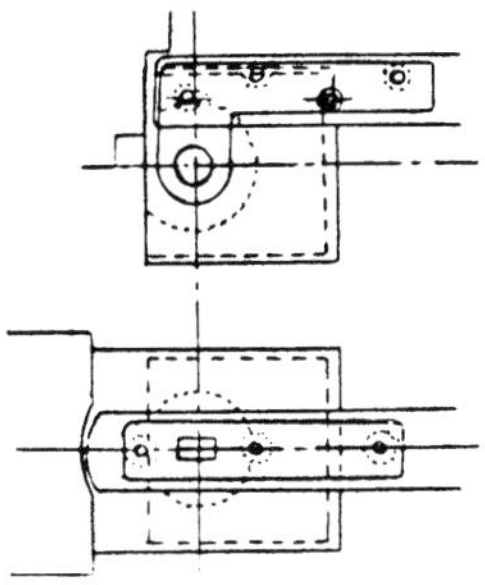

그림 11-25 피벗 힌지

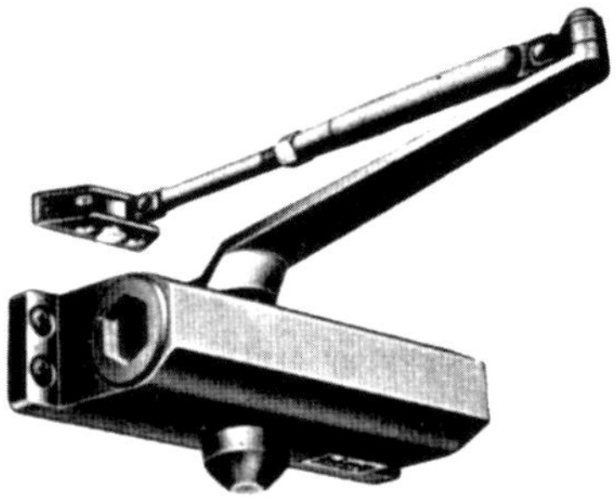

그림 11-26 도어 체크

2. 함자물쇠 · 문손잡이

출입문 등에 붙이는 작은 상자에 장치한 자물쇠로 자물통 · 손잡이 · 밑판 등이 한 조로 되어 있다. 문손잡이(Door handle)의 종류에는 실린더형과 레버형이 있다.

실린더 자물쇠는 자물통이 실린더로 된 것으로, 방안에서 누름버튼으로 손잡이를 고정시키고 바깥에서는 열쇠로 손잡이를 돌리는 식이 있고, 레버형은 레버를 아래로 눌러 열게 된 것으로 가격이 조금 높다.

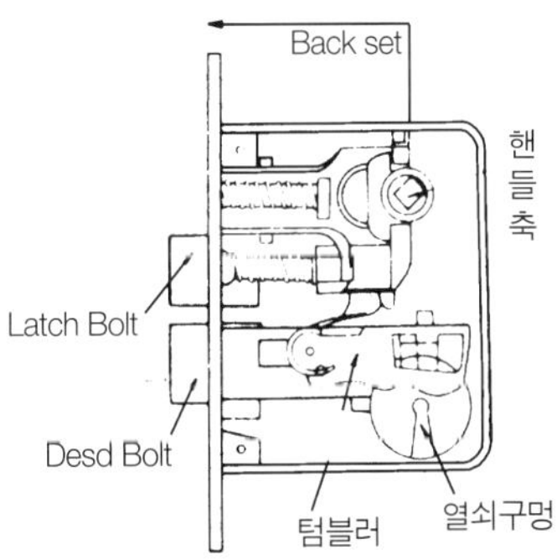

함자물쇠

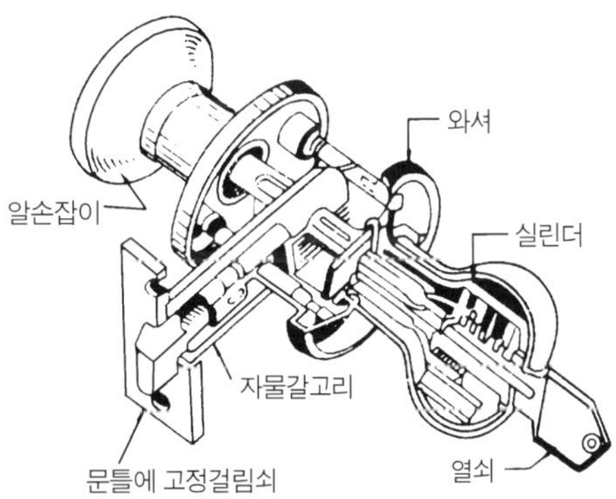

실린더 자물쇠

그림 11-27 함자물쇠, 실린더자물쇠

11.5.3 미세기, 미닫이창문용 철물

(1) 문바퀴(roller)

호차라고도 한다. 문바퀴는 볼 베어링이 들어 있는 주철제가 흔히 쓰이며, 나사못으로 놀지 않게 고정하고 잘 맞게 달아야 한다.

그림 15-28 문바퀴 종류

(2) 레일

레일은 단면형에 따라 둥근 레일과 각 레일이 있고, 강철제 · 주철제 · 플라스틱제 등이 있다.

Door hanger에는 행거 레일 및 바퀴를 쓰고 철물의 크기는 창호의 크기와 두께에 적당한 것을 쓰며, 행거 레일은 여닫음이 잘 되도록 조절한 후 튼튼히 설치한다.

표 11-5 창호의 문바퀴 및 레일 단면의 크기 (단위 : mm)

창 호		바 퀴
종 류	너비×높이	지 름
작은창	150×850	24
창	900×900	30
출입문 큰창	900×2,000	36

※ 철제 레일에는 철제 못, 황동제 레일에는 황동 못으로 하고, 그 길이는 레일 단면 높이의 3.5배 이상으로 한다.

Cleanbath

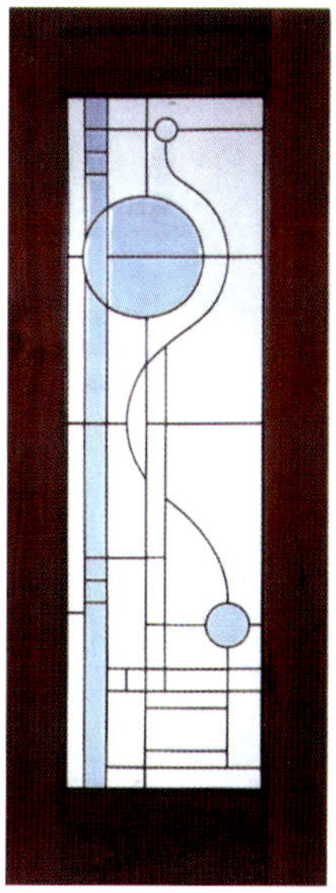

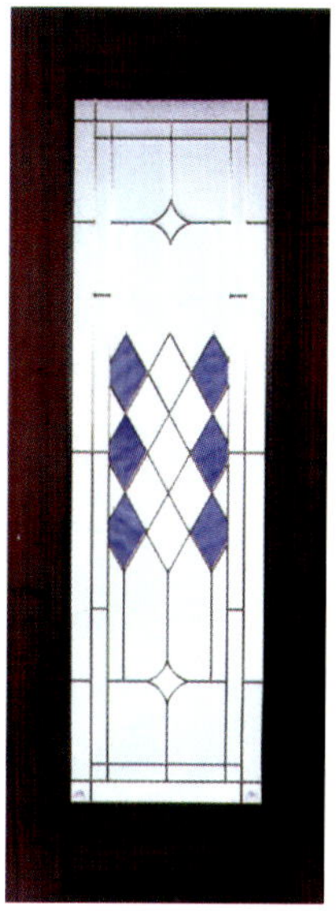

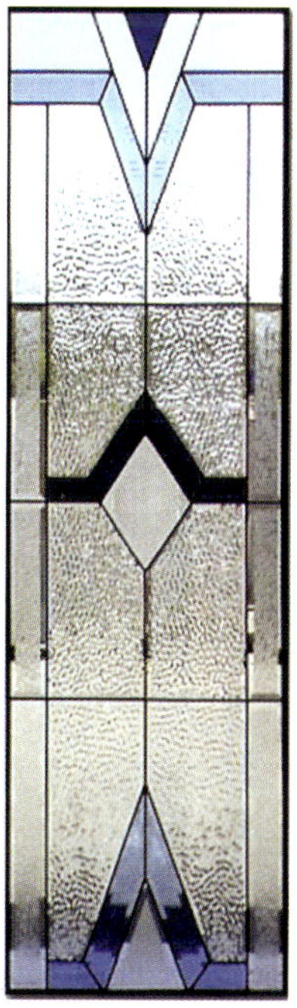

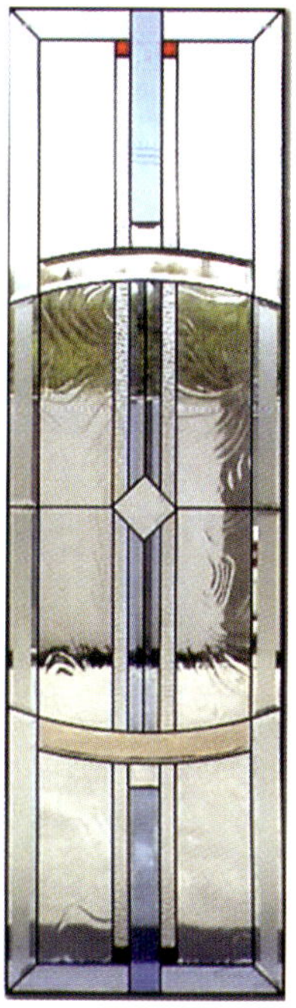

대형 판유리 들기-1

대형 판유리 들기-2

고무쐐기(Shim)놓기

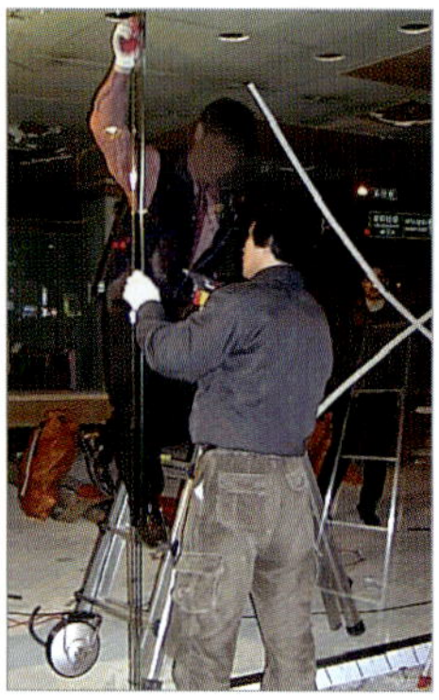

판유리 설치

판유리 고정

그림 12-3 판유리 들기 및 설치

유리 눕히기

압착기 부착

그림 12-4 압착기 부착

▪ 피스톤 작동모습

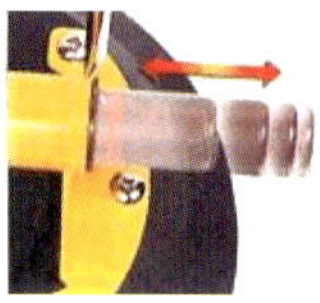

그림 12-5 압착기

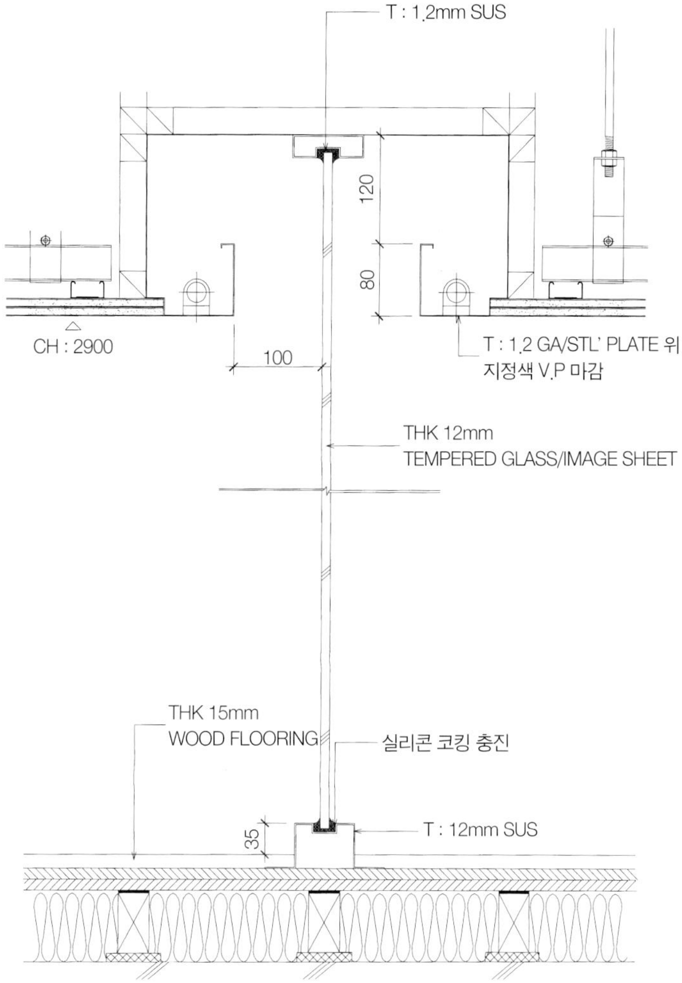

그림 12-6 대형 판유리 설치 상세도

4. 거울, 유리 부착법

합판, 타일 등의 바탕면에 거울, 유리를 부착하는 방법에는 양면테이프와 실런트 부착법 · 접착제(실런트) 부착법 · 지지철물 부착법이 있으며, 일반적으로 양면테이프와 실런트 부착법이 많이 시행되고 있다. 바탕면은 평탄해야 하고, 먼지 등의 이물질이 없도록 깨끗이 청소해야 하며 습기가 없어야 한다.

시멘트모탈 미장면 · 콘크리트면은 바탕이 고르지 못하고 습기의 문제가 있어 내수합판을 붙이고 그 위에 거울 · 유리를 붙이는 것이 좋은 시공법이다.

(1) 양면테이프와 접착제(실런트) 부착법

양면테이프는 실런트가 완전히 굳을 때까지 거울 · 유리가 밑으로 흘러내리지 않도록 하는 것이며, 영구 완전접착 역할은 실런트가 하게 되는 공법이다. 양면테이프를 붙일 바탕의 먼지를 깨끗이 제거하고 테이프를 붙인 후 양면테이프의 사이사이에 점접착 또는 줄접착으로 실런트를 쏘고 거울 · 유리를 부착한다. 대형 거울 · 유리의 가장 자리에도 실런트를 쏘고 부착하는 것이 좋은 시공법이다. 양면테이프의 두께는 3mm 이상이어야 한다.

그림 12-7 카운터 벽에 판유리 붙이기

① 먼지제거 후 양면테이프 붙이기

② 실런트 쏘기

③ 판유리 부착-1

③ 판유리 부착-2

그림 12-8 벽면에 컬러유리 붙이기

① 바탕면 청소 · 양면테이프 붙이기 · 실런트 쏘기

② 판유리 옮기기

③ 판유리 부착

④ 실런트 마무리-1

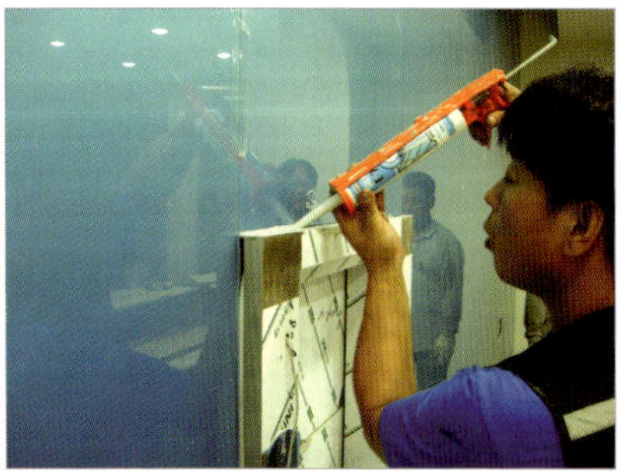

④ 실런트 마무리-2

⑤ 완성

(2) 접착제(실런트) 부착법

거울의 크기가 크지 않고 거울의 틀(목제 · 금속제)이 있을 경우에는 부착시에 거울이 흘러내리지 않으므로 실런트만으로도 부착이 가능하다. 먼저 실런트를 20cm 정도의 간격으로 점접착하고 거울을 부착한다. 세면대 거울 부착 등에 사용되는 시공법이다.

(3) 지지철물 부착법

철물을 스트롱앵커와 플라스틱 실드를 이용하여 바탕면에 고정 후 충격완화제를 철물에 끼우고 거울을 끼우는 시공법이다. 실런트 또는 양면테이프로 보완시공하기도 한다.

12.2.4 보양 및 청소

판유리를 끼운 후에는 공사가 완공될 때까지 파손 및 흠이 생기지 않도록 종이 등으로 보양한다. 끼워 넣은 판유리면에는 "유리주의" 라고 큰 글씨로 표시를 하거나 테이프를 "×" 형으로 크게 붙여 파손을 방지한다.
페인트, 시멘트모탈, 플라스터 등이 유리나 금속 Frame 위에 부착되면 부식을 일으킬 수 있으므로 즉시 깨끗한 물이나 적정한 용제(신너)로 닦아내야 한다. 이러한 오염방지를 위해 미리 비닐시트로 유리나 금속을 보호하는 것이 좋다.
유리는 끼우기 전에 먼지 등으로 더러워진 것은 닦아 내고 끼운다.
도포제를 칠한 거울은 산 · 알칼리 · 염분 등이 묻지 않게 주의하고 도포제에 흠이 생기지 않게 한다.
공사가 완료되면 보양재를 제거하고 유리면을 깨끗하게 닦아내야 한다.

그림 12-9 유리주의 표시

12.3 유리블록쌓기

유리블록은 모탈의 접촉면에 염화비닐계 합성수지 도료를 1회 칠한 후 모래를 뿌려 접착시키며, φ4~6의 철근으로 보강한다.
세로조립 철근을 블록 4개마다, 가로조립 철근은 4단마다 줄눈나누기에 맞추어 조립하고, 양끝은 가로 · 세로 모두 틀재(frame)에 정착한다.
유리블록은 도면에 따라 줄눈나누기를 하고, 방수제가 혼합된 시멘트모탈(시멘트 1 : 모래 3)로 쌓는다.
줄눈마무리는 줄눈모탈이 굳기 전에 줄눈흙손으로 눌러두고, 유리블록 표면에서 깊이 8mm 내외의 줄눈파기를 한 다음 치장줄눈 마무리를 한다. 유리블록 쌓기에 있어 신축을 고려할 필요가 있을 때에는 블록의 갓둘레에 신축줄눈을 둔다. 신축줄눈은 실런트나 코킹으로 마무리한다.

그림 12-10 유리블록

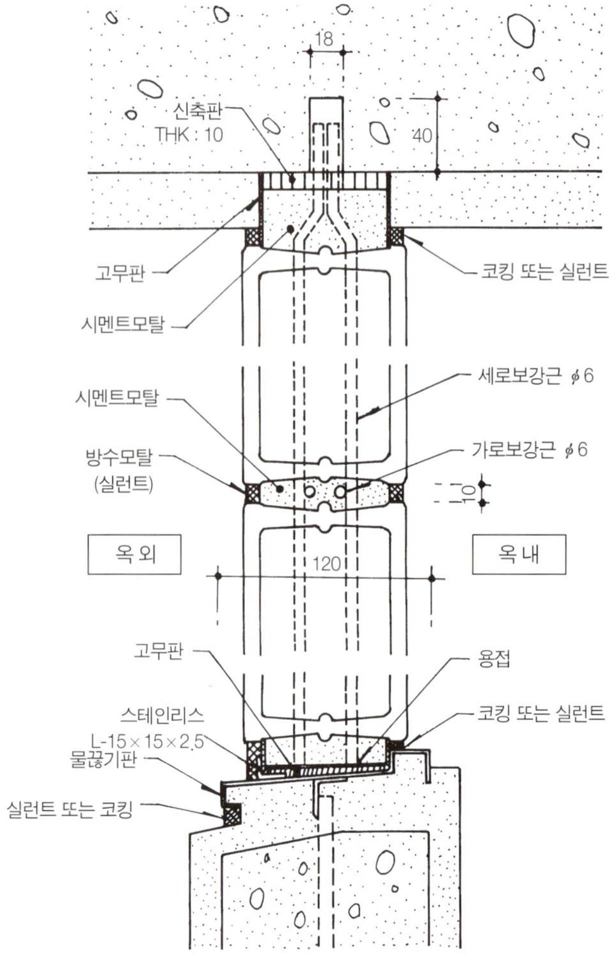

그림 12-11 유리블록 쌓기

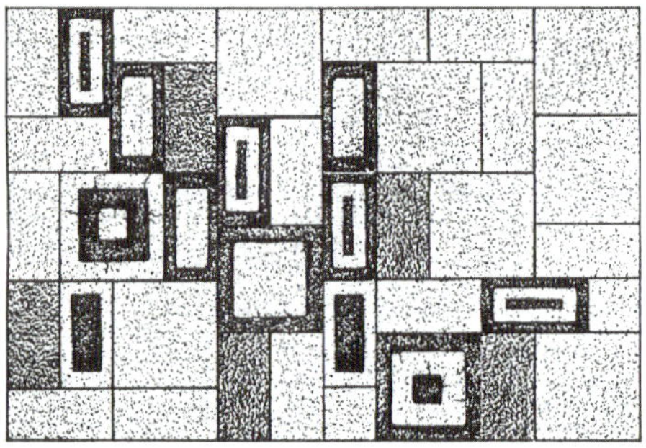

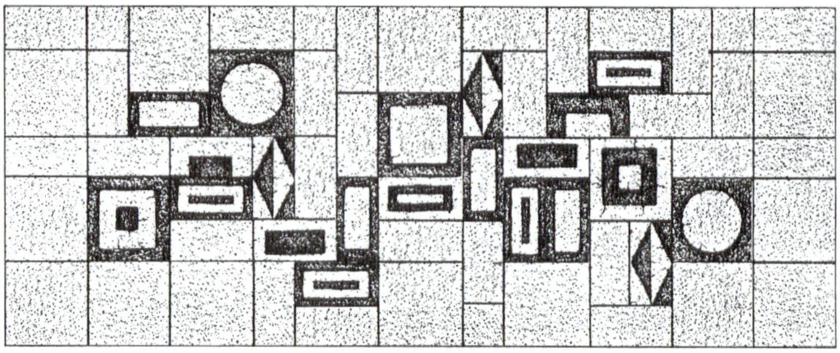

- POLISHING(연마) TILE

- PRE-POLISHING TILE

CHAPTER 13

타일공사

13.1 타일공사

13.1.1 재료

1. 일반사항

타일붙임은 미화, 청결, 방수, 바탕보호 등의 목적을 가지며, 다양한 색상과 패턴을 통하여 실내공간의 아름다움을 나타낸다. 대량생산이 되고 내구성, 비흡수성, 내화성, 경량성이 우수하다. 일반적으로 타일은 클수록 두꺼우며 같은 면적에 비해 고가이다.

2. 타일의 종류

(1) 시유타일과 무유타일

① 시유타일 : 타일 표면에 유약을 발라 구운 것.

② 무유타일 : 타일 표면에 유약을 바르지 않고 구운 것.

(2) 자기질 타일, 식기질 타일, 도기실 타일

① 자기질 타일 : 1,400° C 정도로 구운 것, 흡수율 0~1%

② 석기질 타일 : 1,350° C 정도로 구운 것, 흡수율 3~10%

③ 도기질 타일 : 1,200° C 정도로 구운 것, 흡수율 10~22%

3. 타일의 용도

타일의 종류는 용도상 외부용과 내부용 또는 벽과 바닥용으로 구분한다.

(1) 외벽용(외장타일)

외벽용은 내장타일에 비해 강하고 흡수율이 낮으며, 강한 접착을 위해 뒷발의 요철이 크다. 동해에 강하고 내벽용으로도 쓰인다. 자기질 · 석기질이 쓰인다.

(2) 내벽용(내장타일)

내벽용은 도기질이나 석기질로 흡수성이 약간 있으며 대체로 외관이 아름답다. 타일 표면에 문양프린트가 가능하다. 동해에 약해 외장용으로 쓸 수 없다.

(3) 바닥용

내부 바닥용은 경질이고 흡수성이 적고 표면이 미끄럽지 않은 것이 좋다. 자기질 · 석기질의 무유품으로 두께가 두꺼운 것이 많다. 외부 바닥 등에는 흡수성이 작은 Quarry 또는 클링커(Clinker) 타일이 많이 쓰이고 있다.

13.1.2 타일 나누기

타일 나누기는 시각상 직접적인 영향을 주므로 시공될 타일이 결정되면 벽체 또는 바닥의 치수를 실측하여 실시설계의 도면상에서 타일 나누기를 하는 것이 좋다.

타일 나누기할 때에는 전체 온장이 쓰일 수 있도록 계획하고, 부득이 토막타일을 쓸 경우라도 반절 이하의 것은 쓰이지 않도록 한다.

타일 한 장의 기준 치수는 타일치수와 줄눈치수를 합하여 정하고, 타일의 정수배로 나누어지도록 하며 약간의 부족이 있을 때에는 줄눈을 조절하여 맞춘다.

시공도에는 타일의 매수와 토막 또는 이형물을 쓰는 장소 및 타일에 부착되는 매설물의 위치도 명시해야 한다.

급수전, 스위치 박스, 콘센트 박스, 창문틀 등의 위치를 정확하게 검토, 계산하여 타일 나누기를 함으로써 시각적으로 보기 좋게 한다.

타일 나누기는 공사가 시작되면 빨리 시공도를 작성하도록 한다. 타일부착 후는 거울 · 세면대 · 비누받침 등의 위치를 타일의 줄눈위치를 고려하여 시각상, 기능상 좋은 위치에 부착한다.

13.1.3 타일 붙이기

1. 모탈 배합

배합은 표 5 - 1을 표준배합으로 하고, 물의 양은 바탕의 습윤상태에 따라 적당량을 가한다.

모탈은 건비빔한 후 3시간 이내에 사용하며, 물을 부어 반죽한 후 1시간 이상 경과한 것은 사용하지 않는다. pre-mixed 기성제품 모탈의 비빔시 물의 양은 25kg포당 5 - 7*l*를 표준으로 한다.

표 13-1 모탈의 표준배합(용적비)

구분			시멘트	백시멘트	모래	혼화재	비고
붙임용	벽	떠붙이기	1	•	3.0	•	1. 모래의 입도분포는 #8(2.5mm)체에 100% 통과한 것으로 한다. 2. 줄눈의 색은 담당원의 지시에 따른다.
		압착붙이기	1	•	1.5	지정량	
		개량압착붙이기	1	•	2.0	지정량	
		판형붙이기	1	•	1.5	지정량	
	바닥	클링커타일	1	•	2.0	•	
		일반타일	1	•	3.0	•	
		판형붙이기	1	•	2.0	•	
줄눈용	줄눈폭 5mm 이상		1		0.5~2.0	지정량	
	줄눈폭 5mm 이하	내장	1		0.5~1.0	지정량	
		외장	1		0.5~1.5	지정량	

※ 줄눈 너비는 대형일 때 6mm, 소형은 3mm, 모자이크는 2mm를 표준으로 한다.

2. 바탕처리

타일 붙이기 전에 바탕의 들뜸, 균열 등을 검사하여 불량 부분은 보수하고 청소를 하여 먼지 등 불순물을 깨끗이 제거하고, 타일 붙임 바탕의 건조상태에 따라 물뿌리개 등을 사용하여 물을 고루 뿌린다. 여름에 외장타일을 붙일 경우에는 하루 전에 물을 충분히 적셔 둔다.

모탈 바르기는 타일의 두께와 붙임 모탈의 두께를 고려하여 2회에 나누어서 바르고, 바름 두께가 10mm 이상일 경우에는 1회에 10mm 이하로 하여 나무 흙손으로 눌러 바른다. 바탕 모탈을 바른 후 타일을 붙일 때까지는 경화와 균열발생을 위해 1주일 이상의 기간을 두는 것이 원칙이다. 바닥은 1/100 정도의 경사가 유지되도록 한다.

3. 벽타일 붙이기 공법의 종류

(1) 발라 붙이기 (떠붙이기)

소형·중형 타일 붙이기에 쓰이는 공법이다. 벽모서리, 창문틀 또는 중간요소에 가로·세로로 기준 먹줄을 치고(필요할 때에는 수평실을 치고) 기준 타일을 붙인다. 그리고 그 사이의 타일은 나누어서 밑에서부터 붙여 올라간다.

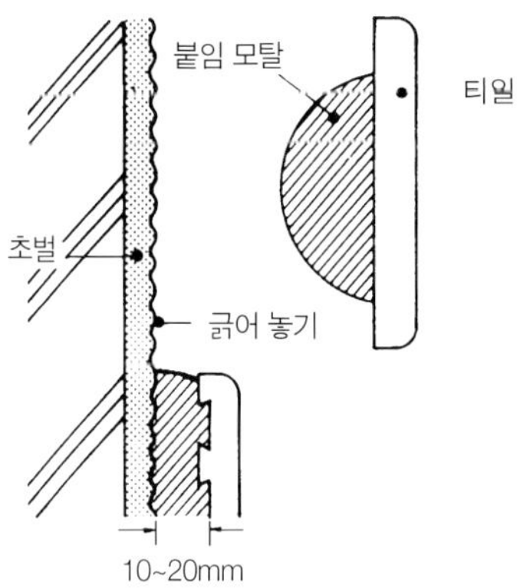

그림 13-1 발라 붙이기

타일 뒷면에 붙임 모탈을 바르고 타일을 손으로 적정히 눌러 붙이고 흙손으로 가만히 두드려 면바르고 턱지지 않게, 줄눈너비는 일정하고 줄바르게 붙여나간다.

이 때 타일 뒷면 모탈은 빈틈없이 채워지도록 해야 한다.

하루 붙임 높이는 120~150cm를 표준으로 한다.

장점 : ① 바탕 고르기가 간단하고 초벌바름으로 된다.
② 쌓아올려 붙이는 시공에 좋다.
③ 타일면을 조정할 수 있다.

단점 : ① 기능공의 숙련이 필요하다.

② 공기가 길고 인건비 부담이 높다.

③ 타일 뒷면의 공극형성으로 백화와 동파에 치명적이다.

(2) 압착 붙이기

중형 타일을 한 장 한 장 낱장으로 붙일 때 쓰이며, 붙임모탈 두께는 타일 두께의 1/2 이상으로 하고 5~7mm 정도를 표준으로 한다.

1회의 붙임면적은 모탈의 경화속도 및 작업성을 고려하여 1.2m²를 표준으로 하고 붙임 시간은 15분 이내로 한다.

타일을 붙이고 반드시 고무망치 등으로 충분히 두드려 타일이 붙임모탈 안에 박혀 타일의 줄눈부위에 모탈이 타일 두께의 1/3 이상 올라오도록 한다.

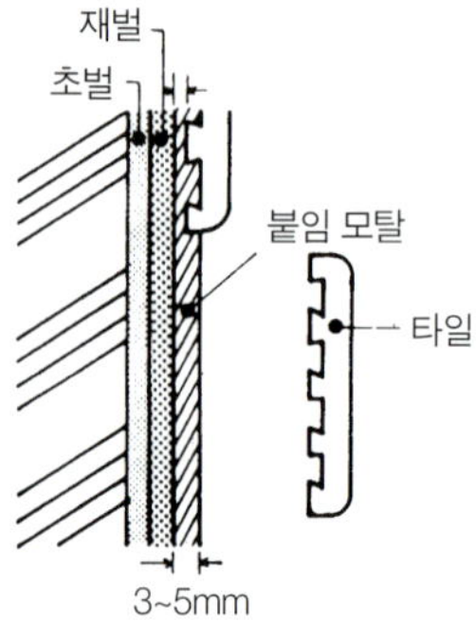

그림 13-2 압착 붙이기

장점 : ① 시공 능률이 높아 공기를 단축시킬 수 있다.

② 시공비가 저렴하다.

③ 접착력이 양호하다.

④ 백화를 방지할 수 있다.

단점 : ① 바탕 고르기에 정밀도가 필요하다.

② 압축공법이 횡착공법으로 시공되면 타일 탈락의 원인이 된다.

(3) 개량압착 붙이기

대형 타일을 벽체에 한 장 한 장 붙일 때 쓰이며, 붙임모탈을 바탕면에 3~6mm 정도로 평탄하게 바른다.

바탕면 붙임모탈의 1회 바름면적은 1.0m² 이하로 하고, 붙임시간은 30분 이내로 한다.

타일 뒷면에 붙임모탈을 3~4mm 정도로 평탄하게 바르고, 즉시 타일을 붙이며, 반드시 고무망치로 충분히 두드려 타일의 줄눈 부위에 모탈이 타일 두께의 1/2 이상 올라오도록 한다.

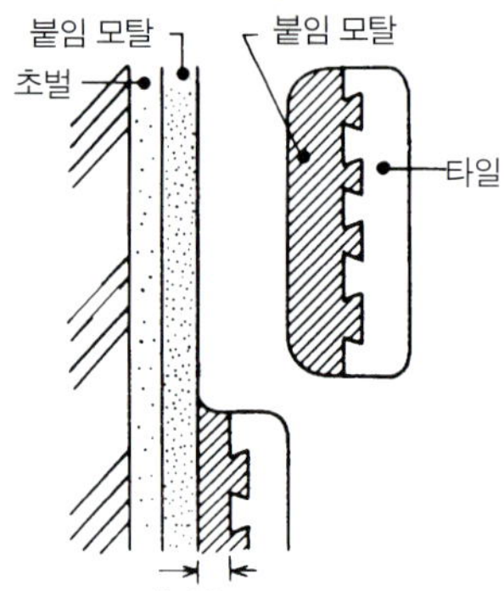

그림 13-3 개량압착 붙이기

장점 : ① 접착력이 양호하다.

② 백화를 방지할 수 있다.

단점 : ① 시공에 숙련이 필요하다.

② 공기가 느리다.

③ 인건비 부담이 높다.

④ 재료비가 타 공법보다 많이 든다.

그림 13-4 수평, 수직실 띄우기(먹매김)를 위한 360° 레이저 수평수직기

① 수평실 띄우기 · 기준타일 붙이기

① 수평실 띄우기 · 기준타일 붙이기

② 모탈 떠놓기

③ 타일대기

④ 줄눈 일매조정

④ 일매조정

⑤ 모탈사춤

⑥ 시멘트 뿌리기

⑦ 시멘트 바르기

⑧ 2단 붙이기

⑨ 띠타일붙임 및 1일 작업완료

⑩ 완성

타일자르기

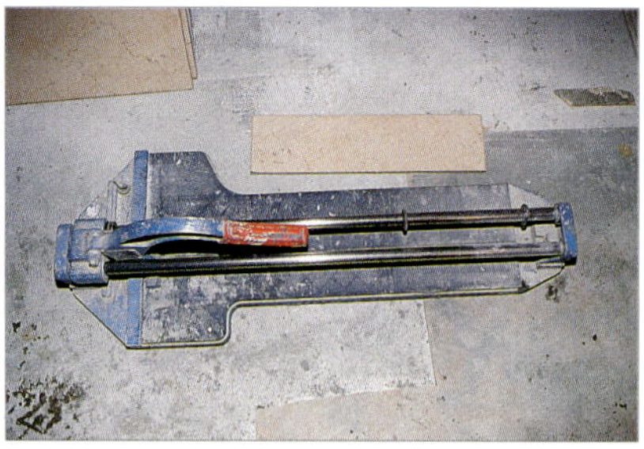
타일커터

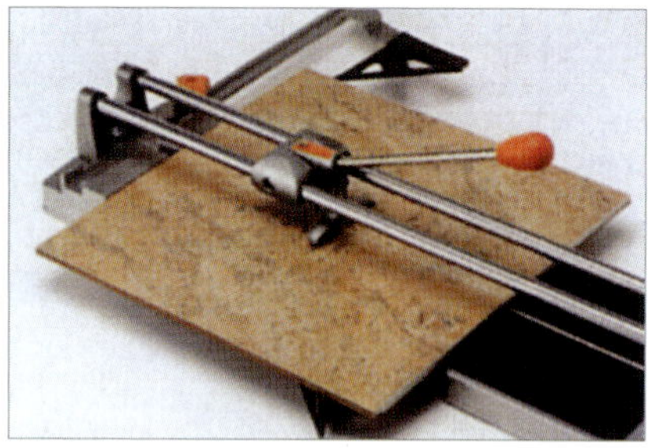
타일커터

(4) 판형 붙이기

낱장 붙이기와 같은 방법으로 하되 시멘트풀로 붙일 때에는 그 두께를 3mm 정도로 한다. 표면 누름판을 사용하여 모탈이나 시멘트풀이 줄눈 사이로 스며 나오도록 압착한다. 줄눈 고치기는 타일을 붙인 후 15분 이내에 하도록 한다.

(5) 접착제 붙이기

내장마무리공사에 한하며, 붙임 바탕면은 여름에는 1주 이상, 기타 계절에는 2주 이상 충분히 건조시키고 바탕이 고르지 않을 때에는 접착제(타일본드)에 적절한 충전재를 혼합하여 바탕을 고른다.

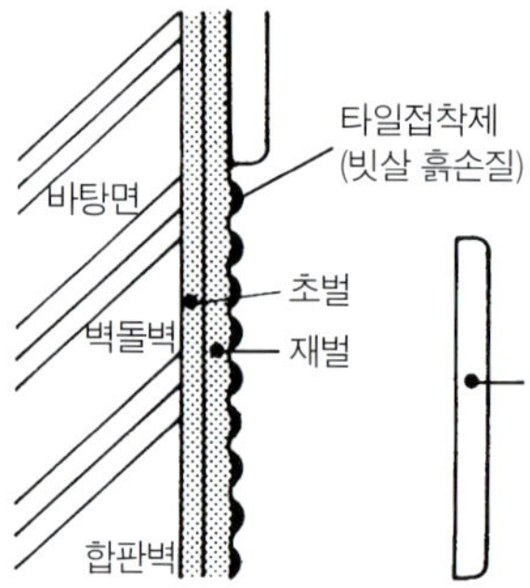

그림 13-5 접착제 붙이기

접착제의 1회 바름면적은 $2m^2$ 이하로 하여 접착제용 빗살 흙손으로 눌러 바르고, 표면 접착성 또는 경화 정도를 확인한 다음 타일을 붙이며, 붙인 후에 적절한 환기를 한다.

접착제 붙이기에 쓰이는 타일의 무게는 1장이 200g 이하, 판형인 경우는 판형당 1,300g 이하이어야 한다.

장점 : ① 석고보드, 합판, 밤라이트 등 건식바탕에 시공이 가능하다.
② 시공이 가장 빠르며 간단하다.

단점 : ① 외장에는 사용할 수 없다.
② 바탕이 평탄해야 한다.

바름두께 : 2~3mm

부착시간 : 20분이내

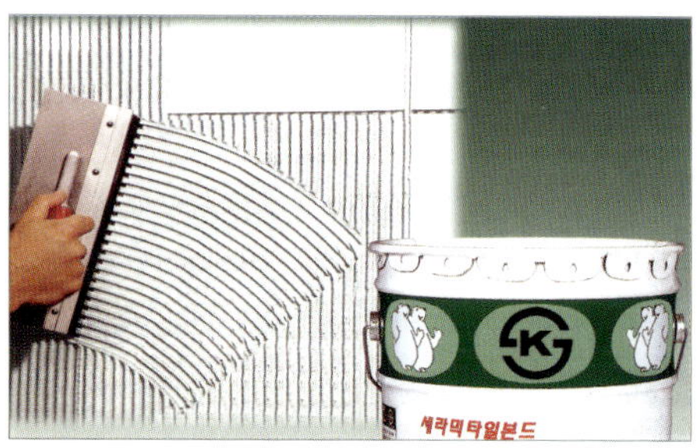

4. 바닥타일 붙이기

벽타일 붙이기가 끝나면 바닥청소를 하고 높은 곳은 깎아내며 낮은 곳은 돋우어 발라 바탕처리를 해 둔다.

타일 나누기에 따라 기준 먹줄을 치고 수평 및 물흘림 경사(필요에 따라)를 잡고, 필요할 때에는 수평실을 쳐놓고 모탈을 바르며 평탄하게 기준대 밀기를 한 다음 나무흙손이나 고무망치로 타일을 가볍게 두드리며 붙인다.

바탕모탈 바름은 마감면보다 2mm 정도 높게 여유를 두어 된비빔 모탈을 약 10mm 정도로 깔며, 필요에 따라 물매(경사)를 잡고 가장자리 또는 중간 기준 타일을 먼저 붙이고, 이에 따라 구석에서 출입문 쪽으로 붙여 나온다.

타일은 모서리 · 갓둘레의 물매에 유의하며 턱지지 않게 평평하게 붙인다.

붙임모탈을 까는 면적은 1회에 6~8m^{2}를 표준으로 하며, 타일에 시멘트풀을 3mm 정도 발라 가볍게 두드리면서 붙인다.

5. 모자이크 타일 붙이기

먼저 바탕바름을 평탄히 바르고 붙임모탈이나 시멘트풀의 두께를 3mm 정도로 타일 뒷면에 발라 붙임바탕에 자막대로 눌러 붙이고 표면을 고른다. 줄눈나누기에 따라 출입구와 창 모서리 구석진 곳의 이형타일을 먼저 붙인다.

표지붙임 모자이크 타일을 붙일 때에는 모탈이나 시멘트풀이 경화하기 전에 헝겊이나 스펀지로 물을 축여 표지를 뗀 다음 줄눈너비를 고르고 삐뚤어진 곳은 바로 잡는다.

붙임작업이 끝나고 3시간 경과한 다음 줄눈 갓둘레와 기타 부분에 묻은 모탈을 제거하고 헝겊이나 톱밥 등으로 타일면의 더러움을 깨끗이 닦아낸다.

치장줄눈은 6~12시간 경과 후 줄눈 모탈을 줄눈에 먹여 바르고 헝겊이나 스펀지로 닦아내며, 줄눈이 어느 정도 굳으면 수지가 많은 톱밥 등을 펴 두어 타일면을 보양한다.

6. 치장줄눈

타일붙임 또는 타일깔기 후 3시간이 경과한 다음 솔 또는 헝겊으로 줄눈파기를 하여 줄눈 부분을 청소하고, 24시간 이상 경과 후 붙임모탈의 경화 정도를 보아 치장줄눈을 하되 작업 직전 줄눈바탕에 물을 뿌려 습윤케 한다. 치장줄눈은 백시멘트풀을 평탄주걱으로 줄눈에 눌러 메우고 젖은 헝겊이나 젖은 스펀지를 꽉 짜서 문질러 마무리한다. 이때, 오염된 물로 닦으면 타일 표면이 건조된 후 하얀 시멘트 자국이 남게 되므로 깨끗한 물로 닦아야 한다.

치장줄눈의 나비가 5mm 이상일 때에는 고무흙손으로 충분히 눌러 빈틈이 생기지 않게 하며 2회로 나누어 줄눈을 채운다.

7. 보양 및 청소

(1) 보양

타일을 붙인 후 일광의 직사 또는 폭우 등으로 손상을 받을 우려가 있는 곳은 두꺼운 비닐시트 등 적절한 것을 사용하여 보양한다.

기온이 영하 또는 영하에 가까울 때는 임시로 난방과 보온을 해야 하며, 부득이한 때에는 방동제를 사용할 수 있으며, 보양이 불가능할 때에는 시공을 중단해야 한다.

타일을 붙인 후 3일간은 진동, 충격, 보행을 금하나, 부득이한 경우에는 두께 12mm 정도의 합판과 같은 보행판을 깔고 보행할 수 있다.

(2) 청소

치장줄눈 작업이 완료된 후 타일면에 붙은 불순물이나 모탈·시멘트풀 등은 제거하고 헝겊 또는 스펀지 등으로 물을 축여 타일면을 깨끗이 청소한다. 타일면에 남은 시멘트 자국을 청소할 때 염산을 사용하는 것은 피하는 것이 좋으나 부득이 사용하고자 할 때에는 5% 정도의 묽은 염산액으로 하고 염분이 남지 않도록 충분히 물씻기를 한다.

8. 타일 시공시 유의사항

① 흡수율이 많은 도기질 타일은 수영장의 물탱크와 같이 물을 담고 있는 곳과 외부에 사용하는 것은 절대 피해야 한다.

② 타일의 시공은 영상 3°C 이하에서는 가급적 지양해야 하며, 외부의 일광을 받는 곳과 더운 바람이 많이 부는 곳은 차양막을 치고 공사를 해야 한다.

③ 타일시공은 시공자에 대한 교육 및 충분한 시간과 인력으로 시공법에 의거 시공해야 한다.

④ 박리현상(시공 후 타일이 떨어지는 현상)에 유의해야 한다.

㉠ 박리현상의 원인

- 압착공법시 시공속도를 내기 위해 과도하게 넓은 면적의 붙임용 모탈을 시공 벽면에 도포하고 타일을 시공할 경우 시간의 경과에 의해 굳은 상태의 모탈 표면에 무리하게 시공하는 경우(붙임용 모탈을 바르고 약 20분 이내에 타일을 붙여야 한다)
- 압착공법시 붙임용 모탈의 두께를 얇게 했을 경우
- 압착공법시 타일을 잘 두드려 넣지 않거나 줄눈의 간격을 좁게 하고 줄눈에 모탈을 넣지 않는 경우
- 타일 뒷발의 상태가 불량한 경우

㉡ 대책

- 압착공법시 붙임용 모탈을 시공 벽면에 약 1m² 정도 도포 후 20분 이내에 시공한다.
- 붙임용 모탈의 두께를 약 5~7mm 정도 도포한다.
- 압착공법시 타일과 타일의 줄눈 간격을 8~10mm로 하여 한 장 한 장 세심하게 밀어

넣은 다음 핸드 바이브레이터(Hand vibrator)나 나무망치로 두드려 면을 잡는다.

- 줄눈에 줄눈용 타일 시멘트를 충분히 충전시켜 줄눈용 흙칼로 견고하게 눌러준다.
- 타일은 뒷발이 잘 형성되어 있는 것으로 선택해야 한다.

⑤ 동해현상(줄눈을 통해 타일의 배면으로 수분이 흡수되거나 도기질 타일을 외장에 붙였을 경우 타일이 수분을 흡수했다가 얼어붙어 타일이 떨어지거나, 균열이 생기거나, 표면이 뜯어지는 현상)에 유의해야 한다.

㉠ 동해현상의 원인

- 외장 : 1) 줄눈마무리시 백시멘트풀에 방수제를 혼합하지 않았을 경우
  2) 타일의 네 귀에 모탈이 채워지지 않았을 경우
  3) 흡수율이 높은 도기질 타일을 사용했을 경우
- 내장 : 습기가 많은 공간(욕실 등)에서 벽에 도기질 타일을 시공했을 경우

㉡ 대책

- 외장 : 1) 방수제를 혼합하여 줄눈 마무리를 한다.
  2) 타일 뒷면에 모탈이 충분히 채워져야 한다.
  3) 자기질 타일을 사용해야 한다.
- 내장 : 1) 외벽단열시공이 정확해야 한다.
  2) 자기질 타일을 시공하면 도움이 될 수 있다.

인조석

대 리 석(Marble)

C-BIANCO

CREMA NOVA

GALALA

FANTASIA GREY

C-MARRON

ST. VALENCIA

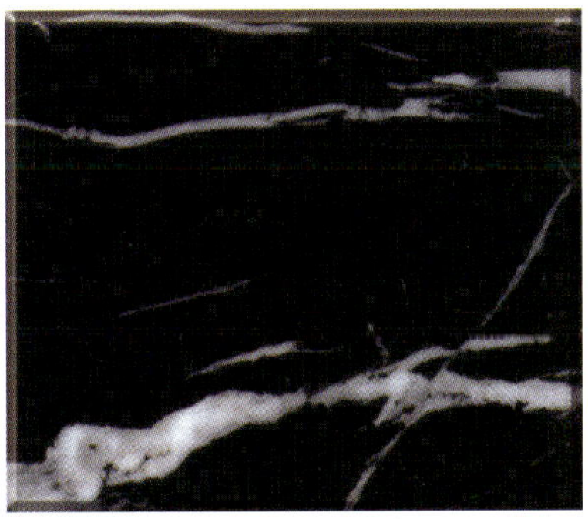

NERO MARQUINA

ST. LAURANT

ROSA CHELLY

CRYSTAL BIANCO

ANTIC GREY

GREEN ONYX

화 강 석(Granite)

CAPAO BONITO

CARMEN RED

AFRICAN RED

CALEDONIA

TAN BROWN

GREEN BAHIA

BLUE PEARL

EMERALD PEARL

STAR GALAXY

SPREY WHITE

JUPARANA TOPAZ

GOLDEN DRAGON

점 판 암(Slate)

WHITE

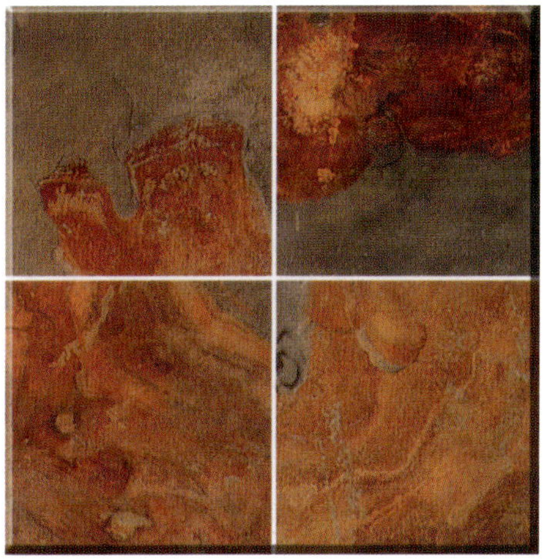
GOLD

GREEN

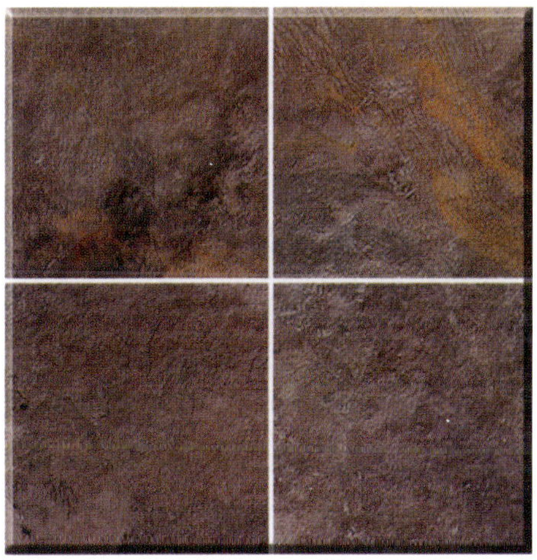
BROWN

BLACK

SLATE IMAGE

석 회 석(Lime stone)

KOTA BROWN

KOTA BLUE

KADAPPA BLACK

사 문 석(Sand stone)

HONED BEIGE NATURAL

HONED RED NATURAL

HONED GREY NATURAL

HONED BROWN NATURAL

사문석

레드 샌드스톤(인디아)

베이지 샌드스톤(인디아)

티크(인디아)

레인보우(인디아)

점판암

멀티컬러 슬레이트(인디아)

블랙 슬레이트(인디아)

화강석

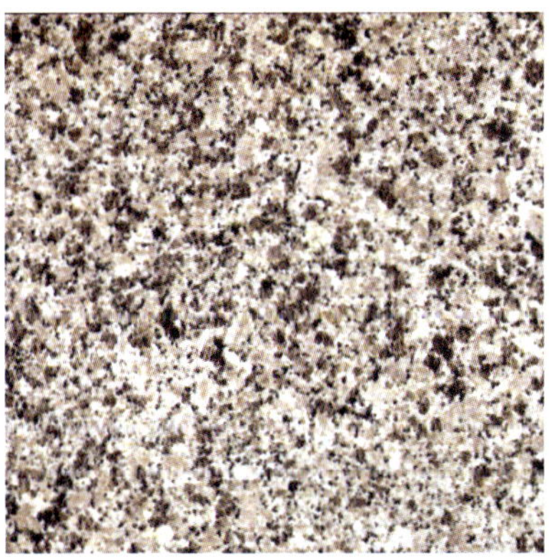

포천석

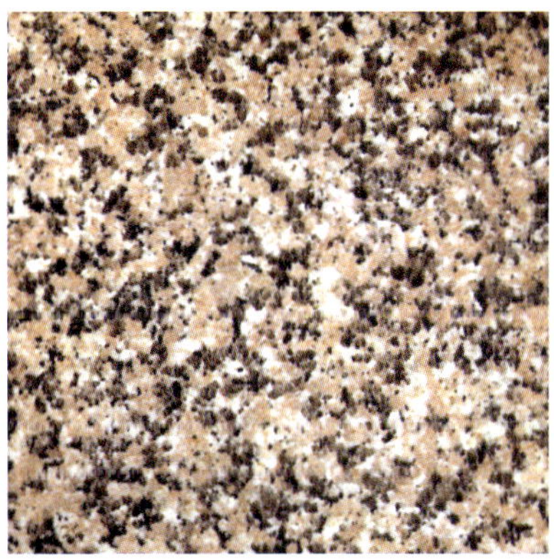

문경석

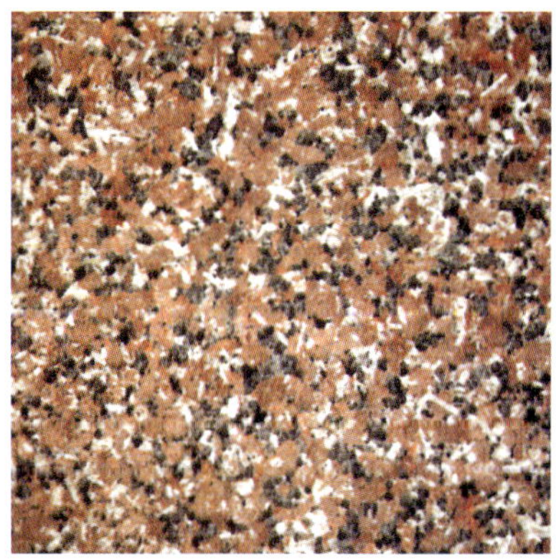

석도홍

거창석

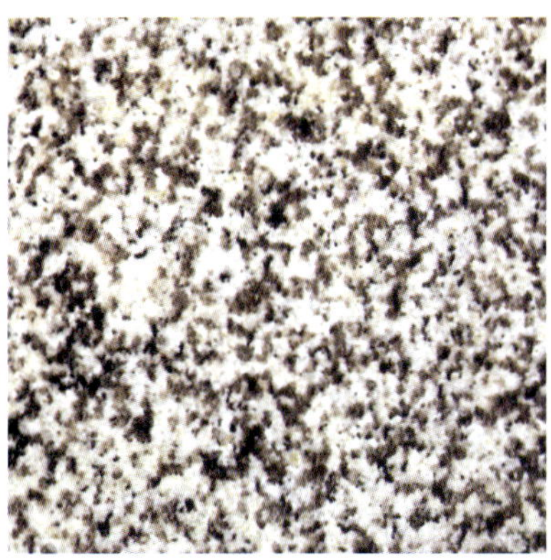

포천석

고흥석

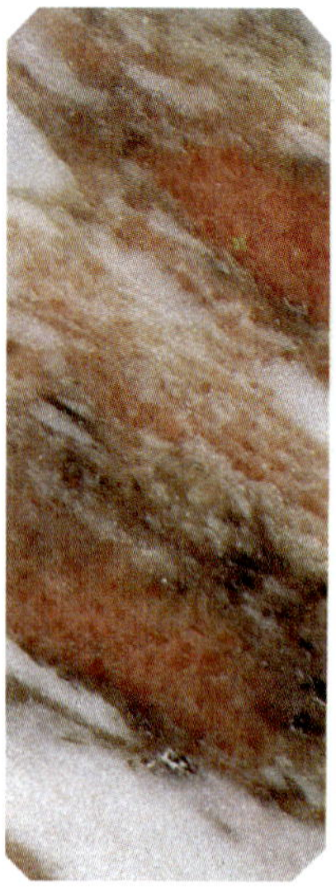
ROSA NORVEGIA

ROSA ACQUASANTA

ONICE AZZURRO

ONICE AVANA

ONICE PAKISTAN

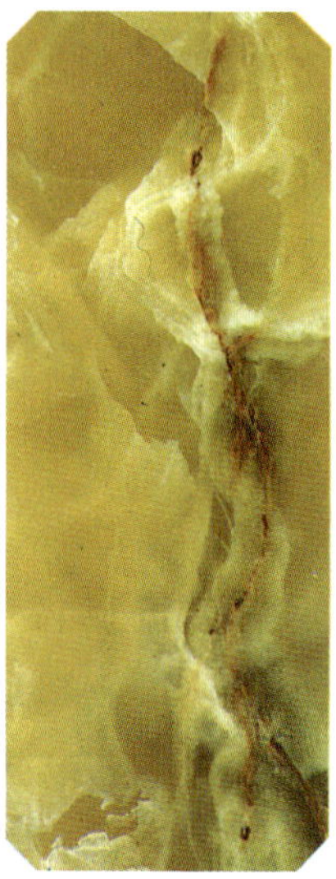
ONICE SAINT LOUIS

ONICE ARCOBALENO

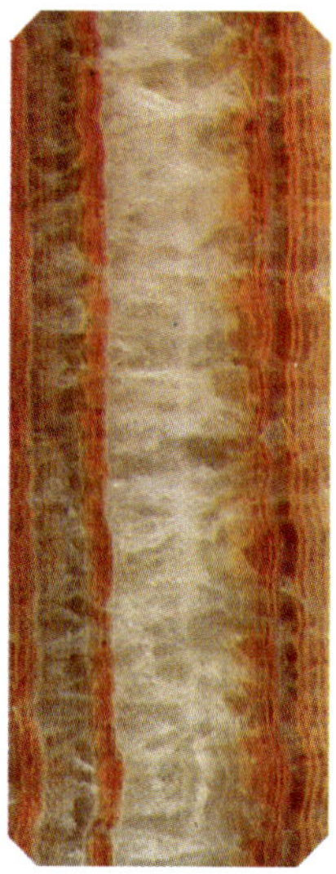
ONICE FANTASIA

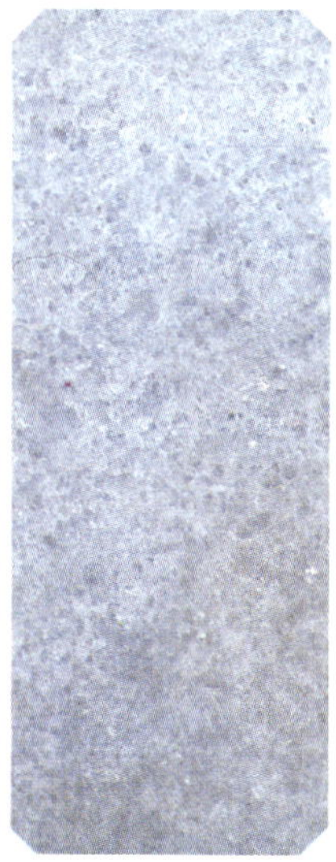
AZZURRO AGUA MARINA

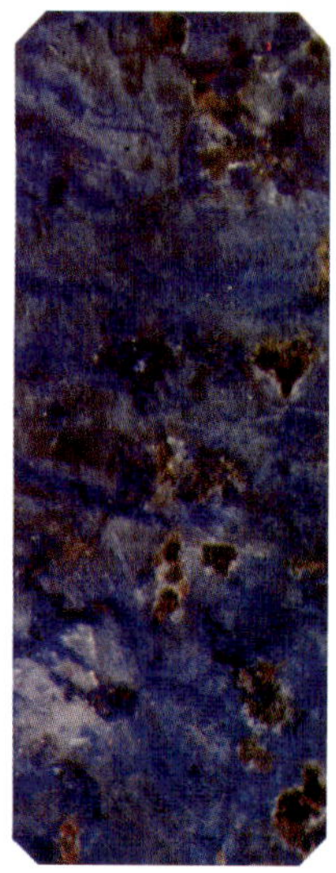
AFRICAN BLU

BIANCO BROUILLE

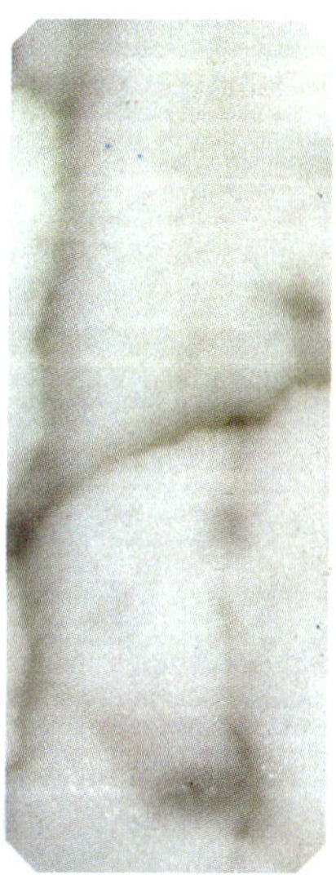
BIANCO MADIELLE

VERDE PATRICIA

VERDE AVER

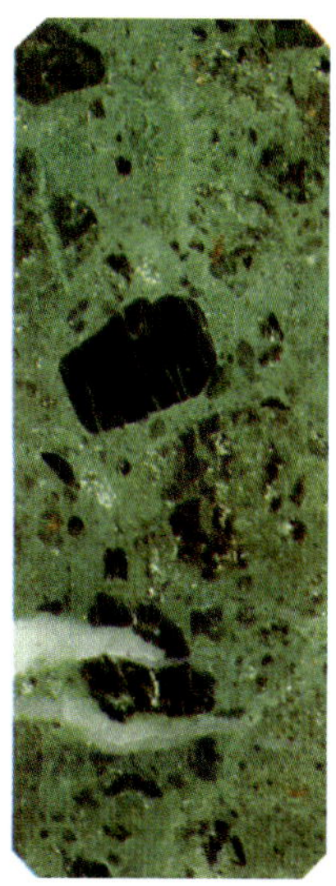
VERDE ISSOIRE

ROSSO RUBINO

ROSSO RUBINO IMPERIALE

SAINT FLOURIAN

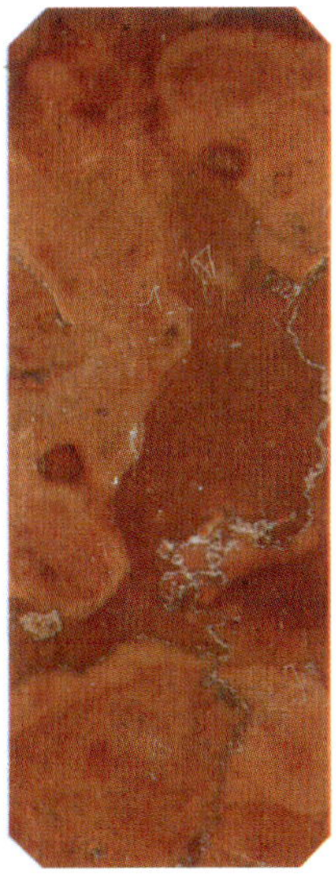

ROSSO VERONA

ROSSO OROBICO

JUPARNA

GIALLO BAROCCO

MARRON GUAIBA

GIALLO PARAIBO

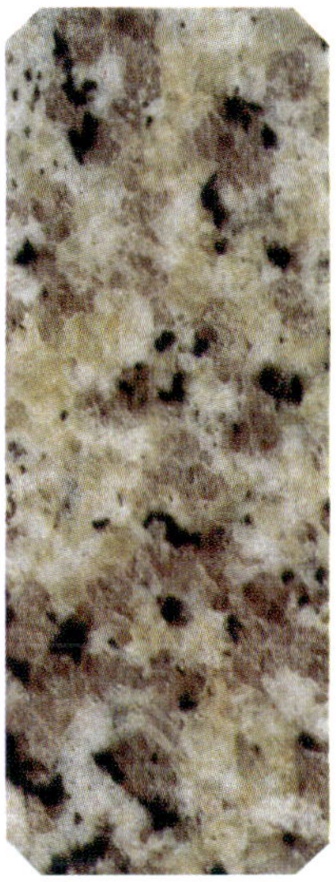

GIALLO PERLA

SAMBA PINK

ROSA GAMMA

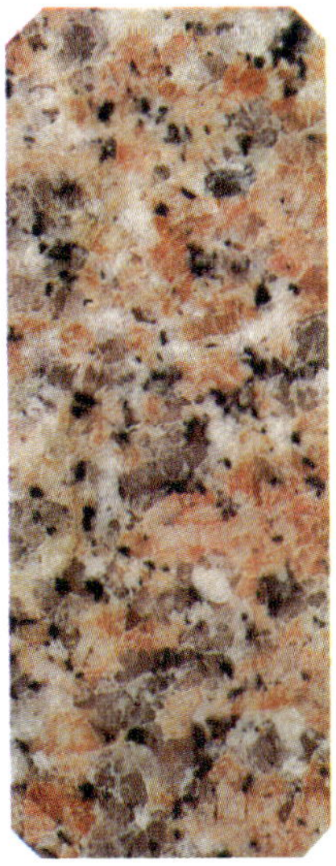

ROSA BAVENO

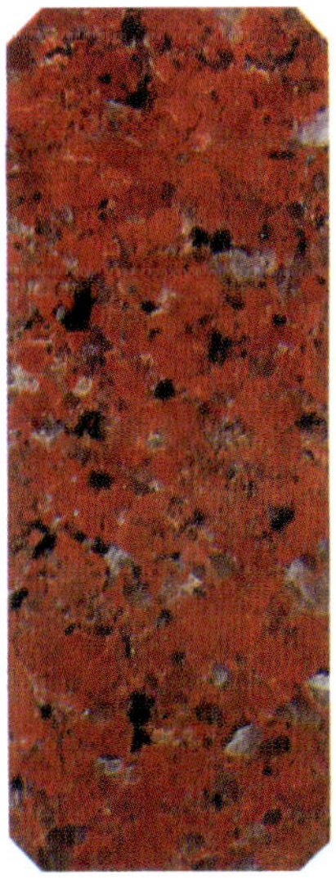

ROSSO RUBINO

ROSSO AQUILA

합성수지 인조석(코리안) 상판

CHAPTER **14**

돌공사

14.1 개 요

14.1.1 일반사항

현대의 석공사는 구조재로서의 공사보다는 의장재, 마감재로서의 공사가 대부분이다. 다양한 색과 문양의 천연석재와 인공석재는 미려하고 품위 있는 실내공간을 연출하는데 큰 역할을 한다. 돌공사는 콘크리트구조물 또는 조적구조물에 판석을 연결철물, 모탈 등으로 설치 고정하는 돌붙이기 · 돌깔기를 말하며, 돌쌓기 공사를 하기도 한다.

석조는 내후 · 내구성이 크고, 외관이 장중 미려하나 가공이 쉽지 않고 가공 시간도 오래 걸려 공사기간이 길어지며 고가이며 공사비가 많이 든다.

시공될 석재는 석재의 재질, 색조, 무늬, 마무리 정도의 품질 유지를 위해 반드시 견본품을 현장사무실에 비치해야 하고, 현장에서 시공되는 모든 석재는 동일한 것으로 시공되어야 한다. 이를 위해 시공중에 공급회사(공급처)를 바꾸지 않도록 한다. 석재는 압축강도가 크며 인장강도는 약하다. 인장강도는 압축강도의 1/10~1/40 정도이다. 대리석은 빗물(산성비)에 풍화가 잘되므로 외장재로는 합리적이지 않다.

판석의 가격은 색과 문양에 따라 차이가 크다.

그림 14-1 Hand cart

14.1.2 석재의 취급 및 석공구

그림 14-2 판석운반

1. 석재의 취급

석재는 흡수율이 높고 변색이 쉬우므로 비나 이슬에 젖거나 흙이 묻지 않도록 해야 한다. 이를 위해 외부에서 보관할 때에는 바닥에 두꺼운 판자를 높게 깔아야 하며, 두꺼운 비닐 시트로 덮어야 한다. 현장에서 소량의 판석이동은 Hand cart를 주로 이용한다. 석재는 간혹 모서리가 깨지므로 합판 등 단단한 것으로 보양해야 하며 쇠막대, 와이어로프를 사용하지 말고 양중시는 벨트형 밧줄로 들어 올려야 한다.

2. 석공구

고무망치

전동커터 전동드릴 물수평기

그림 14-3 석공구의 종류

14.1.3 모탈 · 연결고정철물

1. 모탈

돌붙이기에 쓰이는 모탈의 용적배합비는 표와 같고, 아치, 기타 특수 부분에는 1 : 1 또는 1 : 2로 한다. 경화를 위해 기온이 영상이어야 하며, 기온이 영하이거나 0℃에 가까울 때는 보온조치를 해야 한다.

표 14-1 모탈의 용적배합비

재료 용도	시멘트	모 래
조 적 용	1	3
깔모탈용	1	3
사춤모탈용	1	2
치장줄눈용	1	1

2. 연결고정철물

철물은 석재의 크기, 중량 및 시공 개소에 따라 충분한 강도와 내구성이 있는 것으로 하고(구조계산서를 제출받아야 함), 석재(판석) 1개에 대하여 철물은 두 곳 이상을 고정하며 일반적으로 상부 2곳, 하부 2곳으로 4곳을 고정한다.

연결철물의 종류 · 재종 · 형상은 제8장 금속공사를 참조하고, 연결 고정철물은 녹이 잘 나지 않는 아연도금 처리된 것과 신주철선을 주로 사용하며, 녹이 나지 않으며 강도가 높은 스테인리스는 가장 우수하나 가격문제로 잘 사용되지 않는다.

그림 14-4 연결고정철물과 신주철선

14.2 돌붙이기 공법

14.2.1 일반사항

두께 15cm 이내의 돌 또는 2~5cm 정도의 판석을 벽체에 모탈이나 석고(습식공법) 또는 연결철물(건식공법) 등으로 붙여 대는 것이다. 반건식공법도 쓰인다.

두께가 3cm 이상인 돌을 붙일 때에는 필요에 따라 연결고정철물 등을 써서 뒷벽에 고정하고(모탈을 부어 넣으며), 3cm 이하일 때에는 모탈만으로 붙이기도 한다. 내부 판석붙이기에는 주로 #8~12의 신주철선을 많이 사용하며, 단열이 필요한 외장 판석붙이기에는 아연도금철물이나 스테인리스제 연결철물을 사용한다. 화강석 · 대리석 · 점판암은 강도가 있어 시공에 무리가 없으나 석회석 · 사문석은 강도가 약해 시공시 연결부의 얇은 곳이 잘 깨어지므로 시공에 어려움이 따른다.

14.2.2 판석붙이기 공법

돌나누기도에 따라 벽체의 모서리와 중간요소에 먹줄을 수평 · 수직으로 치고, 기준이 되는 돌을 붙인 다음 이것을 기준으로 하여 수직면 바르게 밑에서부터 붙여 올라간다.

바탕면과 돌 뒷면과의 거리는 40mm를 표준으로 하나 돌의 두께가 일정하지 않을 때에는 10~50mm 정도로 한다. 붙임돌의 밑은 쐐기로 받치고 수평 · 수직을 맞춘 후 모탈 · 신주철선 또는 철물로 고정한 후 줄눈을 마무리한다.

1. 습식공법(모탈 충전공법)

(1) 자연석판석 붙이기

모탈을 돌의 뒷면에 주입시켜 돌을 고정시키는 방법이다.

석재의 모탈 충전은 1단에 3번으로 구분하여 충선하며, 모탈 충전시 줄눈으로부터 모탈의 유출을 막기 위해 Back up제(Sponge rod)를 사용한다.

● 시공순서

① 시공할 벽으로부터 15mm 정도 띄워 D10 정도의 이형철근을 세우고 녹방지용 도장을 한다.

② 이형철근에 신주철선을 걸고 판석 상부의 드릴링한 구멍에 신주철선을 구부려 넣고 수평 · 수직을 조정한 후 순간접착제로 고정시킨다. 상 · 하 연결핀(이탈방지 핀)을 판석 상부 드릴링한 구멍에 끼우고 순간접착제로 고정한다.

③ 줄눈에 줄눈패킹을 끼운다.

④ 연결모탈을 판석 높이의 1/3 정도까지 흘려 넣는다.
(※ 대리석의 경우는 시멘트 : 석고의 배합비가 1 : 1인 석고모탈을 사용한다.)

⑤ 연결모탈이 건조된 후 모탈을 반복해서 넣고, 판석의 틀어짐을 막기 위해 탕개줄(구리선)과 목재를 이용하여 임시 고정시킨다.

⑥ 모탈이 어느 정도 경화 후(7일 후) 탕개줄을 풀어 끊어내고 실런트 또는 백시멘트로 줄눈마무리를 한다.

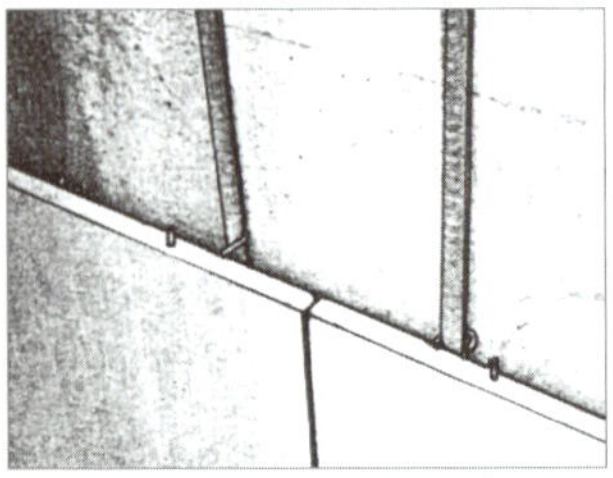

① 석재와 이형철근을 신주철선으로 걸기

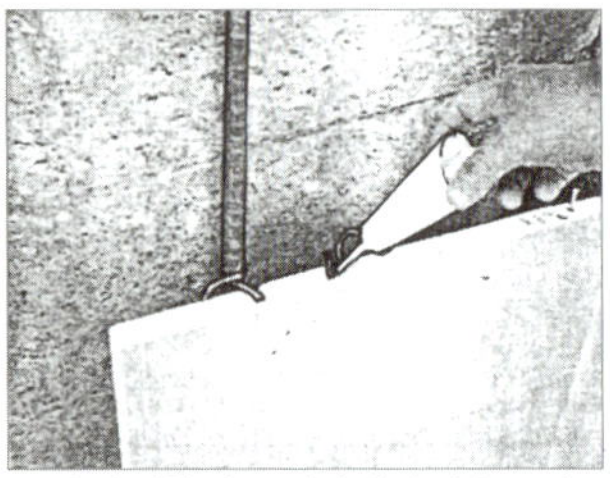

② 순간접착제로 이탈방지판을 고정

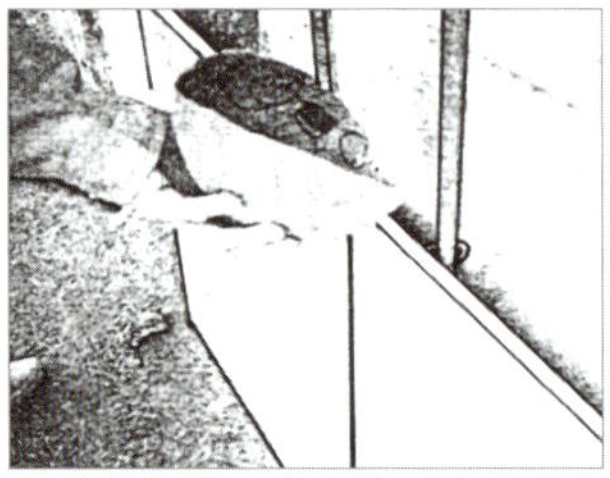

③ 석재와 콘크리트 구조물 사이에 모탈 채우기

④ 나무와 구리선을 이용해 판석 임시 고정

그림 14-5 자연석 판석 습식공법의 시공

(2) 인조석판석 붙이기

인조석판석은 대체로 자연석판석에 비해 경도가 높으므로 보다 얇은 판석을 사용하는 경우가 많다. 얇은 인조판석을 붙일 경우는 연결핀의 사용 없이 모탈로만 부착한다.

① 모탈 · 판석 준비

② 기준석붙이기 및 쐐기 받치기

③ 판석 뒷면 물축이기

④ 모탈 얹기

⑤ 모탈 위에 시멘트 뿌리기

⑥ 줄눈용 쐐기 놓기

⑦ 판석 들어올리기 ⑧ 제자리 얹기 ⑨ 수직줄눈조정 ⑩ 수평 · 수직 체크

⑪ 줄눈 일매조정 ⑫ 표면 물청소 ⑬ 줄눈 쐐기받침 ⑭ 완 성

그림 14-6 인조석판석 습식공법 시공

시공순서

① 바탕면을 청소하고 물뿌리개 등으로 물을 뿌려 바탕면을 습윤케 한다.

② 술을 띄우고 기준석을 수평 · 수직 바르게 붙여 놓는다.

③ 판석의 뒷면을 습윤케한 후 모탈을 두껍게 편다. 모탈의 부착 증대를 위해 시멘트가루를 모탈 위에 뿌린다.

④ 아래의 기 부착한 판석 위에 줄눈용 쐐기(shim)를 놓는다.

⑤ 부착할 판석을 얹고 눌러 붙인다.

⑥ 물 수평기와 고무망치를 이용해 수평 · 수직을 맞추며 줄눈이 턱지지 않고 일매지게 조정한다.

⑦ 부착한 판석 위에 미충전된 부분을 모탈로 완전히 채운다.

⑧ 모탈 경화 후 백시멘트 등으로 줄눈마무리를 한다.

2. 건식공법

(1) 외장 판석 붙이기

습식공법 사용시 백화현상이 발생할 확률이 높은 결점을 보완하기 위해 모탈 대신 볼트와 철물로 판석을 고정시키는 방법으로 외벽단열을 겸한 외장공사에 주로 사용된다.

① 석재 보관

② 석재번호매김

③ 고정핀 부착

④ 현장가공 위치 표시

⑤ 연결부 가공

⑥ 연결부 드릴링

⑦ 수평 먹줄치기

⑧ 기준석 부착

⑨ 단열재 부착 후 먹줄치기

⑩ 단열재 파내기

⑪ 드릴링

⑫ Exp. bolt 삽입

⑬ Exp. bolt 고정

⑭ 연결철물 임시 고정

⑮ 연결핀 꽂기

⑯ 연결핀 길이조정

⑰ 에폭시본드 개기(주제+경화제)

⑱ 에폭시 본드

⑲ 에폭시본드 바르기

⑳ 좌우판석 에폭시본드 접착

염을 방지할 필요가 있는 것은 돌붙임이 끝난 켜마다 질긴 백지나 하드롤지(Hard rolled紙) 등에 풀칠하여 바르고, 골판지 등으로 보양한다.

청소는 깨끗한 헝겊으로 닦아낸 다음 왁스를 얇게 여러 번 칠하고 문지름 마무리를 한다.(단, 종이바름 부분을 닦을 때에는 소량의 물을 사용할 수 있다).

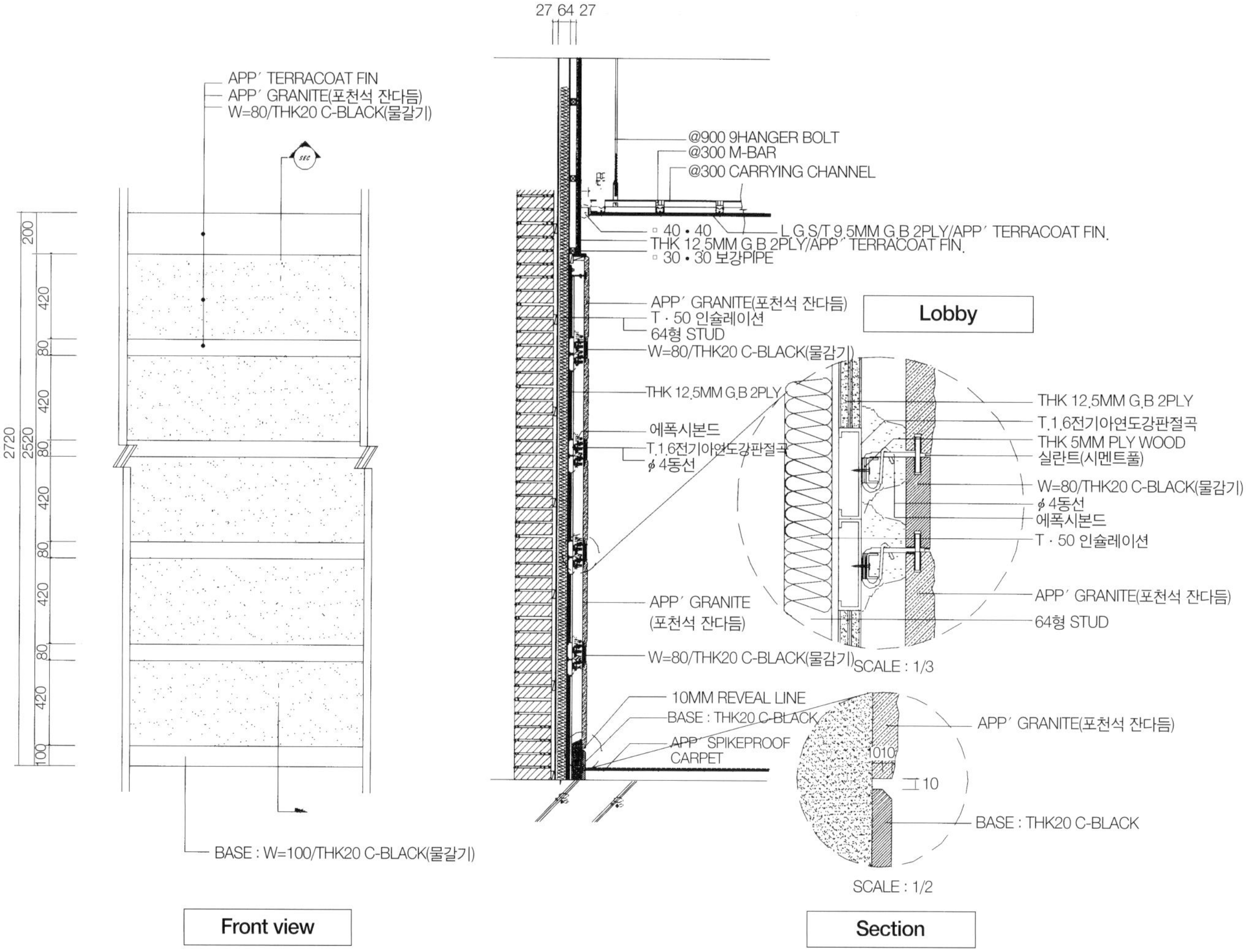

그림 14-10 석고보드벽체 판석붙이기

그림 14-11
경량 석고보드 건식벽체 판석붙이기 상세도

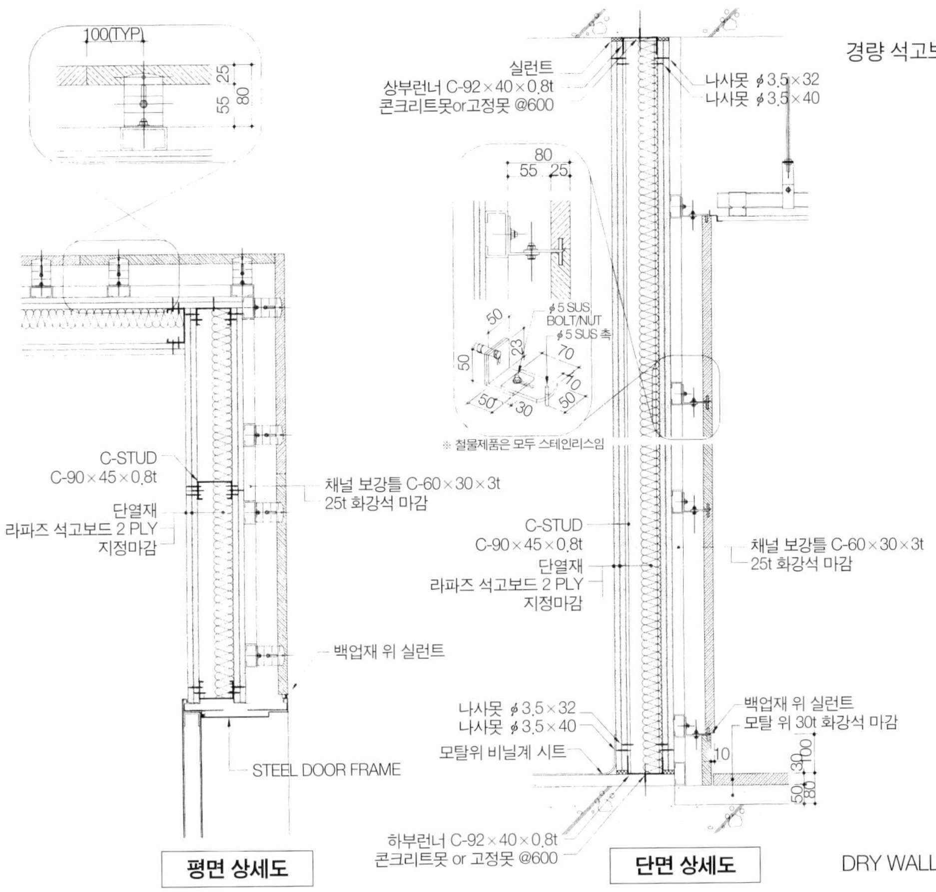

DRY WALL+화강석 접합상세도(채널보강틀)

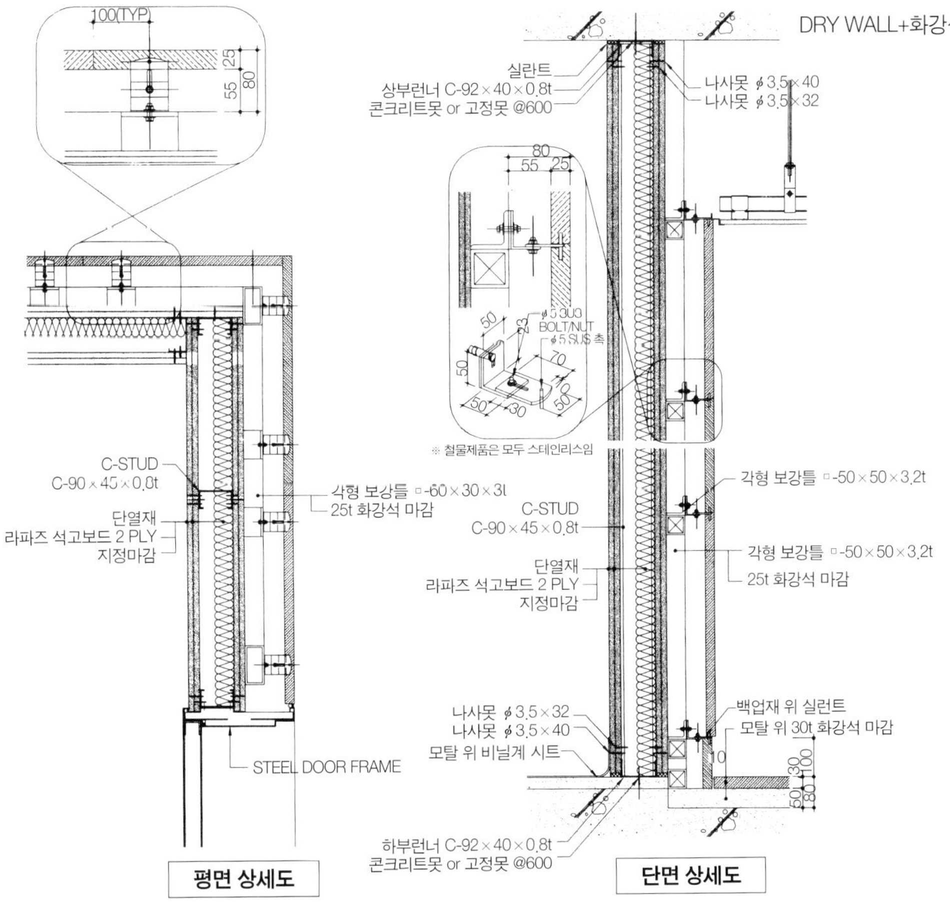

DRY WALL+화강석 접합상세도(각파이프 보강틀)

14.3 돌깔기

돌깔기는 콘크리트 바탕 위에 돌나누기도에 따라서 실제로 돌나누기를 해보고 시공하도록 한다.

14.3.1 바닥돌 깔기

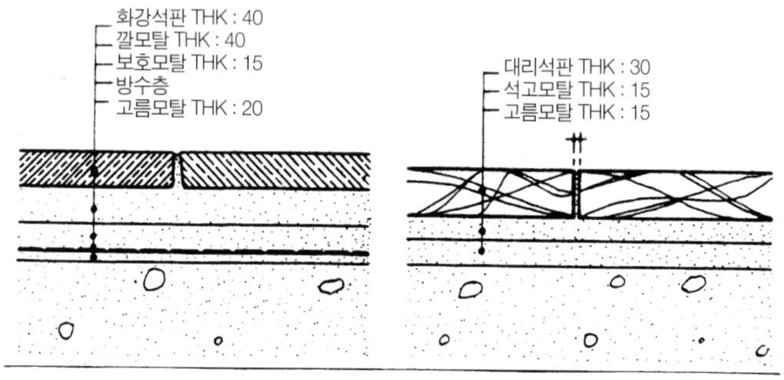

그림 14-12 돌깔기 상세도

바닥돌 깔기는 바닥돌(판석)이 수평으로 평평하고 줄눈바르며 줄눈이 턱지지 않고 일매지게 깔아야 한다. 시멘트 모탈을 깔모탈로 하여 바닥 바탕에 바닥돌을 고정시키며, 깔모탈의 두께는 바닥돌의 두께와 같은 정도로 한다. 대리석을 깔 때에는 시멘트모탈 위에 석고플라스터나 백시멘트 플라스터를 붓고 그 위에 대리석판을 놓고 경화시킨다.

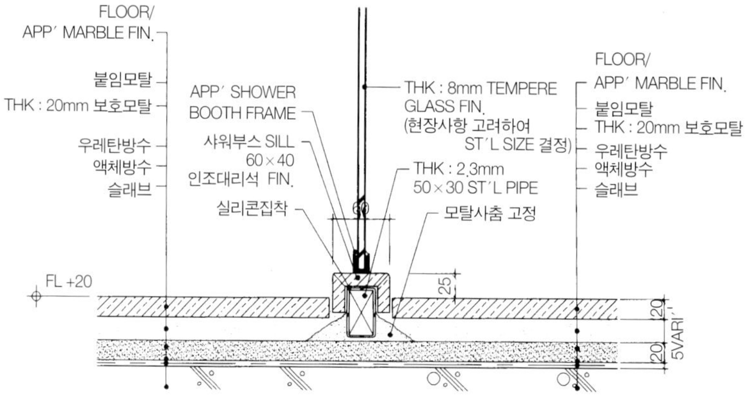

그림 14-13 바닥단면 상세도

● 시공순서

① 필요시 바닥면의 요철을 정리하고, 먼지 · 쓰레기 등을 청소한다.

② 모서리 또는 중간요소에 기준석을 설치한다.

③ 기준석에 맞추어 기준실을 띄운다.

④ 바닥면을 물뿌리개 등으로 물을 뿌려 습윤케 하고 물기가 적은 모탈이나 건비빔 모탈을 고르게 편다. 모탈의 배합비율은 시멘트 1, 모래 2로 하고, 두께는 4~5cm로 한다.

⑤ 모탈 위에 바닥돌(판석)을 줄눈 바르게 펼쳐 놓는다.

⑥ 줄눈의 간격을 조절하고, 수평지고 턱지지 않도록 일매지게 물수평기와 고무망치로

조절한다.

⑦ 조절된 바닥돌 하나를 들어내고 시멘트 플라스터를 시멘트 모탈 위 전면에 붓는다.(대리석의 경우는 석고풀이나 백시멘트풀을 붓는다.)

⑧ 들어낸 바닥돌을 다시 놓고 줄눈을 조절한 후 고무망치로 수평을 일매지게 맞추며 부착시킨다.

⑨ ④~⑧의 공정을 반복한다.

⑩ 3일 경과 후 줄눈마무리를 하고 깨끗이 청소한다.

⑪ 5°C 이상의 기온에서 7일 이상 보양한다.

위 시공순서 ⑤~⑧은 다음과 같은 방법으로도 할 수 있다.

⑤ 고르게 편 모탈 위에 시멘트를 고르게 적당량 뿌린다.

⑥ 물뿌리개를 이용하여 물을 적당하게 뿌린다.

⑦ 대리석 뒷면에 백시멘트를 적당량 뿌린다.

⑧ 바닥돌(판석)을 줄눈에 맞추어 깔은 후 고무망치와 물수평기를 이용하여 수평을 맞춘다.

① 모탈 위에 플라스터 붓기 ② 고무망치로 수평잡기 ③ 이어깔기

그림 14-14 바닥돌깔기

① 모래 · 판석 · 시멘트 · 백시멘트 준비 ② 기준석 · 기준열 깔기 ③ 기준열 깔기

④ 이어깔기　　⑤ 줄눈마무리　　⑥ 완성

그림 14-15 넓은 면 바닥돌깔기

판석접착제 공법

에폭시 본드를 사용하여 바탕면이 평활한 시멘트보드, 합판 또는 콘크리트면 등에 판석을 직접 부착하는 공법이다. (합판바탕은 공사가 편리하고 공사비가 저렴하나 합판과 백시멘트의 팽창계수가 달라 신축의 문제로 줄눈에 균열이 발생하는 문제점이 있다.)

시공방법은,

① 바탕청소 : 부착력 감소 방지를 위해 바탕면에 습기가 없도록 하고 먼지 등을 깨끗이 청소한다.

② 에폭시 본드 혼합 : 백색인 주제와 흑색인 경화제의 배합비를 맞추어 충분히 혼합하여 고른 회색이 되도록 한다. 30분 이내에 사용할 분량만큼씩만 혼합한다. (p.263 참조)

③ 에폭시 본드 부착 : 판석의 뒷면에 혼합된 본드를 지름 10cm, 두께 1cm, 간격 40cm 정도로 찍어 바른다.

④ 판석 부착 : 판석을 바탕면에 수평 · 수직 바르게 세우고, 고무망치로 두드리면서 줄눈이 턱지지 않고 일매지게 눌러 붙이고, 판석이 쓰러지지 않도록 폭이 넓은 테이프로 임시고정하여 경화시킨다. 하루 한 켜씩만 부착하는 것이 좋으며 하루 2켜 이상 세워붙이지 않도록 한다.

⑤ 줄눈 마무리 : 임시 고정했던 테이프 등을 제거하고 백시멘트풀을 줄눈에 채워 넣는다. 젖은 스펀지나 헝겊으로 판석 표면에 묻은 백시멘트풀을 닦아내고 경화시킨다.

멜라민 라미네이트판

Oregon Oak

Solar Oak

English Oak

Sheril Walnut

Cherry

Blackstar Granite

Granite

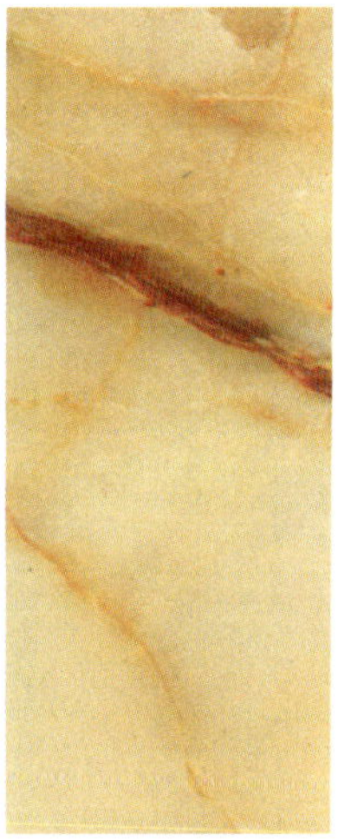
Braganzia Marble

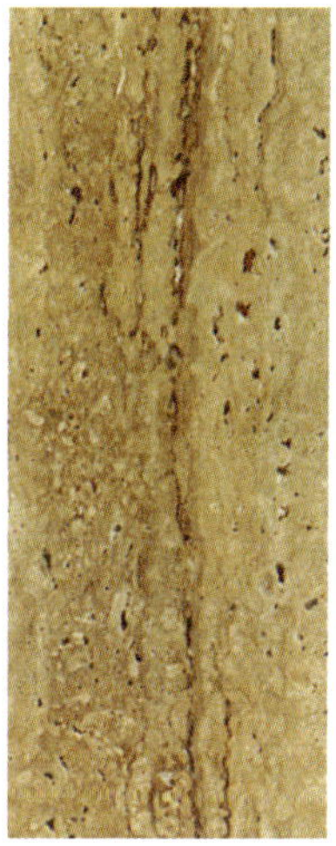
Travertine

Agate

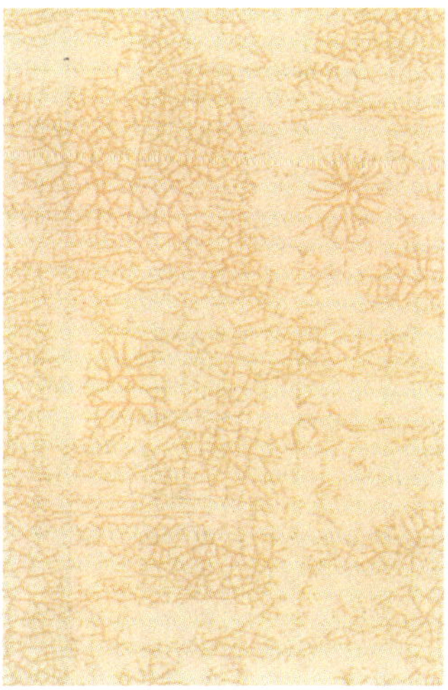
Almond Cameo

Almond Castile

White Lame

F.R.P. 기둥

570
475
380
375
345
240
510
340
250
355
290
200
290
310
200
380
205
200
290
215
150

CHAPTER **15**

플라스틱공사

15.1 개 요

15.1.1 일반사항

플라스틱은 열가소성 플라스틱과 열경화성 플라스틱으로 대별된다. 열가소성은 열을 가할 때마다 녹는 것이며, 열경화성은 열을 가해도 녹지 않는 것으로 전기제품의 베크라이트가 예이다.

플라스틱은 다른 재료에 비하여 성형 · 가공이 쉬우며 경량이고, 내수 · 내구 · 내식 · 내후 및 전기절연성 등이 뛰어나고 착색 등을 자유롭게 할 수 있다. 결점은 경도 및 내마모성이 약하고 열에 의한 신축변형이 크다.

플라스틱재는 열팽창계수가 크므로 신축을 고려해야 하며, 수지의 종류에 따라서는 인체에 해로운 것이 있으므로 주의해야 한다.

15.1.2 재 료

1. 종류

플라스틱재의 종류, 성질, 형상 및 용도는 표 15-1에 따른다.

표 15-1 플라스틱재의 종류 · 성질 · 형상 및 용도

종 류		성 질	형상(예)	용 도
경질재	메타크릴산수지(아크릴)	내알칼리성 · 가공성 양호 · 착색 자유	평판	칸막이 · 창호 · 조명기구 · 광고판
	염화비닐수지(염화비닐)	내산 · 내알칼리성 · 불연성 · 착색 자유	골판	벽 · 칸막이 · 가구 · 창호 · 천장재
	멜라민수지(멜라민)	위와 같으며 특히 내열성이 큰 편이다.	평판, 골판	칸막이 · 벽판 · 가구 · 싱크대 · 천장판
연질재	염화비닐수지	내산 · 내알칼리성 · 내수 · 착색 자유 · 가공 자유	타일, 시트, 필름, 파이프	바닥 · 벽 · 가구

2. 플라스틱재의 형상 및 치수

플라스틱재의 종류, 색깔, 표면가공 및 곡면가공 등은 도면 또는 시방서에 따르고 견본품을 제출하여 승인을 받아야 한다. 또한 플라스틱재는 유해한 흠, 얼룩, 뒤틀림 등이 없어야 한다.

3. 부속재료

접착제는 바탕과 붙임재의 종류에 따라 시방서에서 정한 바에 따르며, 실(Seal)재를 사용하는 플라스틱 재료는 시방서에 따른다.

15.2 플라스틱재 시공법

15.2.1 일반사항

열가소성 플라스틱재는 열팽창계수가 크므로 열에 의한 신축여유를 고려해야 한다. 아크릴 · 폴리에틸렌 평판은 10° C의 온도차에 대해서 1m마다 1~1.5mm, 비닐평판에서는 0.7~0.8mm의 신축여유를 두는 것을 표준으로 한다.

열가소성 재료는 열에 의한 경도의 변화가 있으므로 50° C(단시간 60° C) 이상 넘지 않도록 주의한다.

아크릴재에는 도료용 용재(산성 에스테르 · 아세톤류)가 묻지 않도록 한다.

열가소성 평판의 곡면가공은 반지름을 판 두께의 30배 이내로 하고 구부릴 때에는 가열가공(110~130° C)을 원칙으로 하며, 열경화성재는 현장에서 가열가공을 해서는 안 된다.

15.2.2 공 법

1. 일반공법

플라스틱재의 일반공법은 표 15-2에 따른다.

연질재 플라스틱의 절단면은 2절 또는 3절로 꺾어서 고주파 재봉틀 · 전기인두 · 용접 등에 의해 마무리하고 경질재의 구멍뚫기는 천천히 드릴로 뚫고, 필요할 때에는 비눗물 등을 써서 녹아 붙지 않게 하며, 평판의 경우는 구멍 크기의 3배 또는 재료 두께의 2배 이상 재료 끝에서 떨어지게 한다.

표 15-2 플라스틱재의 일반공법

종 류	형 상	절 단	구멍뚫기	정 착	접 착	비 고
비닐 아크릴 멜라민	평판 골판 적층판	톱	핸드 드릴	못 나사못	접착제	가열에 의한 성형
비닐	타일	재단기	자유	못	뒷받침이 있는 것을 제외하고 특정 접착제	
	레더, 시트, 필름, 페이퍼	가위 · 날				

2. 접착

플라스틱재의 정착에 있어서는 처짐 · 구부러짐 · 뒤틀림 등이 생기지 않도록 주의해야 하며, 피착재의 종류에 따라 적당한 접착제를 선정한다.

에멀션형 접착제는 겨울에 얼지 않도록 보온해야 하며, 용제형 접착제를 사용하는 경우는 화기에 주의하고 작업장의 환기를 충분히 하며 피착제에 침식이 없는 것을 선택해야 한다.

열경화성 접착제는 경화제 및 촉진제를 가해서 사용할 경우에, 사용 중에는 심한 발열경화가 없도록 혼합시의 규정량을 엄수하여 배합해야 한다.

Roll carpet(cut type)

Roll carpet(Loop type)

Tile carpet

Tile carpet

Roll carpet(Cut & Loop type)

Lug

Loop

Loop & Cut

Cut

Leum

P-Tile(P.V.C Tile)

P.V.C Tile

Rubber Tile

Leum

Long

벽지의 종류

밸런스 · 커튼 · 터셀

롤 블라인드

로만 셰이드

버티칼(수직) 블라인드

수평 블라인드

커튼용 천

버티칼블라인드용 천

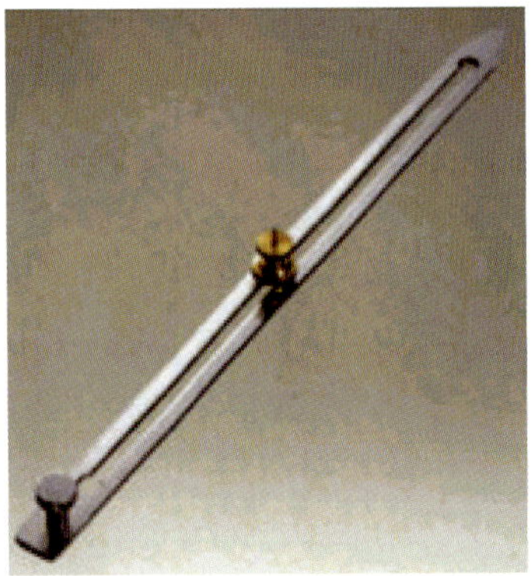
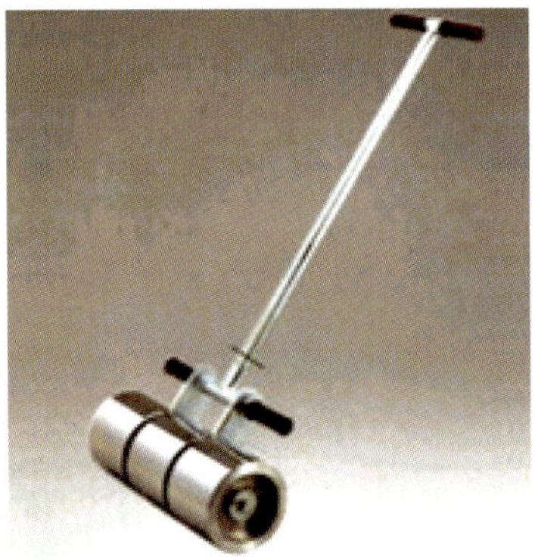

CHAPTER 16

수장공사

16.1 개요

수장공사는 실내건축공사의 여러 공정들 중에서 최종 마감작업 단계를 총칭하는 것이다. 일반적으로 수장공사에는 도배공사, 카펫공사, PVC타일 공사, 비닐시트공사, Fabric Padding 공사, 커튼공사 등이 있으며, 작업자의 세심한 작업이 요구되는 공사이다.

바닥재의 분류

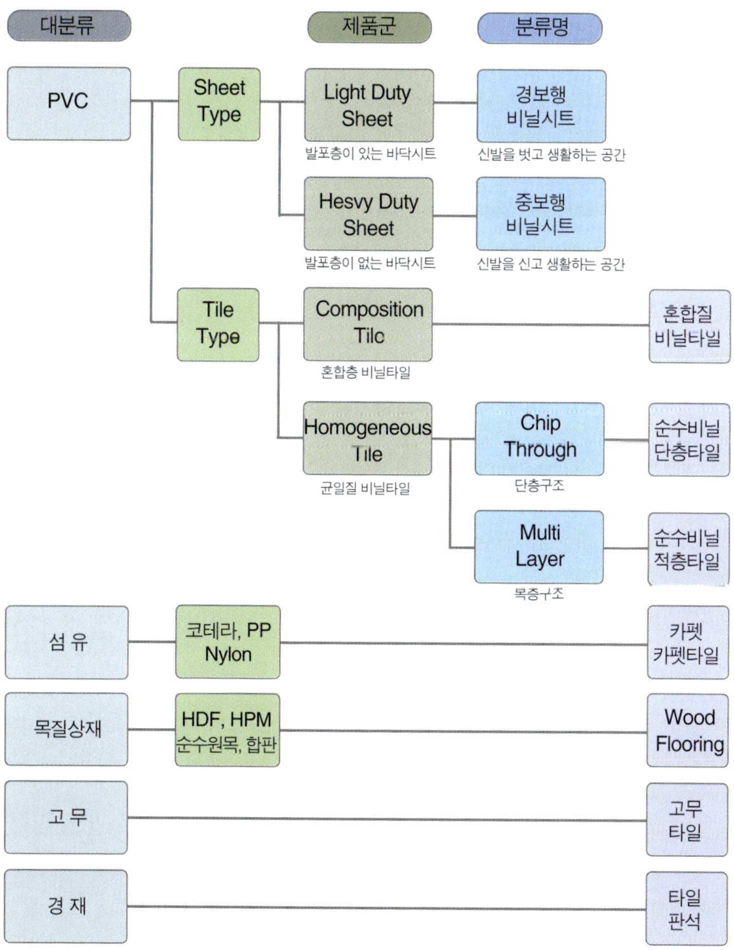

16.2 양탄자(카펫) 깔기

16.2.1 Roll 카펫 깔기

1. 재료 및 특성

양탄자(Carpet)의 색깔, 무늬, 모양 등은 모두 견본품을 제출받아야 한다. 양탄자는 방충처리를 하고 난연처리에 합격한 것으로 한다. 못·나사못 등의 부속철물은 황동제로 한다. 카펫 원단은 반드시 Roll상태로 눕혀서 보관하고 다단적재는 금지해야 한다.

카펫의 특성

① 보행시 충격을 흡수할 수 있기 때문에 보행성이 좋다.
② 미끄러지지 않아 안전성이 높은 바닥재이다.
③ 부드러운 재질로 인하여 장시간 서 있거나, 걸어도 다리에 피곤이 덜하다.
④ 보온 효과가 다른 바닥재들보다 탁월하다.
⑤ 흡음·방음능력이 우수한 바닥재이다.
⑥ 다양하고 아름다운 패션성을 나타낸다.
⑦ 미적인 측면, 경제성 및 에너지 효과 등을 감안하여 볼 때 아름답고, 품위 있으며, 경제적인 바닥재이다.
⑧ 표면의 반사도가 낮기 때문에 소프트한 조명효과를 얻을 수 있다.

2. 바탕

바탕면은 요철이 없이 평탄하게 마무리하고, 신축건물인 경우는 1~2주 난방을 하여 충분히 건조시켜야 하며, 먼지·오염물질 등을 깨끗이 청소한다.

콘크리트 또는 모탈 바탕인 경우에는 스펀지 펠트 또는 마 펠트로 밑깔기를 하고, 이음매는 양면접착테이프를 사용하여 고정한다.

밑깔기는 빈틈없이 평탄하게 깔고, 계단의 챌판에는 밑깔기를 하지 않는다.

양탄자 깔기에는 클립퍼공법, 못박기 공법, 직접붙이기 공법, 타일공법 등이 있다. 일반적으로 펠트의 시공 및 교환이 용이한 클립퍼(Clipper) 공법이 주로 쓰이고, 넓은 면적 시공에는 초산비닐계 접착제를 사용하는 직접붙이기 공법이 사용된다.

3. 공법

여기에서는 전체 깔기(All carpet)에 대하여 기술한다.

양탄자를 까는 방향·폭 수의 나누기 등은 담당원의 지시에 따르고, 늘어짐 또는 두드러짐 등이 없게 깔도록 한다.

양탄자를 접착제로 고정하는 경우에는 접착제를 바닥에 도포하기 전에 양탄자의 절단부분을 각각 맞추고 가장자리를 다듬은 후에 접착제를 도포한다. 접착제는 바탕면에 균등하게 도포하고 도포 후 20분 정도 기다린다. 카펫은 무게 있는 롤러로 고르면서 접착시키는데 중앙부에서부터 양가장자리로 충분히 압착하여야 한다.

계단깔기할 때 양탄자의 양끝은 간격 10cm 내외로 못질하고, 챌판 하부의 구석에는 특히 유의하여 못질 고정하며, 치장 파이프는 파이프 양끝에서 30cm 내외에 나사못으로 고정한다.

접착공정이 끝나는 대로 절단면에 솟아오른 접착제를 즉시 제거하고 대형 진공청소기로 파일 속에 들어 있는 이물질을 청소한다.

이음부분의 연결은 이음부 밑에 아교 테이프를 깔고 아교다리미로 아교 테이프의 아교를 녹인 후 양탄자를 당겨 밀착시키고 눌러서 이음을 한다.

깔기가 완료된 카펫은 골판지와 넓은 테이프로 보양하고, 출입은 슬리퍼를 신고 출입토록 한다.

그림 16-1 카펫용 진공청소기

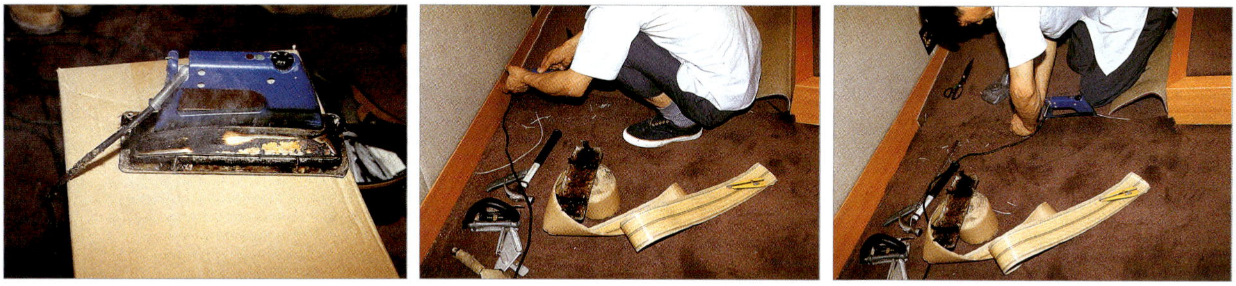

전기아교 다리미 / 아교 테이프 / 이음부 시공

그림 16-2 양탄자 잇기

4. 클립퍼공법 시공순서

① 바탕의 요철을 정리하고 먼지 · 모래 · 쓰레기 등을 청소한다.

② 가장자리에 carpet strip(클립퍼)을 콘크리트 못을 이용해 고정한다.

③ 바탕에 접착제를 뿌리고 스펀지 펠트 또는 마펠트를 깐다.
필요시 소형 수농 롤러로 평탄작업을 한다.

④ 원단을 시공장소의 길이보다 약간 여유있게(5~10cm 정도) 가재단하여 펠트 위에 카펫을 펼친다.

⑤ 시공할 방향과 몇 폭으로 시공할 것인가를 결정한다. 이때 보행이 많은 출입구 쪽에서 이음시공이 되지 않도록 한다.

⑥ 카펫이 들뜨지 않도록 잡아당긴다.

⑦ 카펫의 한쪽을 클립퍼에 걸어 고정시킨다.

⑧ 카펫의 다른 쪽을 잡아당기고 knee kicker로 신장한 후 반대편 클립퍼에 고정시킨다.

⑨ 벽 쪽에 여유있게 남은 카펫의 여분을 꺾어 넣을 부분을 제외하고 Trimmer와 문구용

칼을 이용해 잘라낸다.

⑩ 잘라낸 단을 Stair stool과 망치를 사용해 클립퍼와 벽 사이에 꺾어 밀어넣어 마무리 한다.

⑪ 골판지를 이용해 보양하고, 보행이 필요할 시는 슬리퍼 또는 덧신을 이용한다.

⑫ 골판지를 걷어내고 카펫용 진공청소기 등을 이용하여 깨끗이 청소한다.

롤카펫

카펫펠트

① 클립퍼 고정

① 출입부 2겹 고정

② 접착제 뿌리기

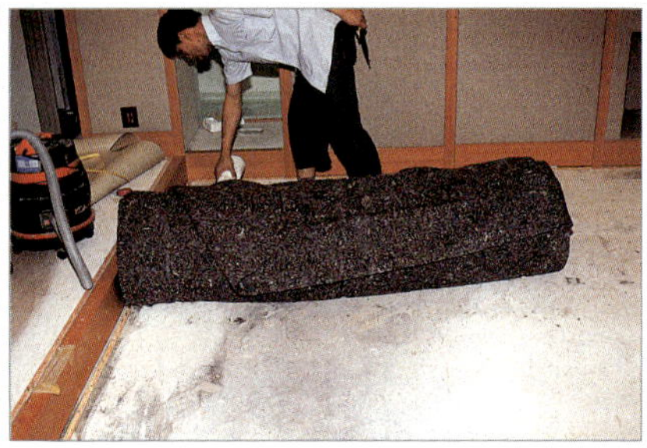

③ 카펫펠트 펴기

④ 펠트평탄작업

④ 카펫 펠트 상세

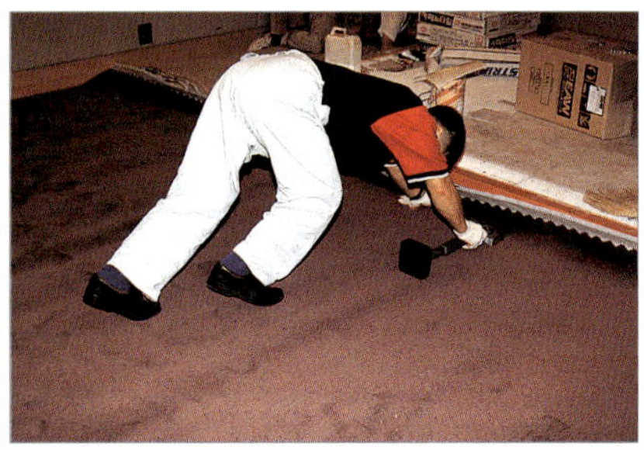

⑤ 카펫 신장

⑥ 트리밍 삭업

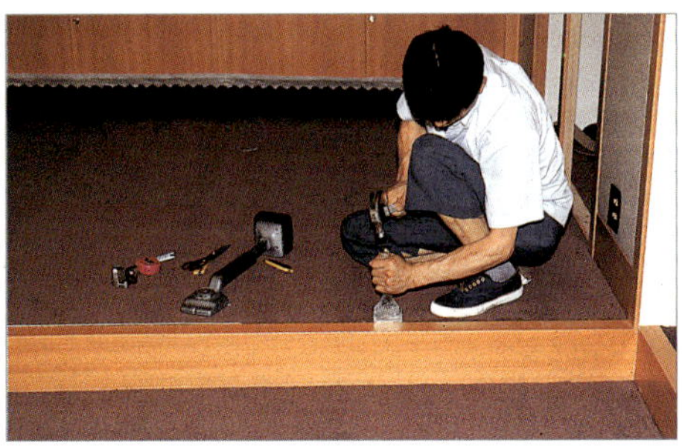

⑦ 카펫 꺾어 넣기

⑧ 골판지 보양

클립퍼

카펫 시공용구

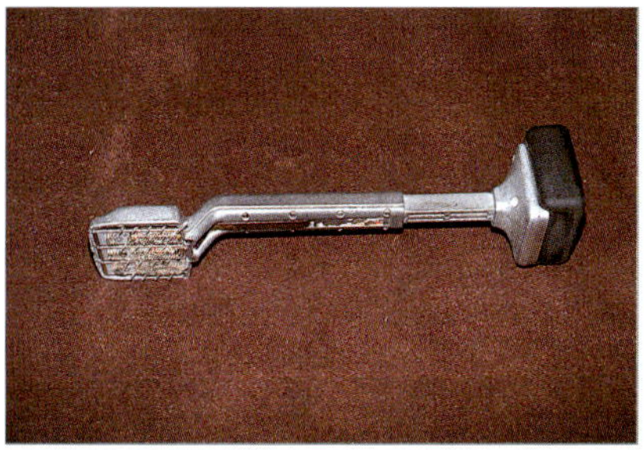

Knee kicker

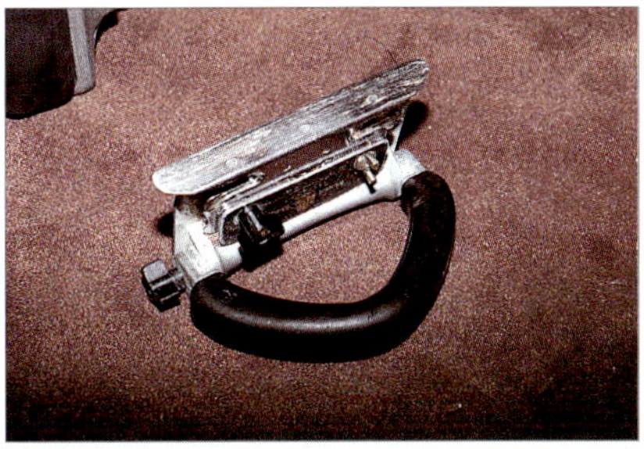

Trimmer

진공청소기

그림 16-3 클립퍼 공법의 시공법 및 순서

16.2.2 타일카펫깔기 시공순서

① 바닥면의 요철면정리, 모래알, 못 등의 이물질과 습기를 완전히 제거하고 먼지가 없도록 깨끗하게 청소를 한다.

② 넓은 면적을 깔 경우에는 바닥면의 가로 및 세로 중심선을 잡고 먹줄치기(먹매김)를 한다.

③ 타일카펫이 시공될 바닥의 4등분된 면적 중 출입구에서 먼쪽 부분부터 접착제를 롤러 브러시 또는 카펫타일용 주걱을 이용하여 전면접착으로 고르게 도포한다. 접착제 도포 10~15분 후 타일카펫을 부착한다.

④ 타일이나 돌깔기 공사와 같이 기준 타일카펫을 가로 및 세로로 먼저 시공을 한다.

⑤ 타일카펫 뒷부분의 화살표(타일카펫 Backing)를 확인하며 시공한다(화살표 방향에 따라 카펫의 패턴이 같거나 달라질 수 있음).

⑥ 가장자리 부분은 타일카펫을 덧대어 절단한 다음 시공을 한다.

⑦ 시공이 끝나면 진공청소기를 이용하여 파일 속에 있는 이물질이나 칼날 등을 제거하는 청소를 실시한다. 표면에 묻은 접착제는 알코올로 제거한다.

※ 시공장소는 시공 1일 전부터 작업이 끝날 때까지 실내온도 16°C 이상을 유지해야 한다.

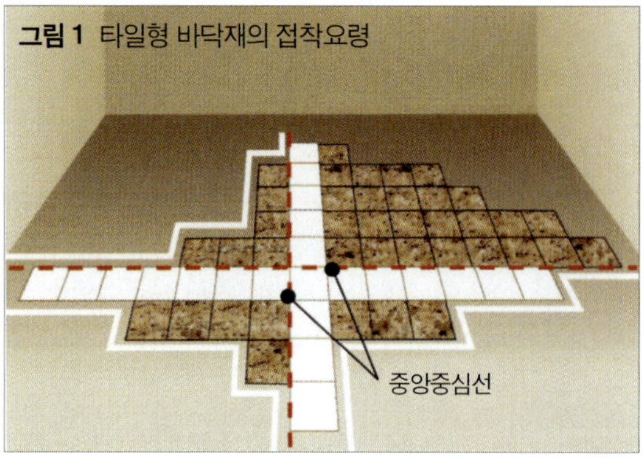

그림 1 타일형 바닥재의 접착요령

그림 2

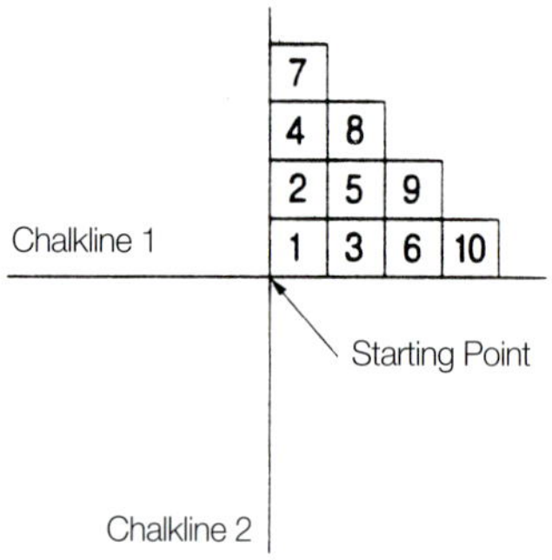

① 바탕요철정리

② 바탕 P.V.C타일 보수

② 접착제 칠하기

③ 바탕 보수완료

④ 바닥면 청소

⑤ 중심선 잡기

⑤ 중심선 잡기

⑥ 먹매김(중앙 중심선)

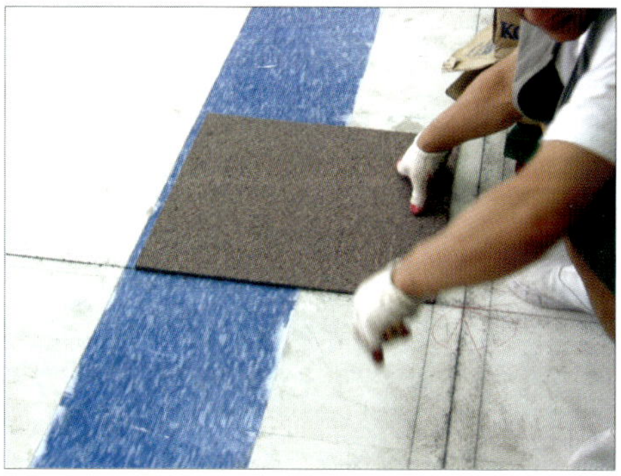

⑦ 기준타일 붙이기

⑧ 1/4부분 붙여대기

⑨ 1/4부분 붙이기

⑩ 나머지 1/4부분 붙이기

접착제 도포

⑪ 모서리 붙이기

⑫ 완성

작업도구

먹통, 휴대용 강철줄자

타일 뒷면 방염처리 표시

그림 16-4 P.V.C타일 바탕 위 카펫타일 깔기 시공순서

16.3 PVC 타일(P.타일) · 고무타일

1. 재료

바닥재로 패턴이 다양하고 내구성이 좋아 일반적으로 많이 사용되는 재료이다. 경도, 컬러, 쿠션, 문양, 내화성에 따라 수많은 종류가 생산되고 있다. P.타일의 패턴은 일반적인 문양에서 대리석, 화강석, 나무문양 등 다양한 패턴으로 생산되고 있다.

플라스틱 타일 · 고무타일의 종류와 치수 등은 시방서에 따르고, 접착제는 제품에 맞는 P.V.C 타일용 접착제와 고무타일용 접착제를 사용해야 한다.

웰딩봉을 웰딩기로 고착시키는 것이다. 접착제는 빗살흙손으로 도포하며, 빗살흙손의 골과 너비는 2mm 이하이어야 한다. 시트를 붙인 후에는 롤러(50kg)로 전압하여 밀착시키고 보양재로 보양해야 한다. 시트는 이색현상을 방지하기 위해 시공 전에 반드시 LOT별로 제품을 구분한 후 동일 LOT 제품만으로 시공해야 한다.

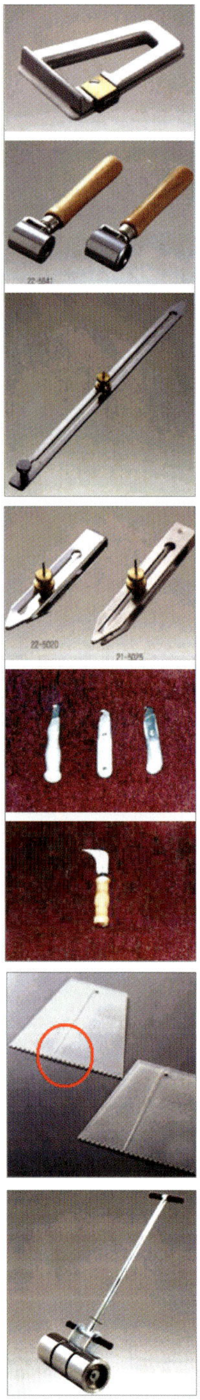

그림 16-8
시공용 도구들

롱 시공순서

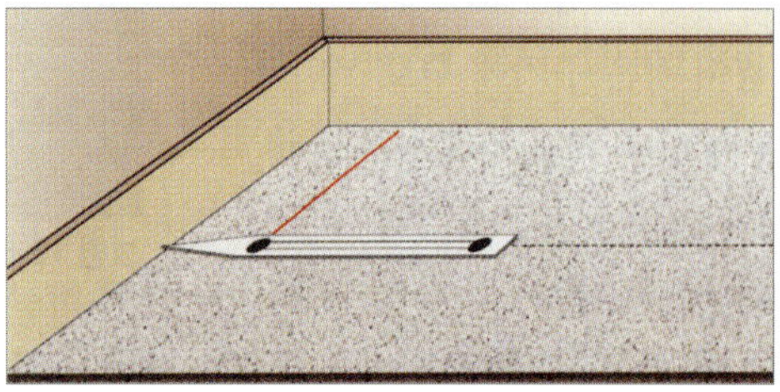

① 롱스크라이버 끝부분이 앞벽을 향하게 놓고 직각을 유지하면서 벽을 따라 천천히(좌 · 우로) 당겨 시트 위에 붉은 선을 표시한다.

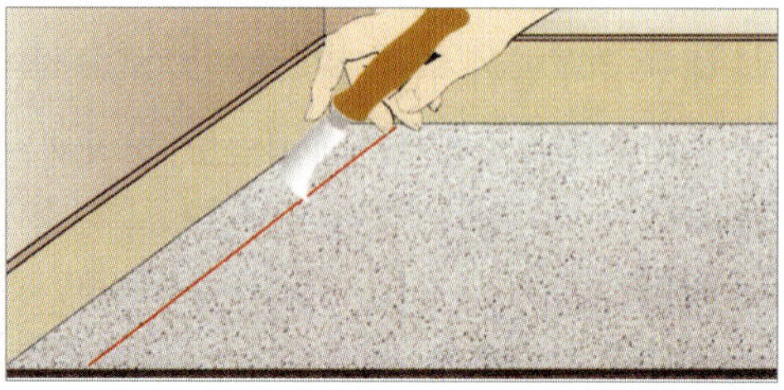

② (붉은) 선을 따라 갈고리 칼날을 비스듬히 눕혀 제품표면보다 이면이 많이 잘려 나가도록 절단하여 앞벽에 꼭 끼워준다.

③ 반대편 벽면에 올라간 시트 재단을 위하여 바닥에 선을 길게 긋고 벽면에서 적절한 거리(10~20cm)에 수직선을 표시한다.

웰딩 시공법

① 기초작업
시공할 장소의 시멘트 바닥 등의 평탄작업을 통하여 이음매가 고르게 나오게 한다. 제품은 충분히 안착시킨 후 전면 접착하여 시공시 제품이 밀리지 않도록 바닥에 부착한다.

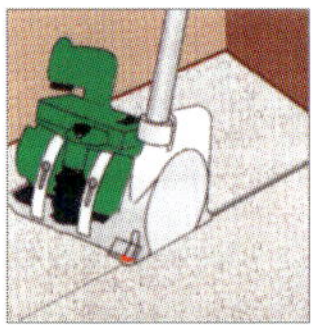

② 홈파기
바닥홈파기 기계로 웰딩봉이 용접될 수 있도록 2/3~4/5 정도의 깊이만큼 U자 홈을 판다.
※ 웰딩작업은 바닥재 시공 후 24시간 경과 후 홈파기 작업을 시작한다.

③ 용접작업
웰딩봉이 바닥재 양쪽 이음 부위에 충분히 붙을 수 있도록 웰딩기 온도와 작업속도를 제품별로 적절히 선정한다.

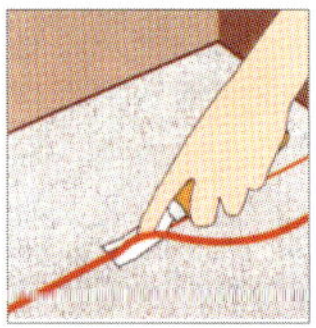

④ Trimming작업
웰딩 후에는 용접된 웰딩봉을 충분히 자연냉각시킨 후 2단계에 걸쳐 웰딩봉을 평평하게 절단한다.

16.5 Fabric padding (천패널)

1. 일반사항

패브릭 패딩은 회의실, 음악실, 식당, 거실 등에서 소음을 줄이며 품위 있는 실내분위기를 만들기 위해서 쓰이는 천마감 흡음판 부착공법이다. 합판 위에 얇은 스펀지를 붙이고 그 위에 흡음용의 두터운 천이나 실크천 벽지를 씌워 마무리한 판을 벽체에 줄바르게 붙여대는 것이다.

2. 바탕

구조적 벽체는 요철이 없고 습기가 없는 바탕이어야 하며, 패드를 벽체에 타카핀과 접착제로 고정하기 위해서 구조벽체 위에 합판으로 바탕을 만든다. 접착제의 효과적인 부착을 위해 먼지 등을 청소하고 못 등의 돌출물이 없도록 한다.

3. 시공순서

① 도면의 나누기도에 따라 두께 4.5~6mm 정도의 합판을 재단한다. 재단시 천 두께를 고려하여 합판의 크기를 나누기도의 크기보다 조금 작게 한다. 재단된 합판은 나누기도에 따른 부호(번호)를 합판 뒷면에 기록한다.

② 천스펀지 부착을 위해 합판의 테두리와 중간 곳곳에 고르게 고무계 접착제를 칠한다.

③ 합판의 크기보다 여유있게 두께 4.5mm 정도의 천 스펀지를 재단하여 접착제가 칠해진 합판면 위에 고르게 펼쳐놓고 압착하여 붙인다. 이 때 천 스펀지가 울지 않도록 한쪽 면이나 중간에서부터 주의해서 놓는다.

④ 부착된 천 스펀지를 합판과 같은 크기로 가위를 사용해 도려낸다.

⑤ 지정된 천을 합판의 폭 · 길이보다 20cm 이상 크게 재단한다.

⑥ 재단된 천을 천 스펀지 위에 덮어놓고 가장자리를 합판의 뒤로 접어 타카를 이용해 스테이플로 고정한다. 스테이플의 간격은 5cm 이내로 조밀하게 고정한다. 합판의 네 곳 모서리는 천이 겹치게 되어 누껍게 되므로 많이 누껍게 되지 않도록 하며 고정한다.
천 고정시 신장을 많이 해선 안 되며, 신장 시 특히 천의 무늬가 일그러지지 않도록 해야 한다.

⑦ 패드가 모두 완성되면 패드(천이 씌워진 합판) 뒷면에 목공용 접착제를 두껍게 줄지어 20cm 정도의 간격으로 고루 뿌린다. 합판의 가장자리와 바탕면의 가장자리에는 들뜸 방지를 위해 반드시 접착제를 줄지어 뿌려야 한다.

⑧ 번호에 따라 순서대로 패드를 바탕면에 옆의 패드와 밀착시켜 줄바르게 대고 타카를 이용해 머리 없는 못을 줄지어 박아 부착시킨다. 못의 간격은 25cm 정도로 하며, 가장자리와 들뜸이 우려되는 곳은 10~15cm 정도의 간격으로 박는다.

⑨ 패드를 모두 부착하면 곧바로 비닐시트와 매직 테이프를 이용하여 패드 표면에 먼지, 오물 등이 부착되거나 긁히지 않도록 보양한다. 테이프 자국이 남는 종이테이프 · 비닐테이프는 사용하지 않도록 한다.

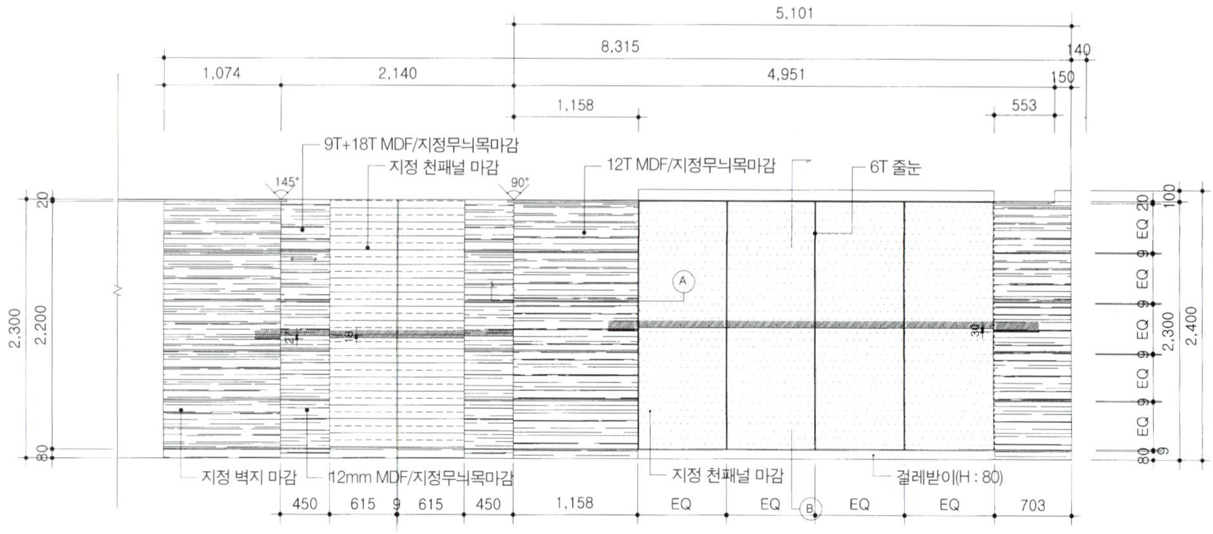

그림 16-9 벽면 입면도

① 합판재단 및 접착제 칠하기

① 접착제 칠하기

② 천스펀지 깔기

③ 천스펀지 도려내기

④ 천재단 1

④ 천재단 2

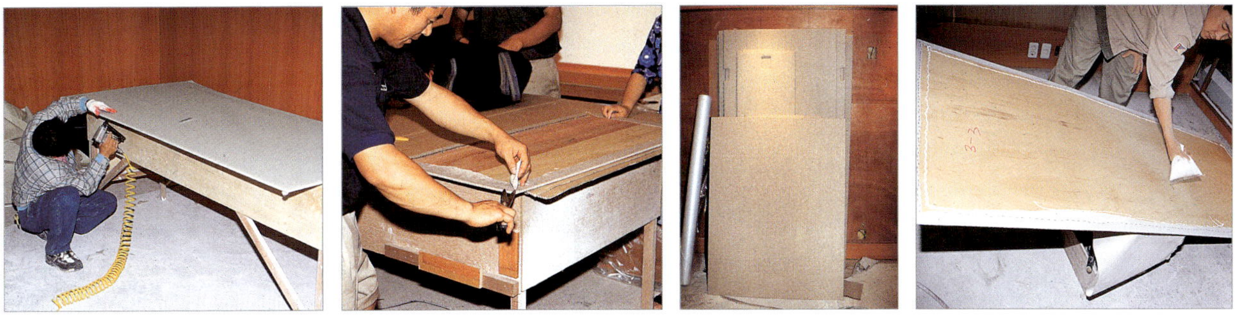

⑤ 천 고정 ⑥ 모서리천 잘라내기 ⑦ 패드완성 및 번호 붙이기 ⑧ 접착제 뿌리기 1

⑧ 접착제 뿌리기 2 ⑨ 패드 맞추어 대기 1 ⑨ 패드 맞추어 대기 2 ⑩ 패드 고정 1 ⑩ 패드고정 2

⑪ 완성 ⑫ 비닐 시트 보양 천스펀지

그림 16-10 패브릭 패딩 시공

16.6 석고판 붙이기

석고판붙이기 공법은 시공이 번거롭고 보양 등으로 공기가 긴 시멘트모탈 미장공법을 대신하여 쓰이는 건식공법이다.

1. 재료

석고판(Gypsum board)은 가운데에 석고를 두고 양측에 두꺼운 종이를 댄 것이다. 일반용이 있고 화장실 등에 쓰는 내수용이 있으며, 차음 · 방균 · 방화 · 황토 석고보드도 있다. 모서리의 형태에 따라 일반적인 평보드와 이음매 처리를 위한 테퍼드 보드 · 베벨드 보드가 있다. 테퍼드보드는 양단부분이 경사지게 되어 이음매를 퍼티와 조인트 메시테이프를 이용하여 마무리하였을 경우 이음매 표시가 나지 않는 보드이다.

고정용 철물은 받이재가 목조인 경우에는 도금된 평머리못으로 하고, 받이재가 메탈 경량철골조인 경우에는 철판용 나사못을 사용한다. 베벨드보드는 양단부가 45° 로 경사지게 되어 이음매 부분을 효율적으로 시공할 수 있는 보드이다. 평보드는 양단부가 직각으로 된 보드이다.

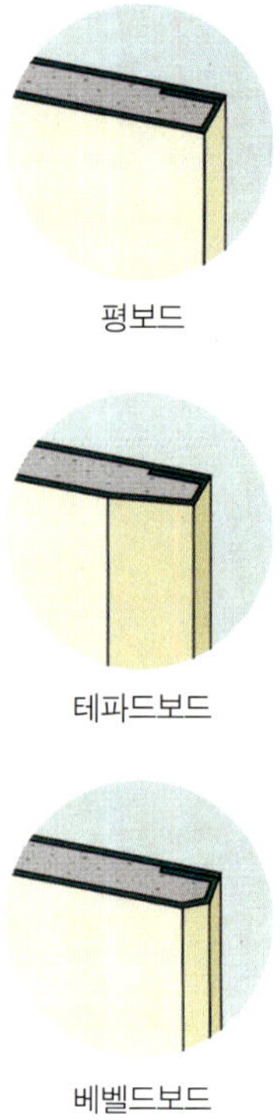

그림 16-12 석고보드 모서리 형상

그림 16-11 석고보드의 종류

2. 석고접착제(Bond)공법

석고접착제공법은 석고보드를 콘크리트벽 · 시멘트벽돌벽 · 시멘트블록벽 또는 ALC판 등의 벽체에 석고본드로 직접 부착하는 공법으로 시멘트모탈 마감을 대신할 경우에 쓰인다.

● 시공순서

① 바탕청소 : 바탕면의 먼지 등을 깨끗이 청소하고, 요철이 심할 경우는 망치로 면고르기를 한 다음 청소한다.

② 석고보드 가공 : 보드의 크기가 벽체의 높이에 맞는 것을 선택해 벽체의 길이보다 약간 짧게 절단하여 사용한다. 이 때 스위치 박스 등은 위치와 크기에 맞게 절단해 낸다. 석고보드의 일반적인 절단은 석고보드용 톱 또는 칼과 자를 이용하여 절단하고, 스위치박스 등의 절단은 소형 전동루터기를 사용한다.

③ 석고본드의 혼합 : 반죽용 용기에 깨끗한 물을 붓고 1시간 분량만큼의 석고접착제를 부은 다음 잘 반죽한다. 이 때 석고접착제에 다른 화학제나 접착제 · 시멘트 등을 첨가하지 않도록 한다.

④ 석고접착제 부착 : 흙손으로 혼합된 석고본드를 벽면에 볼(ball)의 형태로 군데군데 찍어 놓는다. 이 때 볼의 두께는 압착되었을 때의 약 2배(보통 50mm 정도)로 한다.

⑤ 석고보드 부착 : 보드 군데군데를 손으로 두드리면서 붙이며 좌우 수평조절은 각목으로 조절한다. 특히 이음매 부분의 수평조절에 유의한다.

그림 16-3 석고보드 절단

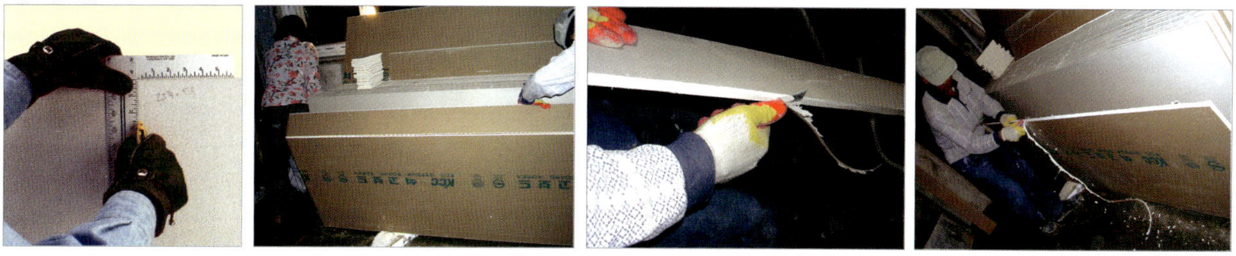

① 칼긋기 ② 석고판 꺾기 및 절단 ③ 절단면 정리 1 ③ 절단면 정리 2

석고접착제(Bond) 시공시 유의사항

석고본드공법은 습기가 많거나 지하실, 결로가 예상되는 부분의 시공은 피한다. 통기성이 없는 비닐벽지로 마감할 경우 석고본드가 완전히 경화한 후 벽지를 붙인다. 그렇지 않으면 곰팡이가 발생하거나 코너비드에 녹이 발생하여 마감재 밖으로 녹이 배어나올 수 있다.

석고본드는 녹을 방지해 주는 역할을 하지 못하므로 철재나 알루미늄 등의 부자재는 미리 광명단 바름 등의 방청처리를 해야 한다.

페인트 마감의 경우, 이음매의 균열방지를 위해 반드시 조인트 메시 테이프와 퍼티로 이음매 처리를 해야 한다.

석고보드 부착

아파트(콘크리트) 외벽 석고본드공법 시공순서

① 지지핀 붙이기 ② 단열재 부착 ③ 유리면 위 비닐시트 부착 ④ 콘센트 · 스위치박스 주위보강

⑤ 석고본드 바르기 ⑤ 석고본드 바르기 상세 ⑥ 고임판 선시공 ⑦ 고임판 시공

16.7 도배지 붙이기

도배는 다른 재료에 비해 적은 비용으로 실내분위기를 바꿀 수 있다. 다양한 벽지가 개발되어 용도나 실내분위기에 맞출 수 있도록 벽지 선택의 폭이 많이 넓어졌다. 요즘은 비닐벽지가 많이 사용되는데 이것은 색상과 무늬가 미려하고 관리가 용이하기 때문이다. 도배는 초배 · 정배 · 장판으로 나뉜다.

그림 16-16 도배용구

밀가루풀, 합성수지풀, 도배용구

그림 16-17 도배용구와 도배용 풀

16.7.1 재 료

1. 초배지

초벌바름에 쓰이는 종이는 한지 · 부직포 · 양지(갱지 · 하도롱지) · 기름부직포가 쓰인다. 질기며 풀을 발라 붙이기가 쉬운 것으로 하며, 헌 종이를 쓸 수도 있다. 한지와 부직포가 주로 쓰이며, 바탕면이 깨끗하지 못하거나 페인트 바탕인 경우는 기름부직포를 쓴다.

2. 정배지

초배가 끝나면 벽지를 바르는 작업을 정배라고 한다. 정배지에는 비닐벽지 · 종이벽지 · 갈포벽지 · 지사벽지 · 천벽지 · 금속박벽지 등이 있으며, 비닐벽지에는 실크벽지 · 발포벽지 · 타일벽지가 있고, 종이벽지에는 인쇄벽지 · 엠보스벽지 · 합지엠보스벽지가 있다. 주거와 사무실 등엔 비닐실크벽지와 천벽지가 주로 쓰이고, 갈포 · 지사 · 금속박 벽지는 특색 있는 공간에서 쓰인다. 정배지의 선택은 실의 성격에 따라 컬러와 질감에 유의해야 한다.

3. 장판지

장판지는 질기고 두꺼운 참지(한지)에 기름(콩기름 · 들기름)을 고르게 충분히 먹인 것으로, 완전히 마른 것을 사용한다.

4. 창호지

창호지는 섬유가 치밀하고 질기며, 두께가 균일하고 표면이 미끈한 무색지로 부풀지 않은 것이어야 한다.

5. 풀 및 접착제

종이 · 천 붙임용의 풀은 밀가루풀(전분풀)을 사용하며, 된풀에 물을 부어 넣어 적당한 묽기로 하여(체에 걸러) 쓴다. 풀의 부착력을 강화시키기 위해 수용성 합성수지풀을 섞어 쓰는 것이 좋다.

그림 16-18 가루풀첨가제와 가루풀

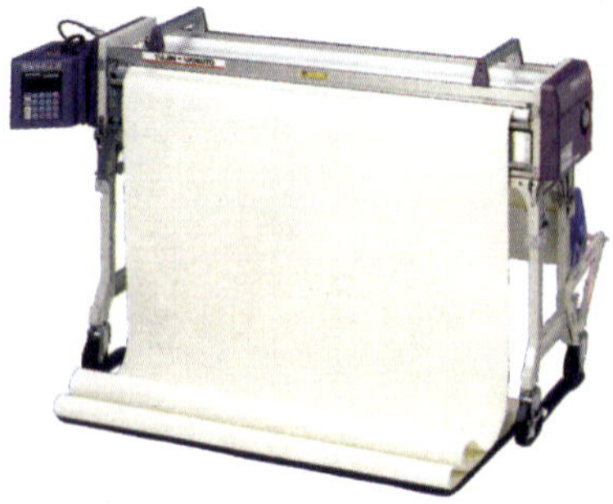

그림 16-19 풀칠기계

정벌붙임 창호지에 쓰는 풀은 백색 맑은 풀로 하며, 필요하면 방부제를 넣어 썩지 않게 하고 얼어붙은 풀은 쓰지 않도록 한다.

장판지와 같은 비교적 두꺼운 종이는 된풀을 쓰고, 얇은 종이는 묽은 풀을 쓰며, 바탕이 흡수가 심한 것은 적당히 물축이기를 하거나 묽은 풀칠을 많이 하여 종이 붙이기에 지장이 없게 한다.

표 16-1 전분풀과 물의 배합비

배합 비율		사용범위
풀	물	
30	70±5	전체 풀칠을 하는 초배용(밀착초배)
40	60±5	종이벽지의 도배용, 특수도배 가운데 풀칠용
50	50±5	고급벽지 정배용
80	20±5	특수 도배지 갓둘레 풀칠용
100	±5	고급장판, 뒷면을 뜨게 바르는 초배용(공간 초배용)

전분풀과 합성수지 접착제의 배합은 경우에 따라 적절하게 배합되어야 한다.

표 16-2 전분풀과 수용성 합성수지 접착제의 배합비

전분풀	합성수지 접착제	물	사용범위
80	20±5	0~10	벽지의 갓둘레 풀칠용
80	20±5	20~30	벽지의 가운데 풀칠용

16.7.2 공 법

1. 일반사항

- 도 배
  - 벽면에 직접 바르기
  - 초배 후 바르기
    - 전면 풀칠하여 바르기(밀착초배)
    - 뒷면 띄워 바르기(공간초배)

도배 시공순서

① 벽지 및 재료의 선정

② 현장점검 : 작업환경이나 조건, 벽면의 상태 및 전기 문제를 점검한다.

③ 재료 및 보존 재료의 점검 : 도배용구, 바닥조정재 준비, 도배지 점검, 초배지 점검이 필요하다.

④ 도배할 바탕면적 점검 : 벽면의 치수, 수평 및 건조상태, 오염·요철 기타 문제점, 도배된 벽면의 벽지 제거 후 벽면 상태를 점검하고, 마지막으로 조명기구 및 스위치 커버 등을 점검한다.

⑤ 초배 : 틈막이를 바르고 전면에 풀칠하여 바르거나 뒷면을 띄워 바른다.

⑥ 벽면 분할계획 : 수직, 수평을 정확하게 측정하여 표시한다. 그리고 벽면 분할을 한다.

⑦ 벽지의 점검 : 얼룩이나 오염, 조직의 휘어짐이 없는지 확인하고 동일한 로트인지, 좌우의 색 차이 및 조직의 편차 여부를 확인·점검한다.

⑧ 재단 : 트림(서두)을 재단하고 폭 및 기장도 재단한다.

⑨ 풀칠 : 풀의 배합을 한 후에 표면에 풀이 묻는 것과 오염에 유의한다. 가장자리 풀칠과 가운데 풀칠을 하고, 이음매 부분의 풀칠로 끝낸다. 풀칠 후 도배지가 습기를 머금도록 10분 이상 방치 후 붙이기를 한다.

⑩ 정배 : 무늬를 맞추고 이음매처리하며 끝마무리(상하마무리, 조명, 전기스위치 다시 달기)한다.

⑪ 정리 및 점검 : 이상 유무를 조사하고 용구 및 재료정리, 터짐을 방지하기 위해 바람이 통하지 않도록 서서히 건조시킨다.

2. 바탕

바탕의 평활도는 도배에 가장 큰 영향을 미친다. 바탕면의 평탄은 도배지가 잘 접착되도록 한다. 그리고 바탕이 많이 습하면 도배 후 얼룩이 생기거나 썩고 곰팡이 발생의 원인이 된다. 모탈 바탕의 균열이 생긴 곳은 퍼티메움을 한다.

합판·석고보드 등의 바탕일 때(판의 이음새는 틈이 없게 밀착시키고 턱지지 않아야 한다.) 이음새의 틈은 퍼티로 메우고, 경화 후 사포질(Sanding)을 하고 초배지를 붙이거나 전면퍼티(All Putty) 작업 후 도배지를 붙인다.

묵은 벽지 바탕인 경우는 제거가 깨끗이 되어야 하며, 발포벽지 등은 완전히 긁어내야 한다. 전분풀은 덩어리가 없도록 잘 으깨어 충분히 섞어 주어야 하며, 합성수지풀과 혼합 시에는 소형 전농혼합기로 충분히 섞어주는 것이 좋다.

3. 풀칠

바탕 풀칠은 바탕재가 흡수성이 심하거나 건조하였을 때에는 물뿜어 축여두거나 또는 바탕면에 묽은 풀칠을 하고 초배지를 붙인다.

종이에 풀칠할 때에는 풀칠용 넓은 붓을 평행 방향으로 운행하여 풀이 고르게 묻도록 하고, 종이의 흡수 및 신장이 균일하게 되도록 빨리 칠해야 한다.

가장자리는 지나치게 많이 칠하거나 풀이 덜 칠해지지 않도록 하며, 시멘트 모탈 미장면은 도배가 잘 떨어지므로 모서리와 가장자리 부분에는 접착력이 좋은 합성수지풀을 사용한다.
얇지 않은 도배지는 풀칠을 한 후 풀이 충분히 스며들도록 여유시간(잠재우기)을 두어야 한다.
두꺼운 종이, 장판지 등은 물을 뿌려 두거나 풀칠하여 2시간 정도 방치한 다음 다시 풀칠을 고르게 하여 붙인다.
창호지의 풀칠은 일정하게 평행방향으로 온통바름을 원칙으로 한다.
풀에는 이물질이 들어가지 않도록 주의해야 하며, 풀칠은 고루 빠짐없이 해야 한다. 도배지의 가장자리에는 된풀을 칠하고 가운데는 묽은풀을 칠하며, 가운데는 물만 칠하는 경우도 있다.
종이에 풀칠하여 붙이는 방법은 온통바름(온통 풀칠)·갓바름(갓둘레풀칠, 띄워 붙이기, 공간도배)이 있다. 공간도배는 비닐실크벽지풀칠과 바탕면이 고르지 못한 경우에 주로 쓰이며, 고급벽지를 바르기 전 초배지 풀칠에도 쓰인다. 온통바름은 종이벽지에 주로 쓰이며 모든 벽지에 쓰이는 풀칠방법이다.

16.7.3 초배

1. 재료

그림 16-20 시멘트모탈 미장면 초배

초배지는 붙임바탕 또는 정배지의 종류에 따라 한지·기름 초배지 또는 초배용 부직포로 한다. 부직포는 주로 넓은 면에 쓴다. 부직포는 폴리에스테르 천의 일종으로 한지보다 성능이 좋으며, 천만으로 된 것과 배접된 것이 있다. 배접된 것은 천의 질이 떨어지는 것이다. 천으로만 된 부직포는 바탕에 부착 후 창호지를 덧붙여 초배를 한다. 기름 초배지는 시멘트모탈, 페인트 바탕 등에서 오염방지를 위해 쓰인다. 합판 또는 석고보드와 같이 이음매의 패인 부분에는 부직포를 1차, 2차 부착으로 2겹을 붙이거나 크라프트지를 전면 풀칠하여 붙인다. 풀의 전체바름에는 부직포를 주로 쓰며, 가장자리바름(갓바름·공간초배)에는 한지를 주로 쓴다. 공간초배는 실크벽지 도배에 주로 쓰이며 한지를 2겹 붙이거나 한지 1겹과 부직포 1겹으로 해서 2겹을 붙인다. 공간초배는 바탕면이 울퉁불퉁할 때 평평한 도배를 위해 쓰인다.

그림 16-21 합판면 초배

2. 공법

바탕 상태에 따라 전면 풀칠 바르기 또는 띄워 바르기(공간초배)를 한다. 붙일 때는 주름살 없게 이음새를 맞추어 붙인다.

이음새의 겹침은 일반적으로 6~15mm로 하며, 초배 · 재배 각 붙임의 이음은 엇갈리게 하고, 또 종이에 방향성이 있을 때에는 그 방향을 엇바꾼다.

16.7.4 정배

1. 정배지 붙이기

벽, 천장에 초배가 끝나면 벽지를 벽이나 천장에 바르는 작업을 정배라고 하며, 정배지를 붙이는 방법에는 온통풀칠(온통바름), 갓둘레풀칠(띄워붙이기 · 공간도배)의 2가지 방법이 주로 쓰인다.

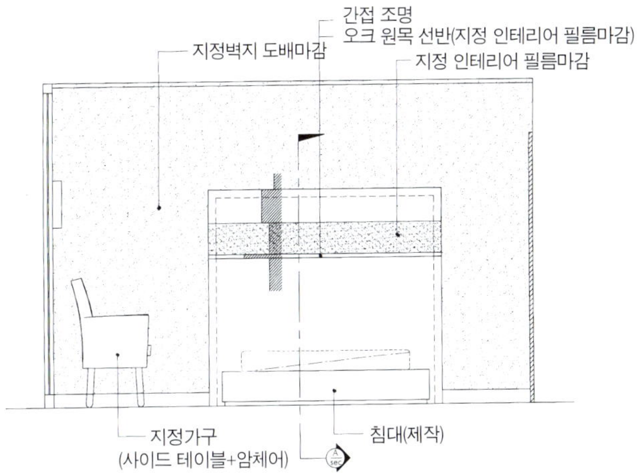

그림 16-22 침실 입면도

정배는 천장을 먼저 바르고 벽을 다음으로 바른다.

정배지는 색깔과 무늬를 맞추어 마름질한다. 정배지는 맞대어 붙이거나 겹쳐 붙인다. 소폭도배의 경우는 음영이 생기지 않는 방향으로 이음을 두어 6mm 정도로 겹쳐 붙인 다음 마무리솔, 헝겊 등으로 표면을 가로 · 세로로 문질러 주름살과 들뜬 곳이 없게 붙이며, 맞대어 붙인 곳은 Seam roller로 문질러 턱지지 않게 하고, 특히 갓둘레는 들뜨지 않게 밀착시킨다.

도배 후에는 직사광선 또는 통풍을 피하고(창문열기 금지) 건조, 균열, 늘어짐, 퇴색 등이 없게 하고 훼손되지 않도록 비닐시트로 보양하는 것이 좋다.

방화가 필요한 곳에서는 벽지에 방염처리를 해야 한다.

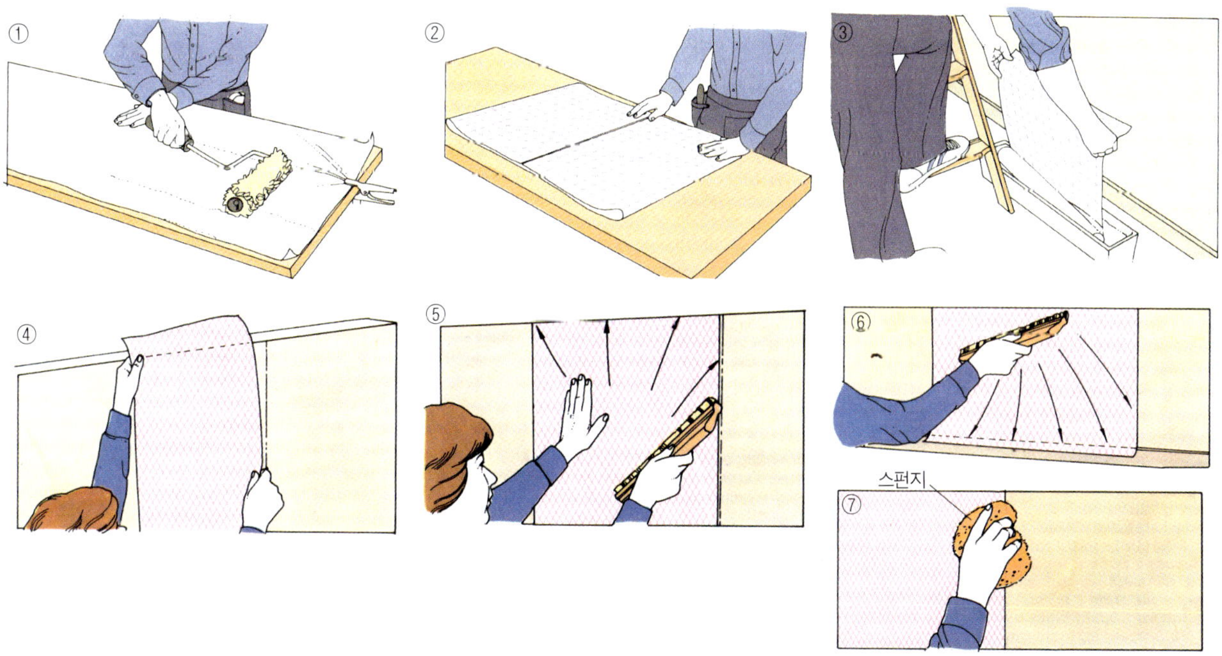

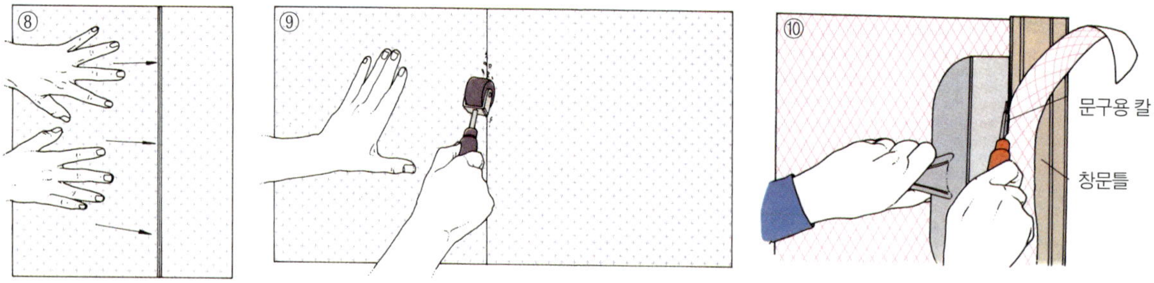

그림 16-23 정배지 붙이기 순서

정배지풀칠

정배 완료

비닐시트 보양

그림 16-24 정배와 보양

바람직한 벽면구획

① 이음매의 간격이 모두 균일한 것이 가장 이상적이다.(따라서 벽이나 천장의 길이를 재어 균등한 분할이 되도록 함이 바람직하다.)

② 천장의 이음매와 벽면의 이음매가 일치하는 것이 좋다.

③ 창문틀 윗부분과 아랫부분의 분할은 상하의 이음매가 맞아야 하고, 벽지의 폭도 벽면 전체와 동일하게 한다.

④ 기둥부분을 싸 바르는 경우 이음매 부분이 잘 보이지 않도록 뒷면이나 모퉁이에서 마무리한다.

⑤ 무늬방향이 있는 도배지는 입구나 눈에 많이 띄는 곳을 특히 유의해야 한다.

⑥ 조명기구가 천장에 배열된 경우 가급적이면 이음매 부분이 조명기구 배치선을 따라 나란히 하는 것이 좋다.

⑦ 다른 폭보다 좁은 폭을 부득이 시공해야 할 경우에는 분할상 가구나 집기로 가려져서 외부로 잘 드러나지 않는 부분을 택하는 것이 좋다.

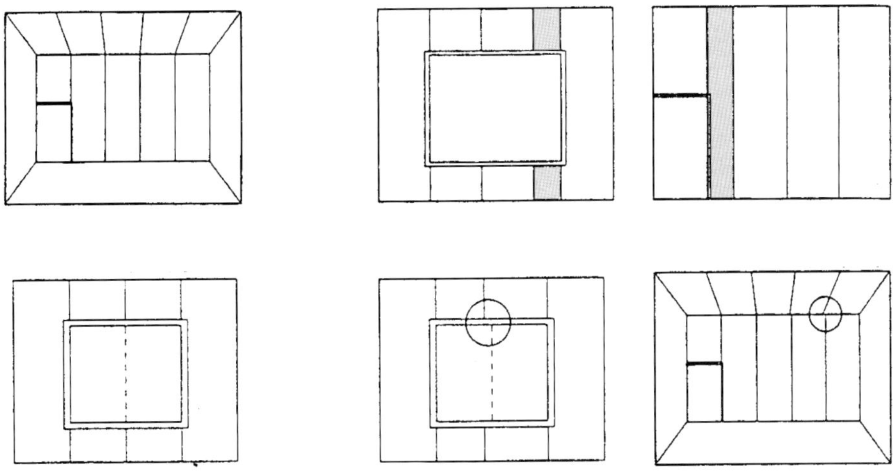

그림 16-25 벽면의 구획

2. 천벽지 붙이기

얇은 천은 참지(두꺼운 한지) 등으로 뒷붙임(배접)을 하고 온통풀칠하여 색깔과 무늬를 맞추어 붙인다.

이음은 맞대거나 또는 3mm 내외 겹치기로 하고 온통바름으로 풀칠하여 붙인 후, 표면에서 솔, Seam roller, 헝겊으로 눌러 밀착시킨다.

3. 갈포지 붙이기

갈포지는 너비를 맞추고, 온통 풀칠해서 붙이고, 이음은 맞대기로 한다.

갈포지를 작은 조각으로 절단하여 붙일 때에는 가로 · 세로의 무늬 모양이 좋게 나누어 붙인다.

4. 창호지 붙이기

창호지는 창문살 울거미에 맞추어 재단하고 갓둘레는 모두 잘라낸다.

창호지에는 깨끗하고 맑은 풀을 일정한 방향으로 평행하게 운행시켜 자국이 나지 않게 한다. 한 면을 온통 묽은 풀칠하여 창문에 댄 다음 손으로 갓둘레를 당겨내는 듯이 붙이고, 마무리솔로 살 또는 울거미(틀)에 눌러 밀착시킨 다음 그늘진 곳에서 말린다.

창호지의 중간이음은 긴 창살에 오게 하고, 풀칠한 후 늘어남을 고려하여 5mm 내외로 짧게 재단하고 갓둘레는 잘라낸다.

5. 장판지 붙이기

장판지는 방 크기에 따라 맞춰 나누어 보고 재단하여 갓둘레를 칼로 잘라 낸다.

바탕은 건조해야 하며 사발 등으로 밀어 모래알 · 먼지 · 풀덩이 등이 없게 하고 깨끗이 청소한 다음 붙이기 한다.

장판지는 물을 축이거나 풀칠하여 맞접어 두어 충분히 늘어난 다음 다시 고르게 된풀칠을 하고, 위치를 정확히 나누어 중앙에서부터 평활하게 붙인다.

각 장판지의 이음은 장판지 네 귀를 맞대어 종이의 네 귀가 모이는 부분은 중간 2장의 귀를 세모로 오려내고 뒷장으로 덮어 누른다.

16.7.5 보 양

직사광선 · 난방 · 통풍을 피하여 급속건조 · 균열(터짐) · 퇴색 등이 없게 하고, 풀이 묻은 곳은 잘 닦아냈는지 확인하고, 2~3일간 16°C 이상을 유지하며 손상 · 오염되지 않게 보양해야 한다. 비닐시트를 씌워 보양할 경우에는 비닐시트 고정시 테이프 자국이 남지 않는 Magic tape로 고정한다.

16.7.6 도배시공 시 주의사항

① 벽지 바르기 착수 이전에 바탕상태를 검사하여 불량장소를 지시하고 수정상태를 확인한다.

② 초배지는 부직포와 한지를 사용하고, 이음매의 겹침은 6~15mm로 붙이며, 붙임의 이음은 엇갈리게 하고 갓바름(공간초배) 또는 온통바름으로 한다.

③ 초배지의 건조는 정배지에 영향을 주기 때문에 초배지가 완전히 건조된 상태에서 정배를 해야 한다.(특히, 실크벽지로 정배를 할 경우에 유의해야 함)

④ 석고보드에 직접 바르기를 할 초배지는 특히 건조기간을 길게 할 필요가 있다.

⑤ 문양이 있는 벽지에서는 이어지는 부분에 어긋남이 없도록 하고, 색조에 따라 다소 농담의 차이가 있는 경우는 색조를 구별하여 눈에 띄지 않도록 유의하여 배치한다.

⑥ 정배지는 색깔 무늬를 맞추어 붙인 다음 솜, 헝겊 등으로 문질러 주름살과 들뜬 것이 없게 밀착한다.

⑦ 벽지를 바른 후 내부 공기를 제거하도록 충분이 쓰다듬어 붙이고 이음매는 썸롤러 등을 사용하여 충분히 문지른다.

⑧ 시공은 얼룩 등이 없도록 주의하고 개구부 주위 · 이음매 등의 벌어짐에 대해서 검사한다.

⑨ 직사광선 또는 통풍을 피하고 급속 건조, 균열, 늘어짐 등이 없게 하고 손상, 오염이 되지 않게 보양한다.

⑩ 직물벽지는 분무기 등을 사용하여 방염처리를 해야 한다.

HILTI DX 450

CHAPTER **17**

철근콘크리트공사

17.1 개 요

철근콘크리트는 철근과 콘크리트가 일체로 결합하여 콘크리트는 주로 압축력에, 철근은 주로 인장력에 유효하게 작용토록 하여 양자의 장점을 발휘시켜 이상적인 구조체를 구성하는 내진 · 내화 · 내구적인 구조이다.

철근과 콘크리트는 신축계수가 거의 일치하여 온도변화에 대해 유리하다. 또 철근과 콘크리트의 결합은 콘크리트가 경화하여 내부의 철근과 튼튼하게 부착 · 피복되어 철근의 내화력을 증진시키고 부식을 방지한다.

그림 17-1 콘크리트 Gun과 Kit

17.2 철근공사

17.2.1 철근의 종류 및 저장

1. 철근의 종류

철근의 종류에는 원형철근, 이형철근, 피아노선 등이 있으나 건축공사에는 이형철근이 주로 쓰인다. 원형철근의 지름은 ϕ로, 이형철근의 공칭지름은 D로 표시하고 mm 단위로 치수를 기입한다. 건축공사에 보통 쓰이는 철근의 지름은 D10, 13, 16, 19, 22, 25, 29로 7종의 이형철근이다. D10, 13은 주로 슬래브에 쓰이고, D16~29는 주로 기둥 · 보에 쓰인다.

철근 정척물(定尺物)의 길이는 일반적으로 6m, 7m, 8m, 9m, 10m 등으로 제조되고 있으며, 판매단위 및 가공수량은 일반적으로 ton 단위로 하는 것이 보통이다.

약간 녹슨 철근은 콘크리트와의 부착력을 증가시키므로 사용해도 되나 유해한 들뜬 녹, 붉은 녹이 심한 것, 페인트 등은 스틸 브러시(Steel Brush)로 제거하고 사용하도록 한다.

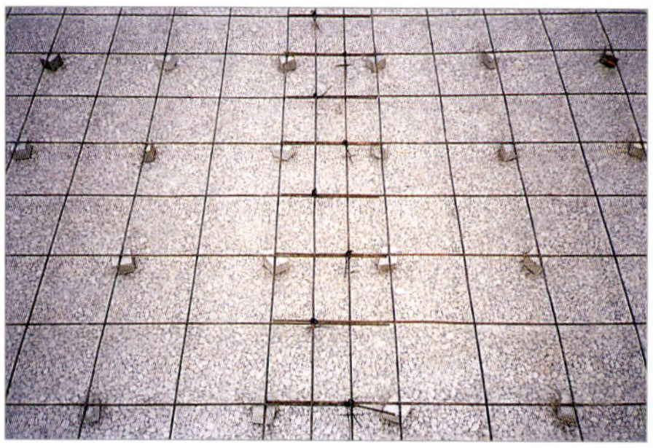
그림 17-2 와이어메시와 이음법

2. 용접철망(Wire mesh, W.W.F, Welded Wire Fabric)

ϕ4.5~6의 원형철근이 망형으로 용접된 가로 1.8m×세로 1.8m 크기의 기성제품으로 수압이 없는 흙바닥 위 슬래브나 P.C외벽판의 Outskin 등에 편리하게 쓰인다.

3. 철근의 반입과 저장

철근이 현장에 반입되면 철근의 굵기 · 개수 등에 착오가 없는지, 붉은 녹은 슬지 않았는지, 굽은 데가 없는지 등의 검사를 해야 한다. 철근은 땅에 직접 놓지 말고 침목 등을 사용하여 땅에서 10cm 이상 띄워야 하며 지름별 · 길이별로 구분하여 정리 보관하도록 한다. 철근을 사용하기까지 상당한 기간(2개월 이상)이 있을 경우에는 창고에 넣거나 비, 이슬, 눈, 바닷바람 등에 노출되지 않고 먼지, 흙, 기름 등에 부착되지 않도록 비닐시트 등으로 덮어서 저장해야 한다.

17.2.2 철근의 가공

철근의 가공은 절단, 구부리기, 조립으로 구분된다.

1. 절 단

철근의 절단은 도면에 지시된 치수와 형상에 맞추어 철근절단기(Bar cutter, Shear cutter) 또는 철제 바탕에 철근을 놓고 절단할 곳에 절단망치를 대고 쇠메로 쳐서 절단하거나 쇠톱을 이용하여 절단한다. 산소용접기를 이용하여 절단하기도 하나 철근의 인장강도에 변화가 생기므로 좋지 않은 방법이다.

휴대용 바 커터

바 커터

바 커터에 의한 절단

바 벤더

그림 17-3 철근 절단기와 휨기계

2. 구부리기

철근의 구부리기는 바 벤더(Bar bender)를 사용한다. 인력에 의해 구부릴 경우 구부리기에 필요한 공구는 구부림판, 집게, 파이프 등으로 구성된다.

17.2.3 철근의 이음과 정착길이

철근의 이음은 대부분 겹침이음으로 한다.

1. 이음과 정착길이

① 이음의 위치는 되도록 응력이 큰 곳을 피하고, 동일개소에 철근수의 반 이상을 이어서는 안 된다.

② 이음 및 정착의 길이는(용접하는 경우를 제외하고), 인장력을 받는 곳은 철근지름의 40배 이상, 압축력을 받는 곳은 철근지름의 25배 이상으로 한다.

③ 지름이 서로 다른 주근을 잇는 경우에는 작은 주근 지름을 기준으로 한다.

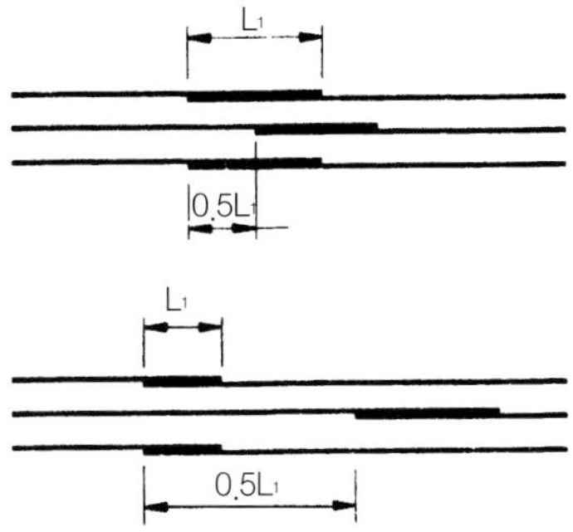

그림 17-4 철근의 이음길이

2. 철근의 용접이음

철근의 이음은 대부분 겹침이음으로 하나 경우에 따라서는 용접이음으로 할 때도 있다.

17.2.4 철근의 간격과 피복두께

1. 철근의 간격

철근의 간격은 구조계산에 의하여 결정되며, 철근배근의 최소 간격은 2.5cm 이상, 철근지름 1.5배 이상, 콘크리트에 쓰이는 최대 자갈지름의 1.25배 이상으로 한다.

2. 철근에 대한 콘크리트의 피복두께

피복두께는 소정의 내화성 · 내구성 등을 확보할 수 있도록 일반적으로 표 17-1과 같이 규정하고 있다.

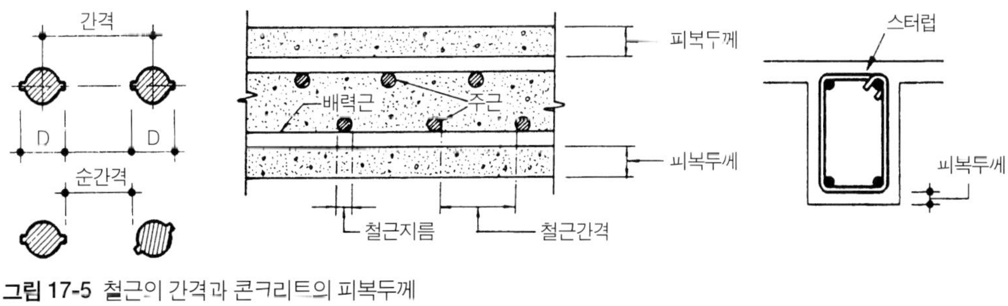

그림 17-5 철근의 간격과 콘크리트의 피복두께

표 17-1 철근에 대한 콘크리트 피복두께의 최소값 (단위 : cm)

구조 부분의 종별			최소값
흙에 접하지 않는 부분	실 내	마무리 있을 때	2
		마무리 없을 때	3
직접 흙에 접하는 부분	기둥, 보, 바닥, 내력벽		4
	기초, 옹벽		6

17.2.5 철근의 조립(배근)

1. 개 요

철근은 조립 전에 들뜬 녹, 기름류, 먼지, 흙, 페인트 등 콘크리트와의 부착력을 감소시키는 것들은 모두 제거하고, 또 콘크리트를 부어 넣을 때 철근이 이동되지 않도록 견고하게 조립해야 한다.

2. 철근조립용 재료

(1) 결속선

철근과 철근의 교차부 결속은 #18~#20 철선을 불에 달구어 누그러뜨린 것을 사용한다. 철근의 겹침이음은 1개소마다 2군데 이상 두 겹으로 감아 결속하고, 특히 중요한 부분은 3군데를 맬 때도 있다.

철근의 결속은 원칙적으로 철근이 교차되는 부분마다 해야 하지만 하나 또는 둘 거름으로 결속하되 결속방향은 엇갈리도록 한다.

그림 17-6 결속선 매기

(2) Spacer(간격재)

철근과 거푸집 또는 철근과 철근의 간격을 유지시키고 철근의 피복두께를 확보하기 위해 사용하는 것으로서 철선제, 기성철제, 플라스틱제, 모탈제 등을 사용한다. 굄 간격은 1.0~1.5m 정도로 한다.

그림 17-7 Spacer의 종류

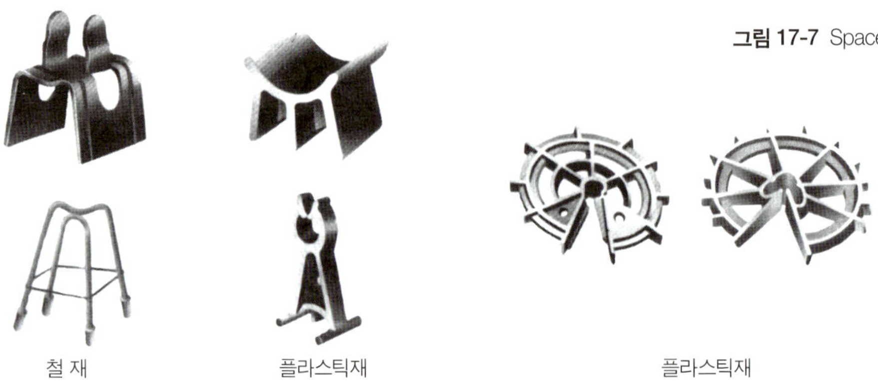

철 재 플라스틱재 플라스틱재

바닥용 벽체용

17.3 거푸집공사

17.3.1 개 요

1. 일반사항

거푸집은 콘크리트 부어넣기 작업과 응결 · 경화하는 동안 콘크리트를 일정한 형상과 치수로 유지시켜 주며, 그 경화에 필요한 수분의 누출을 방지하고 규정된 존치기간이 지나면 제거하는 가설물이다.

거푸집은 정확하고 충분한 내력이 있도록 조립, 설치해야 한다.

● 거푸집 시공상 주의사항

① 콘크리트의 중량, 공사중의 작업하중, 부어넣기 할 때 충격과 콘크리트의 측압에 견디고 뒤틀림, 배부름, 처짐 등의 변형이 생기지 않도록 한다.

② 조립 · 제거 · 운반이 쉽고, 조립 · 제거할 때 파손 · 손상되지 않아야 한다.

③ 거푸집 널과 널은 수밀하게 되어 시멘트풀의 누출을 방지할 수 있어야 한다.

④ 시공정밀도에 따라 수평 · 수직 · 직각을 유지하고 변형이 생기지 않아야 한다.

17.3.2 거푸집

거푸집은 콘크리트 시공시의 하중(고정하중, 작업하중)과 콘크리트의 측압 또는 콘크리트를 부어넣을 때의 충격과 진동에도 견딜 수 있어야 한다.

그림 17-8 목철 거푸집

1. 거푸집널

합판, 금속제, 목제로 제작한다. 합판거푸집의 두께는 보통 12mm가 사용된다.

(1) 목제 거푸집

벽 · 바닥판을 합판으로 짜서 조립하는 것이다. 패널의 크기는 90×180cm가 가장 많이 사용되며, 필요에 따라 그 반쪽 또는 반절로 한 것도 쓰인다.

(2) 목철 거푸집

앵글, 채널(Channel) 또는 알루미늄 부재로 틀(Frame)을 짜고, 그 위에 12mm 내수합판을 붙인 것으로 유로 폼 등이 있다.

그림 17-9 유로 폼

● 유로 폼(Euro form)

유로 폼은 국내 건설업계에 많이 보급되어 있다. 이것은 내수합판과 특수 경량강으로 만들며, 파손이 극히 드물고, 조립이 용이하며, 패널의 교환이 가능하다. 손이나 간단한 크레인으로 들어올려 조립할 수 있다.

17.3.3 강관지주(Pipe Support)

소요 높이를 조절할 수 있는 지주로 조절 가능거리는 20cm이고, 이 이상이 되면 상부관의 구멍에 전용 핀을 꽂아 높이를 조절하고 해체를 간단히 할 수 있다.

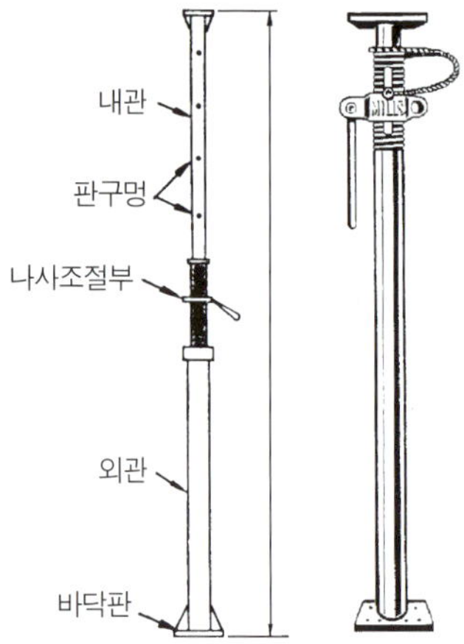

그림 17-10 강관지주

그림 17-11 슬래브 거푸집과 강관지주

17.3.4 긴결재 · 박리제

1. 긴결재

콘크리트를 부어 넣을 때 거푸집을 정확한 위치와 치수로 유지시키기 위해 쓰이는 것으로 Form tie, Separater, 철선 등이 있다.

(1) 긴장재(Form tie)

벽체 거푸집에 콘크리트를 부어 넣을 때 거푸집이 벌어지거나 우그러들지 않게 연결·고정하는 것이며, 철선(#8~#10 철선을 불에 누그러뜨린 것), 폼타이(Form tie) 등이 사용된다.

(2) 격리재(Flat tie, Sepa-tie)

벽체 거푸집 설치시 양편의 거푸집 상호간에 일정한 간격(벽두께 등)을 유지하기 위한 것으로 철판제와 볼트형이 쓰인다. 주로 철판제가 쓰이며, 유로 패널(Euro Panel)과 갱폼(Gang form)에 많이 쓰인다.

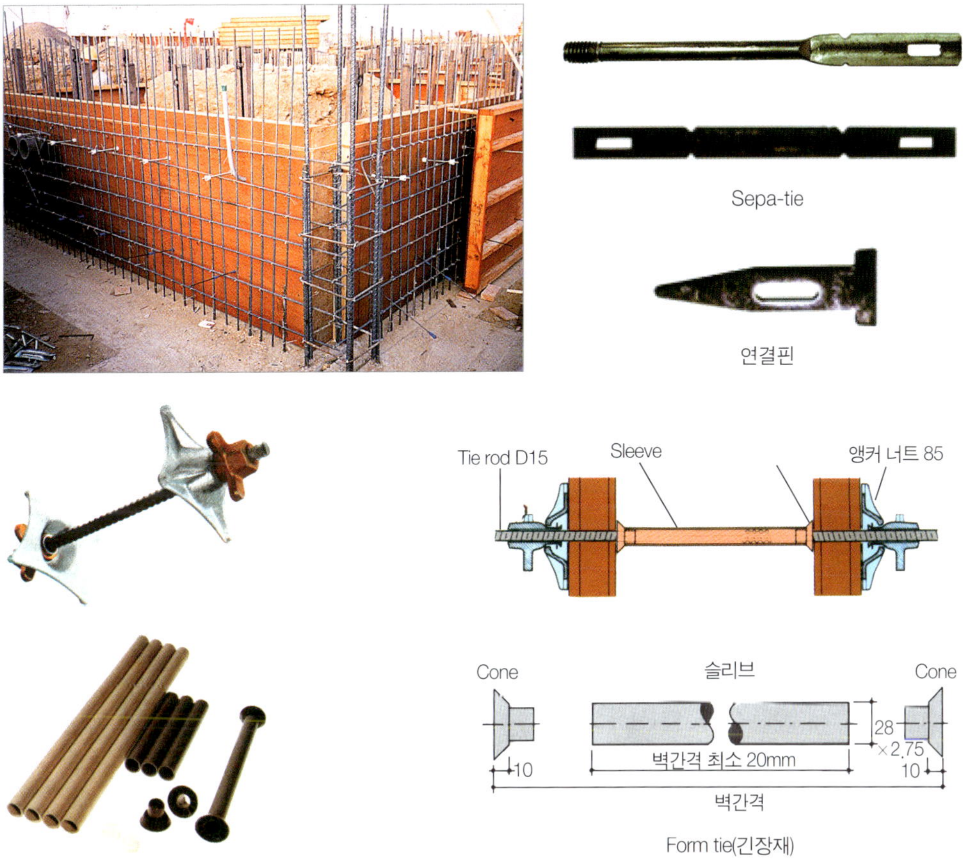

그림 17-12 긴장재와 격리재

2. 박리제(Form oil)

콘크리트를 부어 넣은 후 거푸집 널을 떼어내기 쉽게 하기 위해 미리 거푸집 널에 바르는 기름이며, 기성제품으로 된 박리제가 있으며 현장에서 배합하여 쓰기도 한다.
엔진오일 등의 기계 폐유는 콘크리트를 오염시키며 미장바름의 부착력을 저해하므로 사용하지 않는 것이 좋다.

그림 17-13 와플 폼과 시공 예

3. 와플 폼(Waffle form)

무량판구조라고 하며, 거푸집은 상자 모양으로 된 기성제이다. F.R.P. 합성수지 거푸집을 장선 위에 연속적으로 늘어놓고 격자형의 보와 슬래브를 동시에 만드는 것이다.

17.3.8 제물치장 콘크리트 거푸집

제물치장 콘크리트는 콘크리트의 표면에 다른 마감을 하지 않는 것으로, 거푸집의 상태와 콘크리트의 품질에 의해 그 성과가 좌우된다.

1. 재 료

제물치장 콘크리트용 거푸집 널은 금속제 널이나 표면이 고운 내수합판으로 된 널을 사용하는 것이 좋다.

2. 거푸집 제작 및 조립

콘크리트를 제치장으로 끝낼 때의 거푸집은 특히 튼튼하게 제작하여 정밀하게 조립해야 한다.

제물치장 콘크리트는 거푸집을 제거하면 콘크리트면 자체가 치장면이 되므로 거푸집의 제작 및 조립은 정확하고 튼튼하게 설치하여 이동, 변형, 처짐 등이 생기지 않도록 해야 한다.

박리제는 거푸집 설치 전에 균일하게 도포하되 착색이 되지 않는 무색의 것을 사용해야 한다.

3. 거푸집 제거시 주의할 사항

거푸집을 제거할 때는 제거시기를 엄수해야 한다.

① 진동 · 충격 등을 주지 않고 콘크리트가 손상되지 않도록 한다.

② 높은 곳의 거푸집을 제거할 때는 거푸집의 낙하로 인한 사고에 주의해야 한다.

그림 17-14 거푸집 제거

17.4 콘크리트 재료

1. 물

콘크리트에 쓰이는 물은 깨끗하고 유해한 불순물(기름, 염류 등)을 함유하지 않아야 하며, 바닷물은 철근을 녹슬게 할 위험이 있으므로 철근콘크리트에는 사용하지 않아야 한다.(단, 무근 콘크리트는 바닷물을 사용해도 무방하다.)

2. 시멘트

건축공사에는 주로 보통 포틀랜드시멘트를 사용하며, 다음과 같은 종류가 있고, 그 성질(응결시간, 강도, 화학적 성분)과 용도가 각각 다르다.

(1) 시멘트의 종류

① 보통 포틀랜드시멘트(일반적인 시멘트를 말한다)

② 중용열 포틀랜드시멘트

③ 조강 포틀랜드시멘트

분말도가 높은 고급제품으로 보통 포틀랜드시멘트에 비해 조기강도가 크고, 저온에서 경화가 잘 되므로 동절기나 공기단축을 위한 긴급공사에 사용된다.

④ 백색 포틀랜드시멘트

회분이 남지 않게 하여 백색 제품으로 만든 것이며 미장재료, 타일줄눈, 인조석 원료로 사용된다.

(2) 응결

시멘트에 물을 가하면 수화작용으로 풀의 형태로 되는 상태이다. 물과 혼합한 후 응결이 시작되는 것은 1시간 후, 응결이 종료되는 것은 10시간 이내로 규정하고 있으며, 2~4시간 사이에 응결이 가장 활발하게 이루어진다.

(3) 경화

시멘트가 응결상태를 지나 점차 고체의 상태로 되는 것을 말한다. 일반적으로 물과 혼합 후 28일 경과된 상태를 가지고 콘크리트의 강도를 말한다.

3. 골 재

골재란 모래, 자갈, 인공으로 만든 부순돌(쇄석), 경량골재 등을 말하며 천연골재와 인공골재(쇄석)로 분류한다.

건축공사에 쓰이는 골재는 강모래 · 강자갈이 널리 쓰이며, 바다모래와 바다자갈은 염분이 함유되어 있으므로 철근콘크리트공사에서는 사용치 말아야 하며, 만약 사용할 경우는 충분히 물씻기를 하여 사용하도록 한다.

4. 경화촉진제

콘크리트의 응결 및 경화를 촉진시키기 위해 사용하는 혼화제로서 급결제 또는 급경제라고도 한다. 적당량(시멘트량의 1~2%)을 사용하면 빙점을 강하시키고 응결을 촉진시켜 겨울철 사용에 효과가 있다.

17.5 콘크리트공사

17.5.1 개 요

콘크리트란 물, 시멘트, 모래, 자갈을 섞어 혼합하여 거푸집에 채워 넣어 경화시킨 다음 거푸집을 제거하여 만든 것이다.

콘크리트는 각 재료의 품질, 배합비, 제작방법(비비기 · 부어넣기 · 다지기), 환경(기온 · 보양 등) 및 재령에 따라서 그 강도는 각각 다르며, 시공 후에는 결함의 발견이나 보강이 곤란하므로 시공 시에 세심한 주의를 해야 한다.

(※ 재령 : 콘크리트를 배합한 후 경과된 시일)

콘크리트공사는 콘크리트의 비비기, 운반, 부어넣기, 다지기 작업으로 대별할 수 있으며, 이 작업들이 일관성 있게 이루어져야 소요의 강도를 충족시키는 콘크리트를 얻을 수 있다.

콘크리트의 강도는 사용목적에 따라 다른데 일반적인 경우 소요강도는 150~270kgf/cm^{2}로 한다. 일반적으로 180, 210kg/cm^{2}가 쓰인다. 콘크리트의 강도는 주로 시멘트의 양과 물의 양에 의해 좌우되므로 물시멘트비가 중요하다.

물시멘트비(Water-Cement ratio : W/C)란 콘크리트를 배합할 때 물과 시멘트의 중량비(백분율)를 말하며, 콘크리트의 강도 · 시공연도 등을 지배하는 요인이 된다. 콘크리트에 물이 많이 첨가될 될수록 콘크리트의 강도는 저하되며 연도는 증가된다.

(※ 연도 : 비비기 쉬운, 잘 비벼지는 부드러운 정도)

17.5.2 시공준비

① 거푸집, 철근배근, 배관, 매립물 등의 공사가 완전히 되어 있어야 하며 콘크리트를 붓기 전에 이들을 점검해야 한다.

② 거푸집 내부를 청소하고, 충분히 물을 축이고, 시멘트풀이 거푸집 밖으로 유출되는 것을 방지한다.

③ 청소구멍, 기타 임시 개구부를 튼튼하게 막는다.

④ 콘크리트 진동기 등을 점검, 정비해 놓는다.

17.5.3 콘크리트 비비기

콘크리트 비비기는 손비빔과 기계비빔이 있으나 기계비빔을 원칙으로 한다.

1. 손비빔

손비빔은 두꺼운 철판 위에 모래를 붓고, 그 다음 시멘트를 부어 건비빔 3회 이상을 한 후, 자갈을 넣고 물비비기 4회 이상으로 하고, 그 색채와 품질이 균일하게 되도록 비빈다. 기계비빔에 비해 품질이 좋지 않다.

2. 기계비빔

믹서로 콘크리트를 비비는 것으로, 믹서를 계속 회전시키면서 물과 시멘트를 넣어 시멘트풀을 만들고 다음에 모래와 자갈을 넣어 비빈다.

믹서의 비빔시간은 재료 전부를 투입한 후 1~2분 정도로 한다.

믹서를 사용한 후에는 반드시 내부를 물로 깨끗이 씻어내야 한다.

3. 믹서의 종류

믹서는 이동식과 정치식이 있고, 또 콘크리트 모탈을 배출할 때 동체를 기울일 수 있는 가경식 믹서(Tilting mixer)와 동체를 기울이지 않고 압력에 의해 배출 · 배송하는 압력식 믹서가 있다. 압력식은 높은 곳으로 배송할 때 편리하다.

그림 17-15 가경식 믹서

그림 17-16 압력식 믹서

17.5.4 콘크리트 운반

비빈 콘크리트는 운반중에 재료가 분리되지 않아야 하며, 신속히 운반하여 곧 부어넣기를 해야 한다.

1. 손수레

운반거리가 짧고 평탄한 통로에 사용하며, 외바퀴 손수레(일륜차)의 용량은 0.05~0.06m³, 두바퀴 손수레(2륜차)는 0.15~0.2m³ 정도이다.

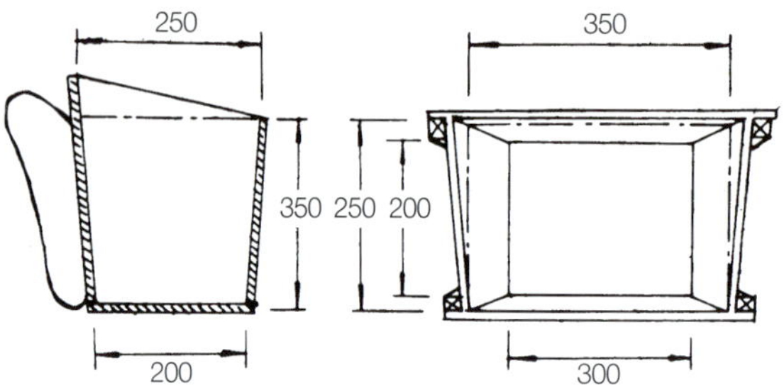

※ 질통의 치수는 일례임

손수레(Cart)

그림 17-17 질통과 손수레

2. 슈트(Chute)

높은 곳에서 낮은 곳으로 콘크리트를 흘려 미끄러져 내려보낼 때 쓰는 콘크리트 경사로이다. U자형의 철판제 반원형 홈통이다.

슈트의 경사가 완만하면 콘크리트가 잘 미끄러져 내려가지 않고, 너무 급하면 굵은 골재가 먼저 미끄러져 내려 재료의 분리가 생기게 된다.

3. 레디믹스트 콘크리트(Ready Mixed Concrete)

그림 17-18 Ready mixed concrete car

레디믹스트 콘크리트는 콘크리트 제조공장에서 콘크리트를 비벼 레미콘차로 현장에 운반하여 부어넣는 것을 말하며 레미콘(Remicon)이라고도 한다.

생콘크리트의 품질은 시간이 경과되면 약화되므로 현장에 도착하면 곧 사용하도록 한다. 레디믹스트 콘크리트의 운반거리는 여름에는 1시간, 겨울에는 1시간 30분 정도 걸리는 거리 이내로 한다. 레미콘 1대의 콘크리트 용량은 6m³이다.

17.5.5 콘크리트 부어넣기

● 부어넣기시 주의사항

① 콘크리트 붓기는 비빔장소 또는 토출부로부터 먼 곳에서부터 가까운 곳으로 부어넣기 한다.

② 부어넣기 전에 미리 계획된 작업구역 내에서는 연속적인 붓기를 해야 하며, 일구획 내에서는 콘크리트 표면이 수평이 되도록 부어 넣는다.

③ 부어넣기는 대개 높은 위치에서 콘크리트를 직접 낙하시키는데, 이때에 재료의 분리 등으로 불량 콘크리트가 되기 쉬우므로 자유낙하의 거리는 될 수 있는 대로 짧게(보통 1.5m, 최대 2m 정도로 한다) 한다.

④ 부어넣기할 때 철근, 배관, Spacer 및 기타 매설물이 이동하거나 거푸집이 변형되지 않도록 주의해야 하며, 필요시에는 합판 등을 깔고 작업을 해야 한다.

17.5.6 콘크리트 이어붓기

콘크리트 구조물의 이음자리는 강도상 약할 뿐만 아니라 방수층의 누수와 미장과 같은 마무리재 균열 등의 원인이 되므로 가능한 한 이음부분이 없도록 시공한다.

● 이어붓기 할 때의 주의사항

① 이어붓기면은 가급적 짧게 하고 수평 또는 수직으로 정확히 끊는다.

② 콘크리트의 불량 부분은 까내고 레이턴스와 미끈한 면은 와이어 브러시(Wire brush) 등으로 긁어내어 거친 면으로 하고 물씻기를 한다.

③ 시멘트풀을 이음자리에 발라 콘크리트 접착이 잘 되게 한다.

④ 큰 전단력을 받는 곳은 철근 등을 묻어 촉을 만들고 이어붓기를 한다.

17.5.7 조절줄눈 (Control joint)

모든 재료는 온도 및 습도의 변화에 따라 수축팽창이 일어나므로 시멘트모탈 미장면에는 부재의 신축이 자유롭게 되도록 조절줄눈을 설치할 필요가 있다.
조절줄눈의 위치는 벽과 벽이 마주치는 곳에 두고, 얇은 벽일 때 6~9m, 두꺼운 벽일 때 15~18m 간격으로 조절줄눈을 둔다. 조절줄눈의 간격은 10mm 정도로 하며, 마무리는 신축이 잘되며 콘크리트에 부착이 잘 되는 코킹이나 실런트로 한다.

17.5.8 콘크리트 다지기 및 고르기

부어넣기한 콘크리트는 충분히 다져서 기포·공극 등이 생기지 않게 하고, 철근이나 매설물에 치밀하게 밀착되어 균질의 콘크리트가 되도록 해야 한다.
다지기 방법에는 손다짐, 진동다짐 등이 있으나 시공 시에는 진동다짐이 주로 쓰인다.

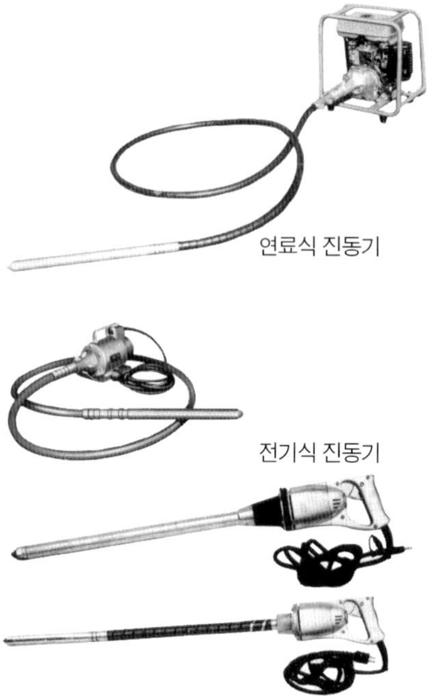

그림 17-19 각종 진동기

1. 진동다짐

진동기를 사용하는 목적은 콘크리트를 구석구석까지 충전시키고 밀실한 콘크리트를 얻기 위한 것이다. 진동기에는 주로 막대형 진동기(꽂이식 진동기 : Rod type vibrator)가 쓰인다.

● 막대형 진동기로 콘크리트를 다지는 요령

① 콘크리트 붓기 1회의 높이는 진동기의 진동부분의 길이를 넘지 않도록 30~60cm 정도로 한다.
② 가능한 한 수직방향으로 동일한 간격과 일정한 시간으로 운행하도록 한다.
③ 운행간격은 진동효과와 중복되지 않도록 약 60cm 정도로 한다.
④ 진동기의 끝은 부어넣은 콘크리트의 전층(前層)에 약간 들어갈 정도로 한다.
⑤ 철근 또는 거푸집에 직접 진동을 주는 일은 변형, 파손의 우려가 있으므로 금지하는 것이 좋다.
⑥ 진동기의 진동시간은 최소 15초, 된비빔이라도 최대 1분 정도이며, 보통 30~40초 정도가 적당하다.
⑦ 진동기는 가만히 꽂아 놓고 서서히 뽑아내어 막대의 구멍을 남기지 않도록 한다.
⑧ 진동기는 1일 콘크리트 작업량 $20m^3$ 정도마다 1대로 하고, 고장이 많으므로 3대에 1대 꼴로 예비진동기를 준비한다.
⑨ 응결 및 경화가 시작된 콘크리트에 진동을 주어서는 안 된다.

2. 손다짐

긴 각목이나 철근으로 다진다.

17.5.9 보양(양생 : Curing)

부어넣은 콘크리트가 완전히 경화할 때까지 습기와 온도를 유지하여 수화작용을 충분히 발휘시켜 콘크리트 강도를 소요의 강도에 이르게 함을 양생이라 하며, 양생시 건조 및 외력에 의한 균열 발생을 방지하고, 충격과 진동으로 인한 변형·파괴 등을 예방하는 것을 보양이라 한다.

● 보양시 주의사항

① 시공 후 5일간은 콘크리트 자체의 온도가 2°C 이상이 유지되도록 한다.

② 바닥판 표면의 급격한 건조와 기온의 영향(일광의 직사, 풍우, 눈 등)을 방지하기 위해 거적, 비닐 등으로 노출면을 덮어야 한다.

③ 콘크리트가 충분히 경화될 때까지 충격 및 하중이 가해지지 않도록 보호한다. 특히 콘크리트 부어넣기 후 3일간은 그 위를 보행하거나 재료 등을 쌓아 두지 않도록 한다.

④ 콘크리트 타설 후 3일간은 콘크리트와 거푸집에 충격을 주어서는 안 된다.

⑤ 거푸집은 공사에 지장이 없으면 오래도록 존치시키는 것이 콘크리트 보양에 유리하다.

17.5.10 제물치장 콘크리트(Exposed concrete)

1. 개 요

노출콘크리트라고도 하며, 콘크리트 표면을 미장 · 타일 등으로 외장하지 않고 거푸집을 떼어낸 콘크리트면 자체가 치장이 되게 마무리한 콘크리트이다.

제물치장 콘크리트는 외장을 하지 않기 때문에 상당히 경제적일 것이라고 생각할 수 있으나 사실은 시공상의 난점과 비경제적인 문제가 따르게 된다.

제물치장 콘크리트는 표면의 질과 색깔, 평탄의 정도, 결함 등이 직접 콘크리트 마무리면의 미관에 영향을 미치기 때문에 시공할 때에는 거푸집의 재료 및 설치방법, 철근의 피복두께, 콘크리트 부어넣기, 보양 등에 많이 유의해야 한다.

2. 거푸집과 재료

(1) 거푸집

제물치장 콘크리트 마무리의 양부는 거푸집공사에 의해 좌우되므로 면이 깨끗한 양질의 거푸집을 사용해야 하며 거푸집은 규격이 정확하고 조립도 엄밀해야 한다. 특히 거푸집의 이음새와 격리재 설치에 주의해야 한다.

거푸집 연결 부분이 외부로 나타나므로 연결 부분은 일정한 거리간격으로 배치해야 한다.

제물치장 콘크리트용 거푸집은 유로 폼 등의 깨끗한 내수합판을 쓰며, 또 콘크리트를 부어넣기 전에 거푸집 박리제를 충분히 칠하는 것이 좋다.

(2) 재료

시멘트는 제조공장마다 색깔이 다르므로 동일 공장 제품을 사용해야 하며, 골재도 동일 산지의 것을 사용하여 색조의 변화가 없도록 한다.

17.5.11 무근콘크리트

철근보강이 필요 없는 버림 콘크리트 · 바닥 콘크리트 등을 말하며, 넓은 바닥의 무근콘크리트는 와이어 메시를 넣을 때도 있다.

설계기준강도는 150kg/cm² 이상으로 한다.

아파트 거실부 콘크리트구조

아파트 내력벽(유로폼)

아파트 욕실 · 방 부분 구조

다세대(빌라)최상층 구조 및 지붕 슬래브 단열

욕실 Slab down

철근콘크리트 계단 및 내력벽

철근콘크리트 라멘조(기둥 · 보 · 슬래브)

철근콘크리트 보와 슬래브

엘리베이터 피트 내력벽

그림 17-20 철근콘크리트 각부 구조

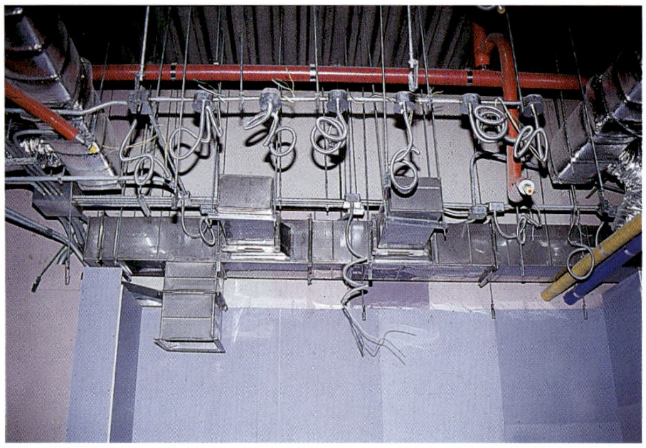

CHAPTER **18**

설비공사

18.1 개 요

실내에서의 쾌적함을 추구하기 위하여 온도, 습도, 청결, 공기환경(연기, 먼지, 냄새)을 인위적으로 알맞게 조성해 주기 위한 공사를 설비공사라고 한다. 설비공사는 사람의 기분, 건강 · 위생 · 안전에 미치는 영향이 크며, 재시공 시에는 공사의 어려움과 경제적 손실이 크므로 처음부터 완벽한 공사를 할 수 있도록 해야 한다. 설비공사는 설비전문가들이 공사를 진행하나 실내건축기사가 설비공사와 다른 공종공사의 기본적인 내용과 공정순서를 알지 못할 경우는 시공중에 큰 혼란이 초래되므로 관련내용을 잘 익혀야 한다.

실내 건축설비공사에는 공기조화설비공사, 냉 · 난방설비공사, 급수설비공사, 급탕설비공사, 배수설비공사, 위생설비공사, 전기설비공사, 소화설비공사, 가스설비공사 등으로 분류할 수 있다.

18.2 위생설비

위생설비공사는 욕실, 배수화장실, 부엌 등에 위생기구(세면기 · 욕조 · 대변기 · 소변기 · 수세기 등)가 설치되는 장소의 마감공사가 끝난 후 이루어지며, 일반적으로 타일공사 또는 대리석 판석공사 후에 시행된다. 위생기구는 급수 · 배수 · 급탕을 필요로 하는 모든 곳에 설치되는 기구로 급수관과 배수관의 중간에 설치하여 오수를 배수관으로 흘려 보내는 역할을 한다. 위생기구는 물을 사용하는 기구이므로 비흡수성과 청결이 요구되며 내식성이 우수해야 하며 제작 · 설치가 간단하고 편리해야 한다.

표 18-1 위생기구 설치높이 (단위 : mm)

기구명칭	설치높이	비고
샤워기(고정식)	1,870	바닥면에서 샤워헤드 중심까지
소변기	530	바닥면에서 리브의 상단까지
세면기	720	바닥면에서 기구의 넘치는 수면까지
수세기(화장실의 수세전용)	760	바닥면에서 기구의 넘치는 수면까지
주방 싱크	800~850	바닥면에서 기구의 넘치는 수면까지

표 18-2 욕실비품의 설치높이 (단위 : mm)

기구명칭	설치높이	비고
거울	1400~1500	바닥면에서 거울의 중심까지
휴지걸이(대변기)	380(한식), 710(양식)	바닥면에서 휴지걸이 중심까지
타올걸이(욕실용)	1,100	바닥면에서 타올걸이 봉의 중심까지
비누상자(세면용)	1,000	바닥면에서 중심까지
비누상자(욕조용)	700	바닥면에서 중심까지

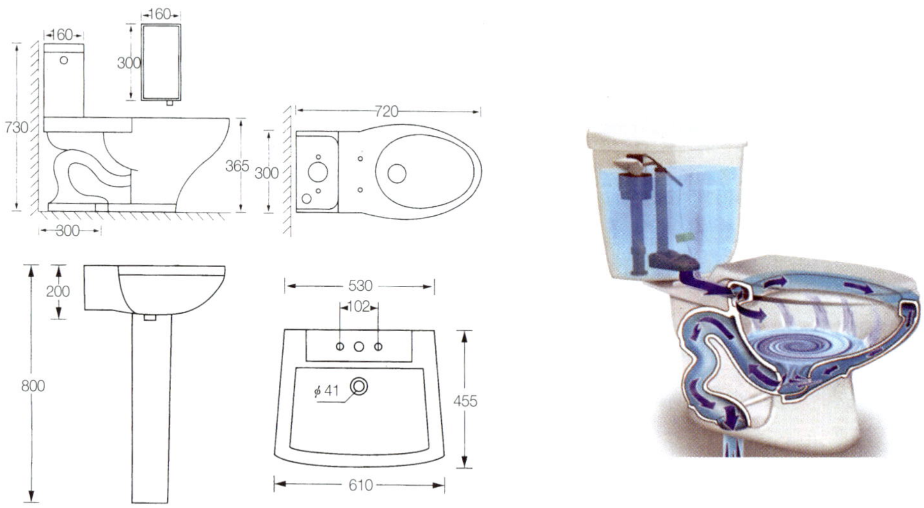

그림 18-1 위생도기의 치수, 구조, 종류

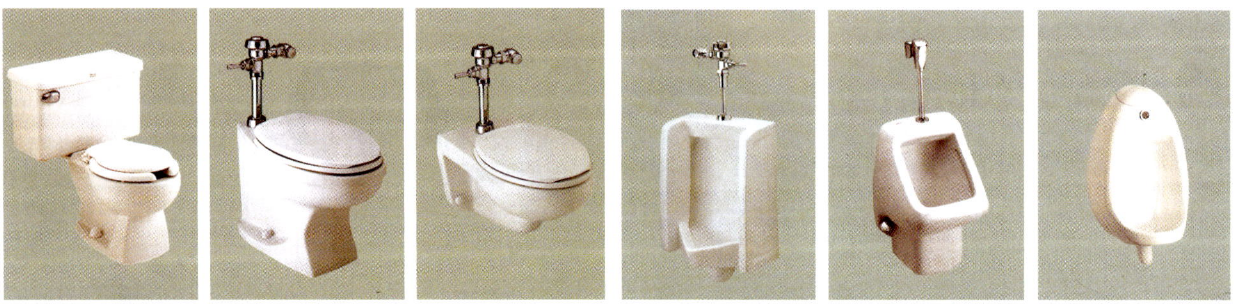

욕실 위생도기, 수전, 액세서리

공기방울 욕소

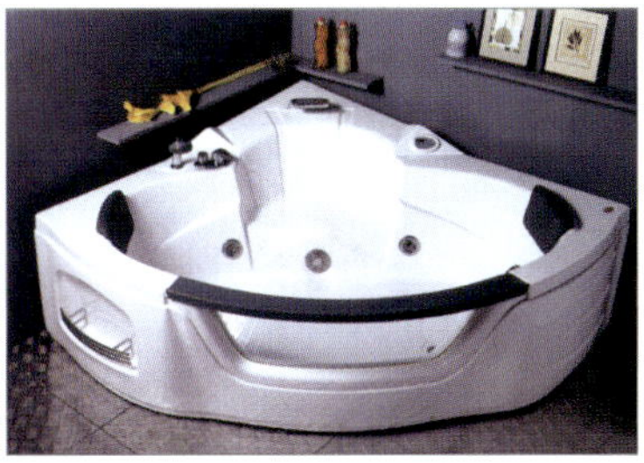

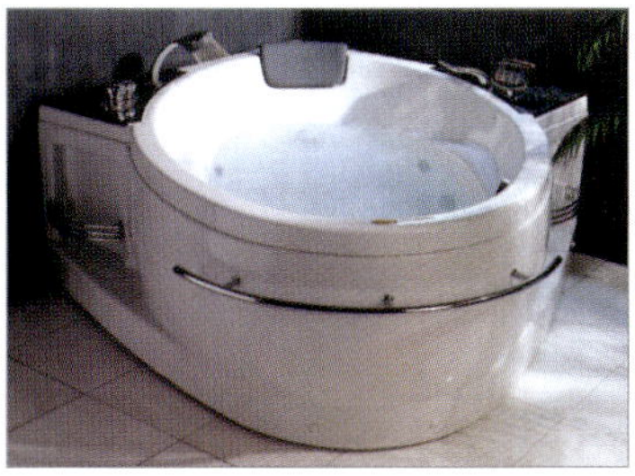

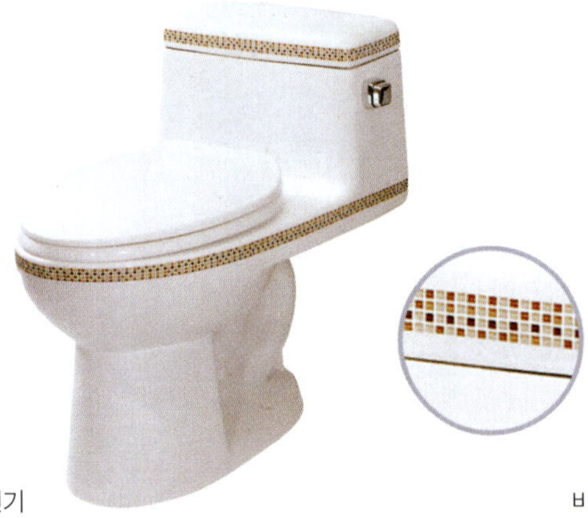
대변기

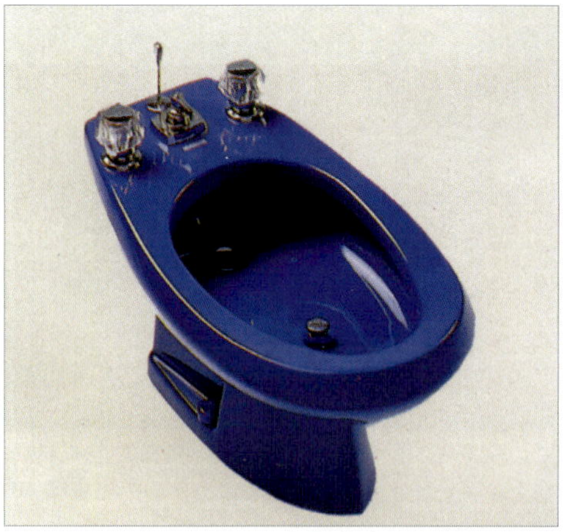
비데

세면기

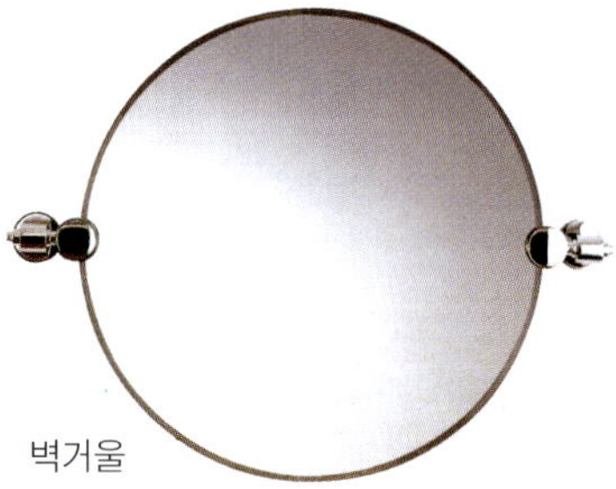
벽거울

확대경

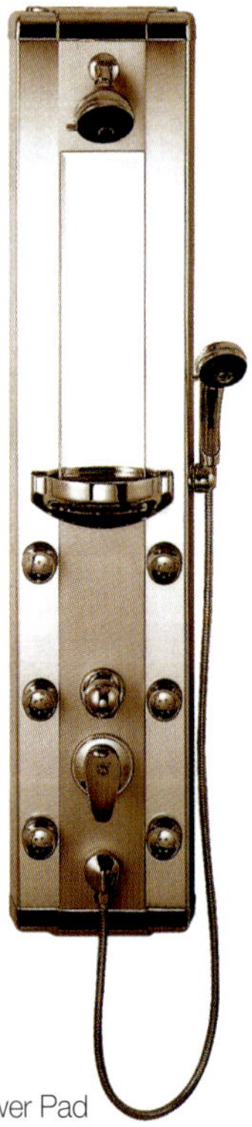
Shower Pad

Shower Booth

Shower Tray

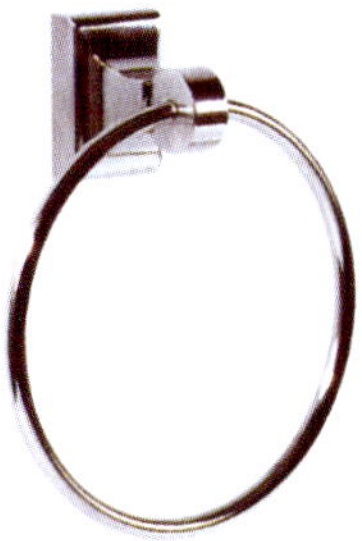

원형수건걸이

컵걸이

비누접시

수건걸이

휴지걸이

세면기 온냉수 혼합꼭지(금도금)

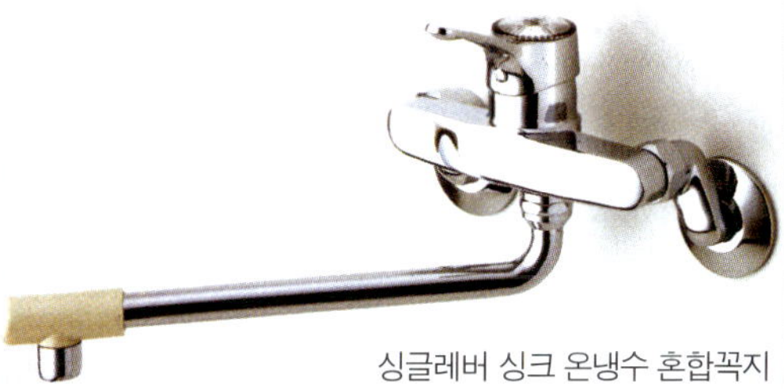

싱글레버 싱크 온냉수 혼합꼭지

비데금구(금도금)

싱글레버 노출형 혼합샤워

수전

18.3 급수 · 배수설비

18.3.1 개요

급수설비방식에는 수도직결식, 펌프직송식, 고가수조식, 압력수조식이 있다. 실내건축에서 급수설비 Zonning은 상수(식수 · 조리)용과 잡수용(청소 · 화장실 세척 · 정원용수) 등으로 구분한다. 급수설비는 상수 또는 지하수를 실내로 공급하는 것으로 상수는 식수, 목욕, 세안 등에 쓰이며, 지하수는 대 · 소변기 및 청소용구 등의 세척수로 사용된다. 배수설비는 욕조, 세면기, 변기, 싱크, 드레인 등에서 배수되는 오수를 정화조 또는 공공하수도까지 흘려보내는 설비이며 또한 배관 내에서 발생하는 악취가 실내로 유입되지 않도록 차단하는 설비를 말한다.

용도별 배관의 종류로는 급수관(냉 · 온수) · 환탕관 · 오수관 · 소화관(스프링클러) · 증기관(스팀) 등이 있으며, 이 관들은 대부분 단열을 위해 원통형 단열커버를 씌운 후 색깔별 비닐테이프로 감는다. 관의 용도별 구분을 위해 시방서에 따라 색깔별로 비닐테이프를 감는데 일반적으로 빨간색은 스프링클러 또는 온수, 파란색은 급수 또는 냉수, 노란색은 물이 정수기로 환수되는 환탕, 흰색은 증기관, 검정색은 오수관으로 구분된다. 오수관이 주철제인 경우는 단열커버 없이 검정색 페인트칠을 많이 한다.

18.3.2 배관재료

배관재는 유체의 종류 및 용도에 따라 적합한 재질을 사용해야 하며, 관 · 이음재 · 밸브 등으로 구성된다.

1. 용도별 관의 재질

① 급수관 · 급탕관 : 동관, 스테인리스관
② 오수관 · 배수관 : 주철관, PVC관
③ 통기관 : 강관, PVC관

1) 동관

급수(식수)관에 주로 쓰인다. 관 내부에 스케일이 생기지 않아 내구성이 좋고 가벼우며 산 · 알칼리에 강하다. 시공은 용이하나 이음부 접속을 납땜으로 하는데 하자 발생이 되기도 한다.

2) 스테인리스관

위생 · 내구 · 내식 등 여러 면에서 가장 우수한 관이다. 급수(식수)관 · 난방관에 가장 이상적이다. 시공이 용이하지 않으며 가격이 비싸다.

3) 아연도 강관

급수관 · 가스관 등으로 쓰인다. 충격에 강하고 굴곡성이 좋으나 관 내부에 스케일이 생기는 단점이 있다.

4) 주철관

오수관 · 지중매설관 등으로 쓰인다. 주철로 만들어 매우 두껍고 무겁다. 내식성 · 내압성이 우수하다. 이음부 접속은 납을 끓여 부어넣어야 하며 시공이 용이하지 않다.

동관

PVC관

그림 18-2 동관과 PVC관

5) PVC관

배수관 · 통기관 · 급수관으로 쓰인다. 내식성은 좋으나 충격과 열에 약하다. 이음부 접속을 접착제로 하며 시공이 용이하고 가격이 싸다.

2. 밸브

1) 슬루스 밸브(Sluice valve)

Gate valve라고도 한다. 배관의 도중에 설치하여 급수 · 급탕의 유량조절에 사용한다.

2) 체크 밸브(Check valve)

급수 · 급탕배관의 도중에 설치하여 유체를 한 방향으로만 흐르게 하고 반대방향으로는 흐르지 못하게 하는 밸브이다.

3) 플러시 밸브(Flush valve)

대 · 소변기의 세정에 쓰이는 것으로, 일정양의 물이 한꺼번에 나온 다음 서서히 자동으로 잠기는 밸브이다.

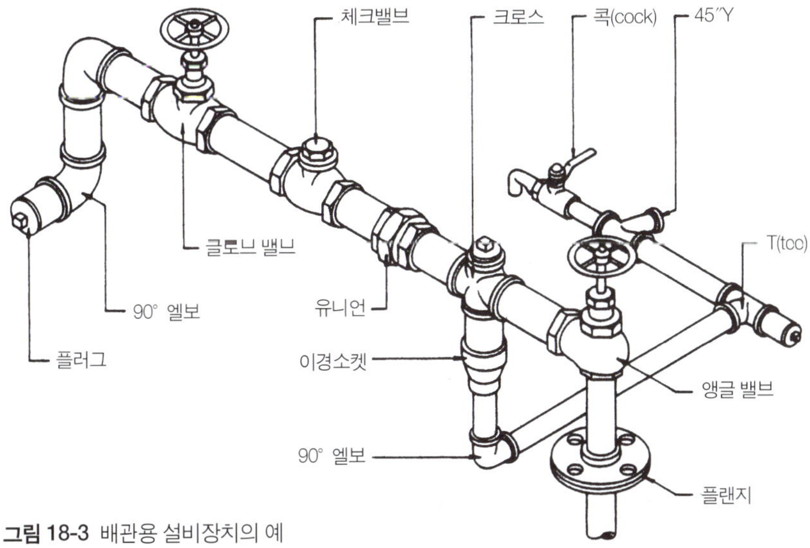

그림 18-3 배관용 설비장치의 예

18.3.3 공통 배관공사

(1) 급수설비 배관공사

① 수평관은 상향급수 배관방식의 경우 진행방향에 따라 올라가는 기울기로 하고, 하향 급수 배관방식의 경우는 진행방향에 따라 내려가는 기울기로 하여 공기의 고임 및 물이 전부 빠질 수 있게 균일한 구배로 배관한다.

② 배관 도중에 공기가 생기는 부분에는 공기빼기 밸브를 물이 고이는 부분에는 구경 25mm 이상의 드레인 밸브를 설치한다.

③ 주배관은 적당한 장소에 플랜지 이음쇠로 접속하여 배관의 보수 및 개수에 편리하도록 하며, 관경 50mm 이하의 배관에는 유니온을 사용해도 좋다.

④ 급수관과 배수관이 평행으로 매설될 때는 원칙적으로 양 배관의 수평간격은 500mm 이상으로 하고, 급수관은 배수관의 위에 매설하도록 한다.

⑤ 밸브류는 보수관리가 용이한 부분에 설치한다.

⑥ 배관은 필요에 따라 워터해머현상의 방지를 위해 에어챔버 및 기타 유효한 장치를 부착한다.

그림 18-4 건식 경량벽체 급수배관 예

(2) 배수설비 배관공사

① 배수 수평지관 등이 합류하는 경우는 반드시 45° 이내의 예각으로 하고 수평에 가까운 기울기로 합류시킨다.

② 연관을 구부릴 때는 단면이 원형을 잃지 않도록 가공하고 구부린 부분에 배수지관을 연결하지 않는다.

③ 배수관에는 2중 트랩을 사용하지 않는다.

④ 배수 수평관에는 T형 이음쇠나 크로스 이음쇠를 사용하지 않는다.

⑤ 배수관의 중간에는 유니온이나 관형 플랜지를 사용해서는 안 된다.

⑥ 배수관은 구멍을 뚫어 나사를 내거나 용접을 해서는 안 된다.

⑦ 동결이 염려되는 장소 또는 지역은 동결에 대한 적절한 보호조치가 없는 한 배수관을

건물의 외부에 노출시키거나 외벽에 은폐하여 배관해서는 안 된다.

⑧ 배관은 필요에 따라 워터해머현상의 방지를 위해 에어챔버 및 기타 유효한 장치를 부착한다.

(3) 배관의 기울기

급수 및 온수 공급관의 기울기는 관 내의 공기정체 및 배수를 고려해야 한다. 필요한 기울기를 줄 수 없는 장소에서도 역구배가 되어서는 안 되며, 최소한 수평을 유지하도록 배관해야 한다. 배관의 최소구배는 다음과 같이 한다.

1) 급수관 : 1/200이상

2) 온수 공급관

① 중력순환방식 : 1/150 이상, ② 강제순환방식 : 1/200 이상

3) 배수관

① 관경 75mm 이하 : 1/50 이상, ② 관경 100mm 이상 : 1/100 이상

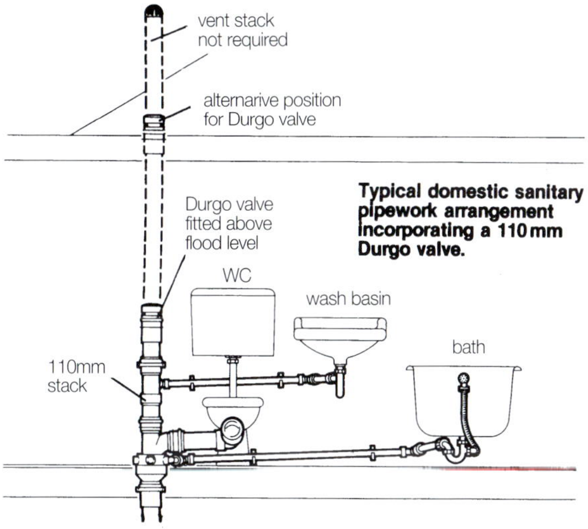

그림 18-5 위생배관계통도

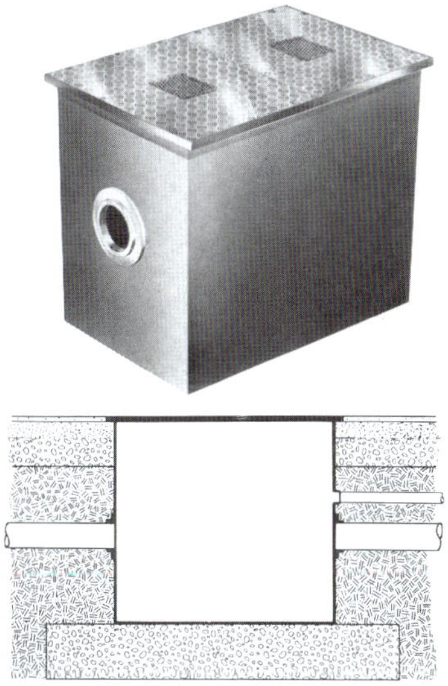

그림 18-6 식당 주방용 그리스트랩

그림 18-7 배관 연결재

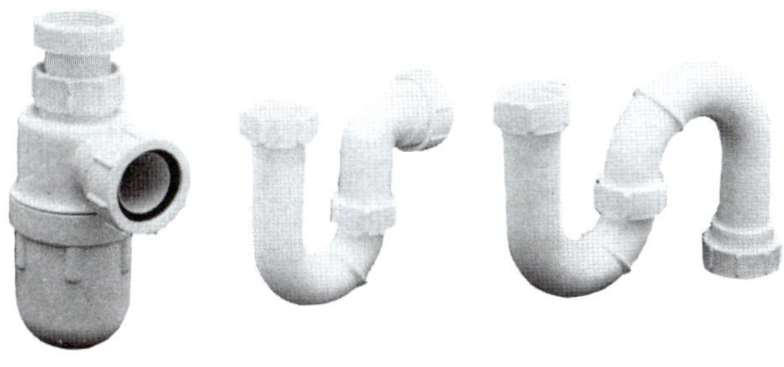

병트랩 P트랩 S트랩

그림 18-8 트랩의 종류

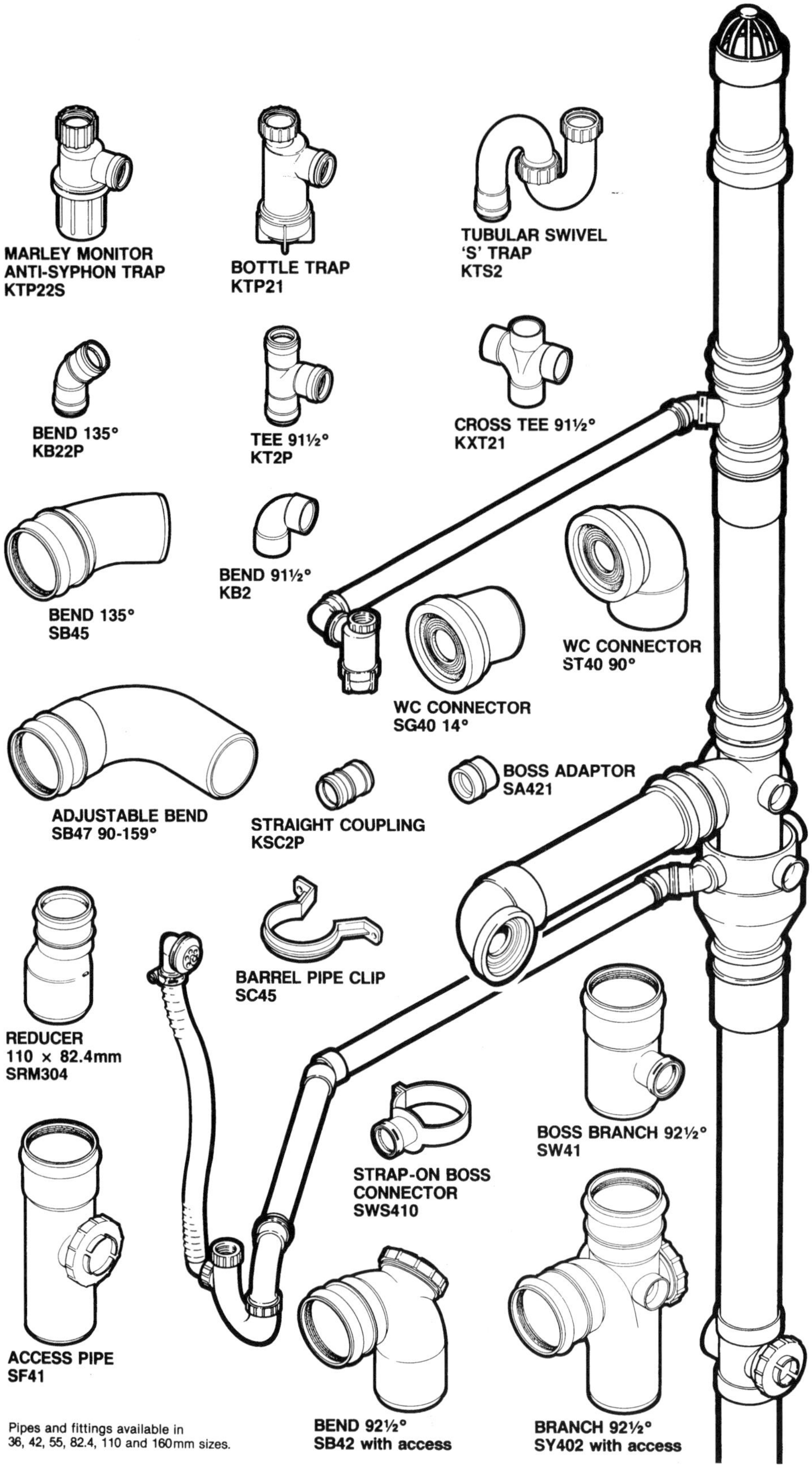

그림 18-9 배관계통 및 연결재

그림 18-10 강관 이음재

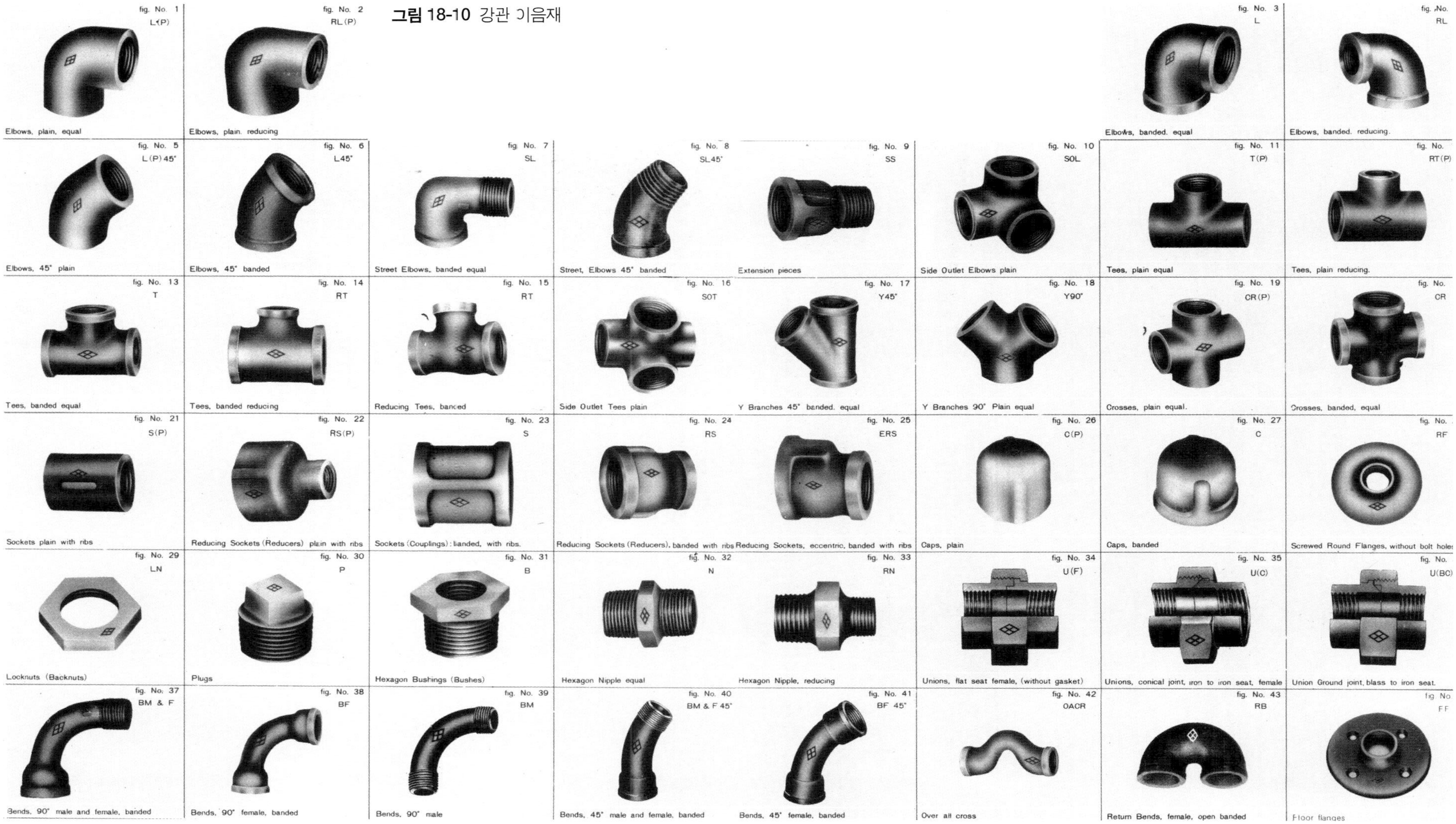

그림 18-11 동파이프 배관 연결재

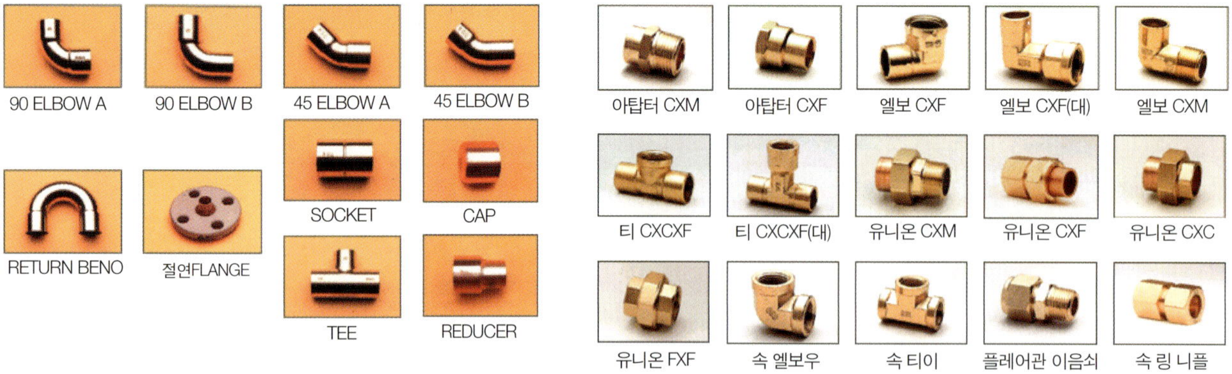

천장배관 종류(오수관, 온수관, 냉수관, 환탕관, 소화관)

천장급수관과 달대

천장급수관과 단열커버

그림 18-12 천장배관

벽돌벽 홈파기 및 배관

콘크리트벽 홈파기, 급수배관, 오수배관

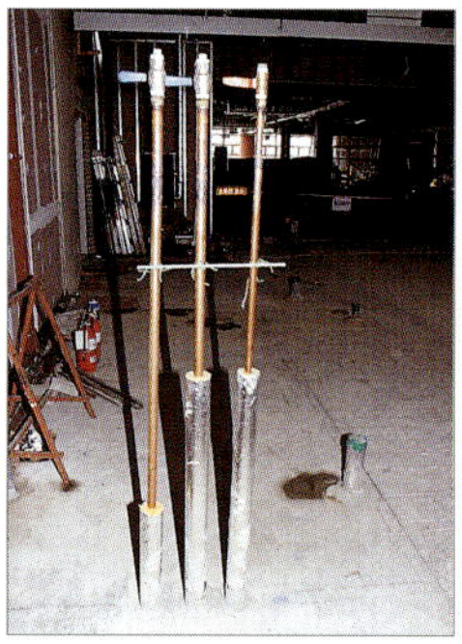
경량벽체 배관준비

그림 18-13 벽체배관

오수관

파이프샤프트와 오수관 고정

수직배관 고정

수직배관 단열

점검구

그림 18-14 샤프트내 수직배관

급수배관과 트렌치

오수배관과 트렌치

트렌치와 트랩

바닥 시멘트모탈 마무리

그리스트랩 내부

주방설비 완성

그림 18-15 주방 배관 및 트렌치

18.4 공기조화설비

실내의 온도, 습도, 냄새, 공기 청정도를 실의 사용목적에 적합한 상태로 유지시키시 위한 설비를 설치하는 공사를 공기조화설비공사라고 하며 환기, 냉방, 난방, 가습의 기능을 한다. 공기조화설비는 대부분 건축 및 기계설비에서 담당하며 실내건축공사에서는 덕트공사와 패키지 유닛을 설치하게 된다. 냉 · 난방시설은 중앙 냉 · 난방과 개별 냉 · 난방으로 나뉜다.

실내건축공사에서 난방시설과 냉방시설을 하는 것은 다른 마감재공사보다 공사가 먼저 이루어지므로 공사시작 전에 시설시의 문제점과 부하 등을 조사하고 각 실의 용도에 맞는 냉·난방시설을 해야 한다. 실내건축에서는 마감공사에 앞서 덕트공사를 새로이 하거나 추가 배치하며 패키지 유닛을 설치하기도 한다. 냉·난방을 위한 공기는 덕트를 통해 이동하며 취출구(Diffuser)를 통해 배출·흡입된다. 덕트의 단면형상은 사각형과 원형이며, 기계실의 보일러 또는 냉방기에서 나온 공기는 사각형 덕트를 통해 각실로 이동하여 천장의 디퓨저와 연결된 원형 덕트(Flexible duct 또는 Spiral duct)를 지나 디퓨저에서 토출된다. 원형덕트는 디퓨저의 위치에 따라 디퓨저와 사각형 덕트가 자유롭게 연결될 수 없기 때문에 사용되는 덕트이다. 덕트공사는 사각형 덕트공사가 주된 공사이며, 원형 덕트는 취출구(디퓨저)에 연결시만 쓰인다. 디퓨저의 종류에는 라인디퓨저·사각디퓨저·원형디퓨저·에어 바 디퓨저가 있다.

원형 디퓨저

원형 디퓨저

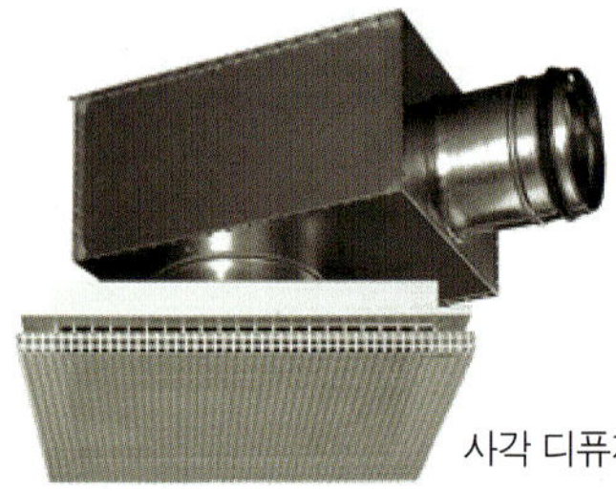
사각 디퓨저

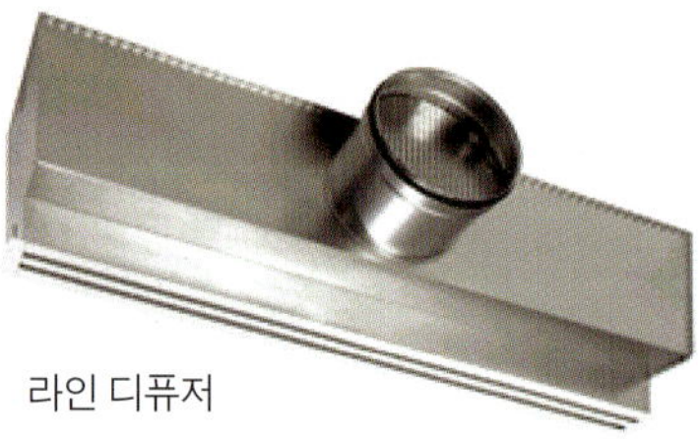
라인 디퓨저

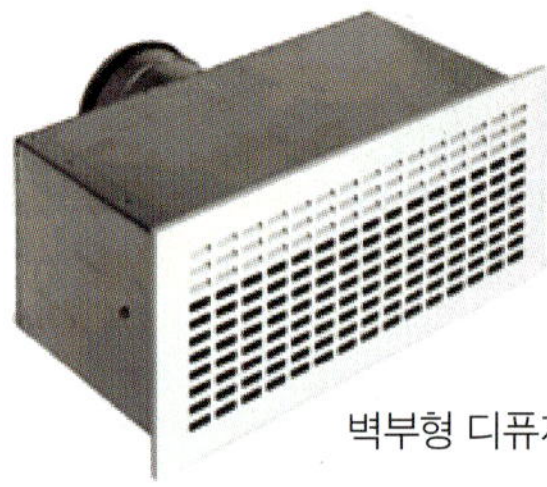
벽부형 디퓨저

그림 18-16
디퓨저의 종류

송풍기

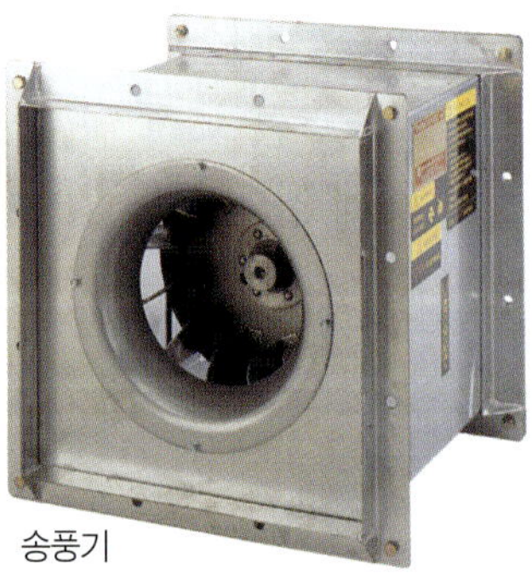
송풍기

배기덕트

그림 18-17 송풍기의 종류

덕트제작

덕트적재(사각형 덕트)

덕트 단열커버링

덕트 설치

덕트 설치, 스프링클러관

덕트, 전선관, 스프링클러관

주거용 덕트 설치(원형 덕트)

천장틀내 덕트

주거기관실
덕트 · 보일러 · 에어컨 실외기

덕트 단열커버작업

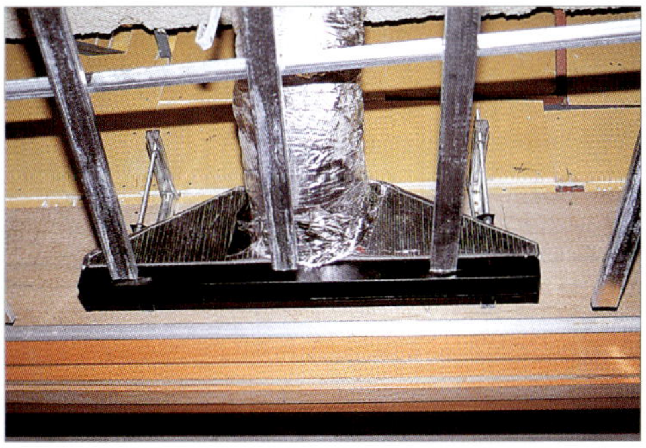
라인 디퓨저와 덕트 연결

원형 디퓨저 · 라인 디퓨저

그림 18-18 덕트와 디퓨저의 시공

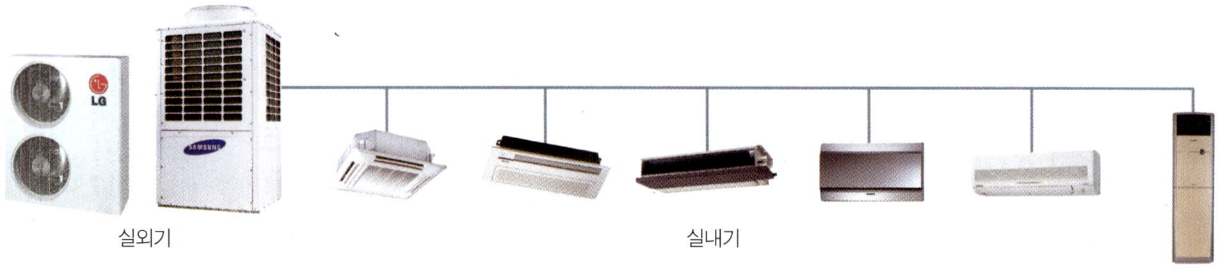

그림 18-19 냉방기구와 시스템

18.5 파이프 온돌

18.5.1 개 요

온돌은 우리나라의 옛적부터 전해내려 오는 난방방식으로 불아궁이 · 구들 · 굴뚝을 만드는 방법이 오랫동안 쓰여져 왔으나, 근래에는 온돌공사 재료와 시공법의 획기적 발달로 파이프와 온수를 이용해 효율적인 온돌을 어렵지 않게 만들 수 있게 되었다.

파이프온돌의 구조는 단열층, 받침재, 파이프, 마감모탈층으로 이루어진다.

온돌에 쓰이는 파이프 종류에는 합성수지 파이프 · 스테인리스 파이프 · 동파이프가 있다.

스테인리스 파이프는 내식성이 좋아 스케일이 생기지 않으므로 온수의 흐름이 좋고 강도가 높아 좋은 재료이나 재료비가 비싼 편이다. 동파이프는 스테인리스 파이프와 장점이 비슷하나 강도가 작고 토치 램프(Torch lamp)를 사용해 이음부를 결속해야 하는 번거로움과 오랜 시일 경과 후 이음부의 누수 우려가 있다. 합성수지 파이프는 경제적이며 시공이 쉽고 이음부가 없어 일반적으로 가장 많이 쓰이는 파이프이나 시공의 정확성이 떨어진다.

그림 18-20 바닥배관 평면도

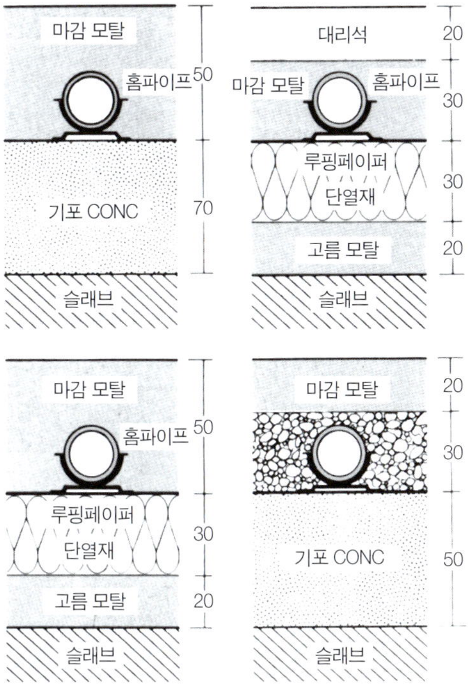

그림 18-21 파이프온돌 바닥 단면도

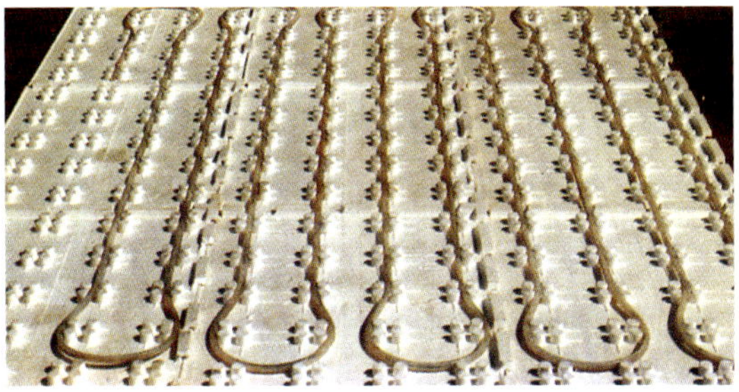

합성수지 파이프 배관

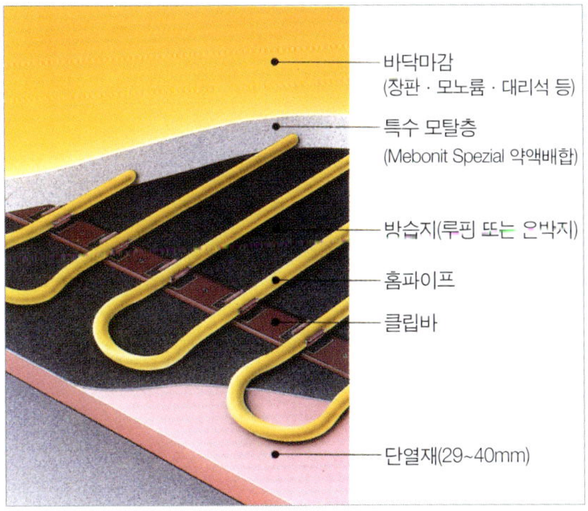

스테인리스 파이프 배관

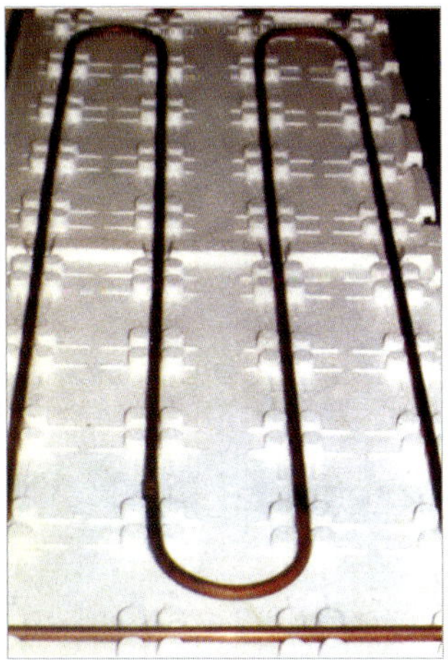

동파이프 배관

합성수지 파이프 배관중

그림 18-22 파이프온돌 배관재의 종류와 시공 예

18.5.2 시공법

파이프온돌의 시공법은 몇 가지 방법이 있으나 대체로 유사하며 상이점을 분류하면 다음과 같다.

단열층

① 스티로폴 배관판을 까는 법

② 기포콘크리트를 까는 법

파이프받침

① 받침목을 대는 법

② Clip bar를 대는 법

③ 스티로폴 배관판을 까는 법

마무리층

① 자갈을 펴고 마감모탈을 하는 법

② 자갈층 없이 두껍게 마감모탈을 하는 법

③ 자갈층 대신 모탈을 펴고 판석 등으로 마무리하는 법

가장 일반적 시공방법인 스티로폴 배관판 위에 합성수지 파이프로 시공하는 방법을 기술하면 다음과 같다.

(1) 시공순서

① 바닥의 수평과 높이를 모탈 또는 모래로 조정한다.

② 스티로폴 배관판을 바닥에 배열한다.

③ 파이프를 배관선에 따라 배관한다.

④ 1차 모탈을 깐다.

⑤ 메탈 라스를 1차 모탈 위에 깐다.

⑥ 마감모탈을 깐다.

⑦ 장판, 마루판, 대리석판 등으로 마감한다.

(2) 시공순서 및 방법

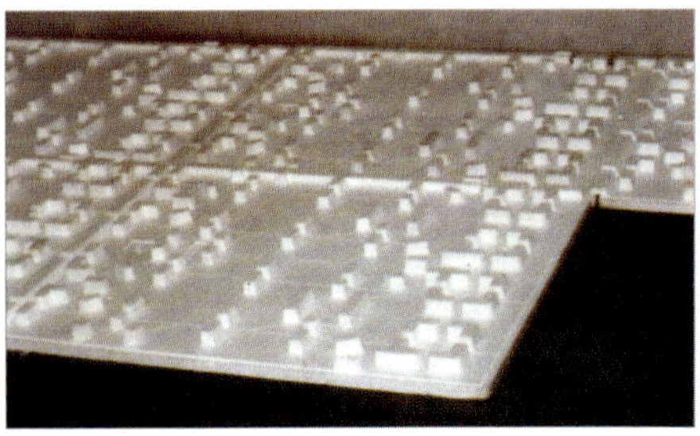

문턱과의 높이를 80~85m/m가 되도록 모탈을 조정하며 수평을 잡는다.

벽으로부터 5cm 간격을 두고 판을 바닥에 밀착시키며 깐다.

① 입탕부 또는 출탕부 어느 한쪽부터 시작한다.

② 파이프가 꼬이거나 꺾이지 않도록 배관홈에 따라 배관한다.

③ 배관 턱높이로 모탈을 깐다.

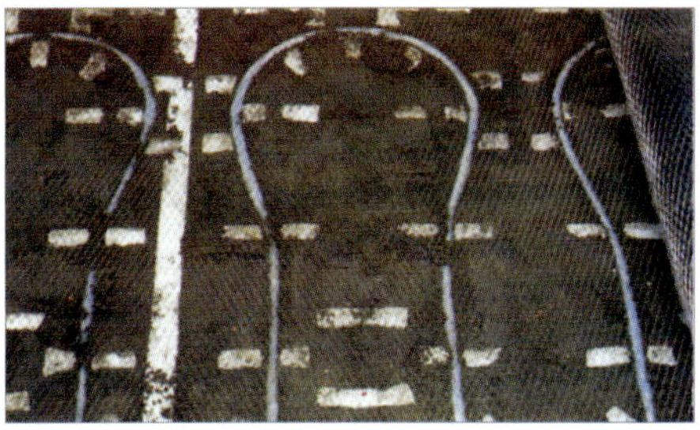

④ 메탈라스를 깐다.

⑤ 마감 모탈을 깐다.

⑥ 미장을 해 평탄케 한다.

그림 18-23 합성수지 파이프 온돌 시공

18.6 전기설비

18.6.1 개요

전기설비한 전등, 전원, 전화, 인터넷, 인터폰 등을 장치하는 설비의 총칭이다. 실내건축의 설비는 전열설비와 조명설비로 나눌 수 있으며, 전열설비는 강전과 약전으로 나눌 수 있다. 전열설비는 주로 콘센트를 설치하는 공사이며, 조명설비는 주로 조명기구 및 스위치를 연결하는 설비이다. 강전은 사람의 손 등에 닿으면 위험함 전기로 220V, 330V, 비상용 전원으로 가전제품 · 컴퓨터 · 사무용 기기 등에 이용되는 전기를 말한다. 약전은 사람의 손 등에 닿아도 별 지장이 없는 전기로 전화단자, TV단자, 인터넷단자, 인터폰단자 등에 이용되는 전기를 말한다. 콘센트, 스위치, 각종 단자는 필요한 위치마다 편리한 위치에 설치되어야 하므로 실내건축설계도면(평면도 · 입면도) 작성시 빠짐이 없어야 하며 위치가 정확히 표시되어야 한다. 또한 화재 등에 대한 안전이 중요하므로 K.S 표시품의 안전한 기기를 사용해야 한다.

실내건축 전기공사는 주로 콘센트, 스위치, 각종 단자의 배관, 입선과 전등 설치작업이 대부분이며, 전기설계를 할 때에는 전기용량이 충분한지를 먼저 파악하고 설계해야 한다.

18.6.2 전선관 · 전선 · 배선기구

1. 전선관

전선을 보호하고 교체를 용이하게 하기 위해 쓰이는 것으로 강제전선관 · Flexible전선관(금속제 가요 전선관), PVC전선과(경질비닐전선관) 등이 있다.

그림 18-24 종류별 전선관의 시공 예

1) 강제 전선관(아연도 강관)

가장 안전하고 신뢰성 있는 전선관이다. 내구성이 좋고 화재에 안전하고 충격에 강하나 절연성이 좋지 않다. 재료비와 시공비가 많이 든다. 소방(화재감지기, 발신기 Set 등)에 관련된 전선관은 반드시 강제관으로 시공해야 하며 벽의 노출배관도 강제관으로 시공해야 한다. 보 밑으로 길게 지나가는 전선관도 강제관으로 시공한다.

2) PVC 전선관

절연성이 우수하고, 시공이 용이하다. 무거운 압력이나 충격을 받을 염려가 없는 곳으로 바닥 · 벽 등 모탈로 매설되는 곳에 주로 사용한다. 화재에 취약하고 재료비와 시공비가 적게 든다.

3) Flexible 전선관(가요 전선관)

강제전선관 또는 PVC전선관과 전등 사이를 연결할 때 쓰이는 금속제 전선관으로 위치가 일정하지 않은 전등에 자유롭게 전선의 연결이 가능하다.

전선관의 배관은 조명도면에 따라 배관계획을 세우고, 전선관을 절단 · 벤딩하여 천장, 바닥, 벽에 고정한다. 보 밑을 지나가는 긴 전선관은 강제관으로 하고, 고정은 천장 슬래브에 앵커를 박고 앵커에 달대볼트를 내려달고 달대볼트와 강제관을 클램프로 연결하여 달아맨다. 보 밑을 지나가지 않는 짧은 전선관은 PVC관 또는 강제관으로 하며, 고정은 Ω형의 새들(Saddle)로 건축물 구조체에 고정한다.

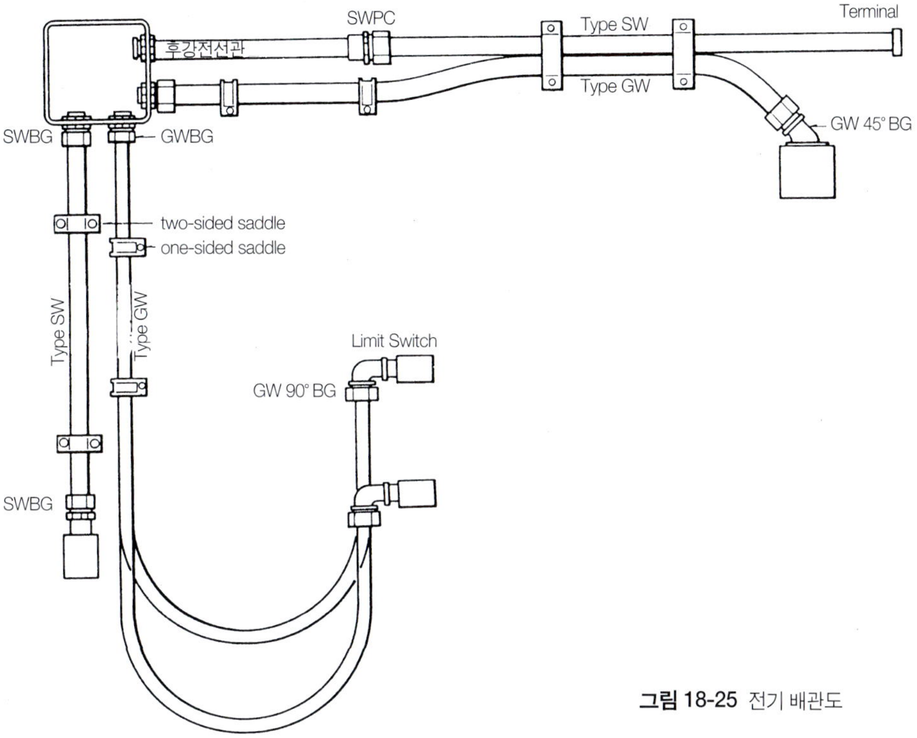

그림 18-25 전기 배관도

2. 전선

1) 절연전선

동선의 표면을 비닐, 합성수지, 고무 등의 절연물로 피복한 것으로 유연성, 강도, 내열성, 내산성, 내알칼리성, 내유성 등의 성능이 필요하다. 전선관 속의 배선에 주로 쓰인다.

2) 코드

여러 가닥의 가는 동선을 꼬아서 묶음으로 만들고 비닐, 고무 등으로 절연피복한 것으로 전기기구에 주로 쓰인다.

3) 케이블

절연전선 · 코드가 물, 가스, 화학약품에 피해를 입지 않도록 다시 절연물로 피복한 것이다.

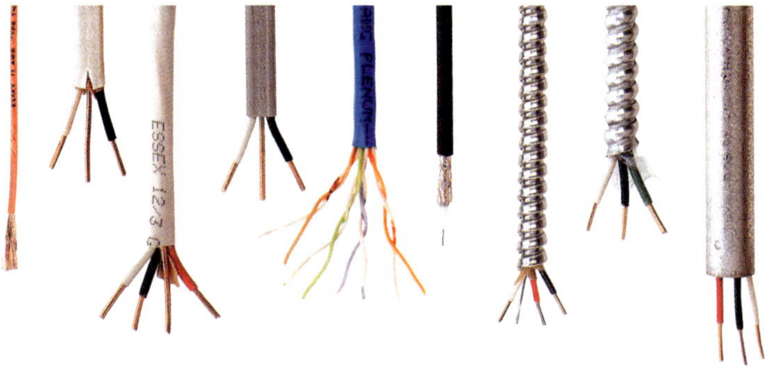

그림 18-26 전선의 종류

3. 배선기구

1) 배선용 차단기(Knife swich)

배전반이나 분전반에서 전류를 차단 · 연결시키기 위한 주개폐기나 분기개폐기로 사용된다.

2) 누전 차단기(Circuit breaker)

퓨즈(Fuse)와 같은 기능을 하는 것으로 No fuse breaker라고도 한다. 과전류가 흐를 때 자동적으로 전류를 끊어서 화재 등의 위험을 방지하며, OFF로 내려진 브레이커 스위치를 ON으로 올리면 전류는 다시 연결된다.

3) 리셉터클(Receptacle)

전선관과 연결된 사각형의 철제 Box로 옥내배선과 전등의 접속에 쓰인다. (362페이지 참조)

4) 조광기(Rotary Swich)

Dimmer 스위치라고도 하며, 시계방향으로 회전시켜 불의 밝기를 조정하고 끄기도 한다. (360페이지 참조)

5) 텀블러 스위치(Tumbler Swich)

상하, 좌우로 눌러 켜고 끄는 일반적 스위치이다. (360페이지 참조)

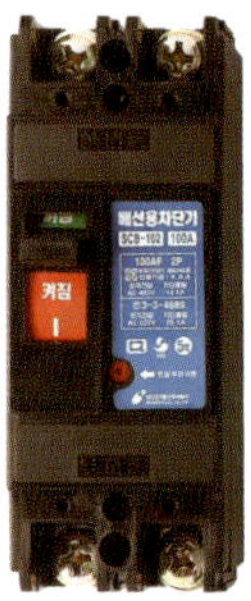

배선용 차단기

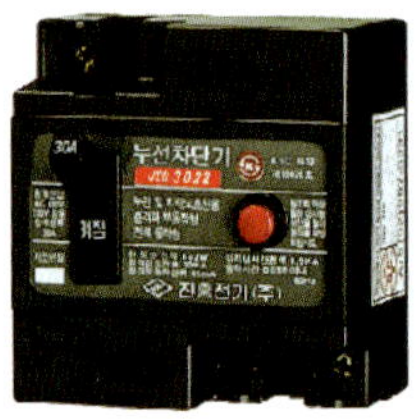

누전 차단기

배전반과 차단기

18.6.3 실내배선공사

정확하지 않은 배선공사는 화재, 감전의 원인이 되므로 안전하고 정확한 시공을 위해서는 신뢰성 있는 전기사업면허업체 또는 전기공사 자격증 소지자가 시공해야 한다. 또한 배선에 사용하는 전기용품은 KS제품으로 전기안전 형식승인을 획득한 제품을 사용한다.

1. 실내배선시 주의사항

① 점검 및 전선의 교환이 가능한 구조로 한다.

② 전선, 배선기구, 전선관의 규격은 특기시방에 따르며 KS제품으로 한다.

③ 슬래브 매입박스와 조명기구의 접속은 Flexible pipe를 사용한다.

④ Flexible pipe의 접속은 Connector를 사용하여 완전히 고정한다.

⑤ 조명기구의 리드선과 전원선과의 연결은 풀 박스 내부에서 한다.

천장 전선관 배관

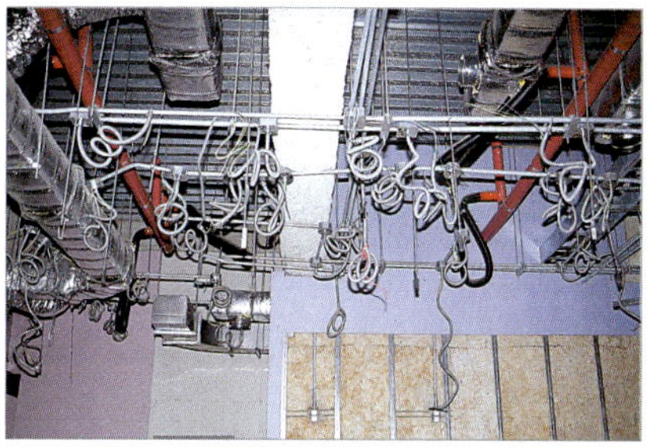
천장 전선관 배관

천장 인터넷 · 전화선

벽돌벽체 PVC전선관 배관

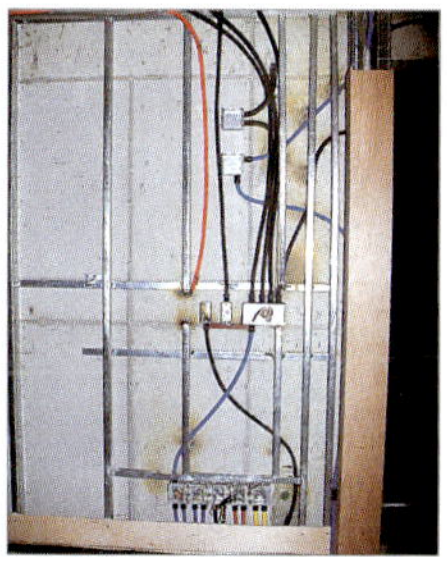
경량 건식벽체 전선관 배관

스위치 박스 고정상세

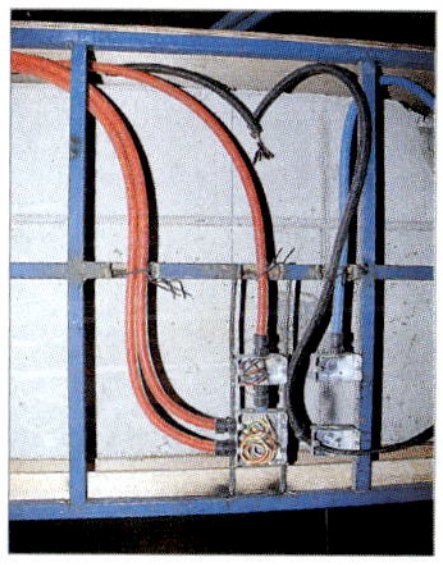
경량 철골벽체 전선관 배관

바닥 전선관 배관

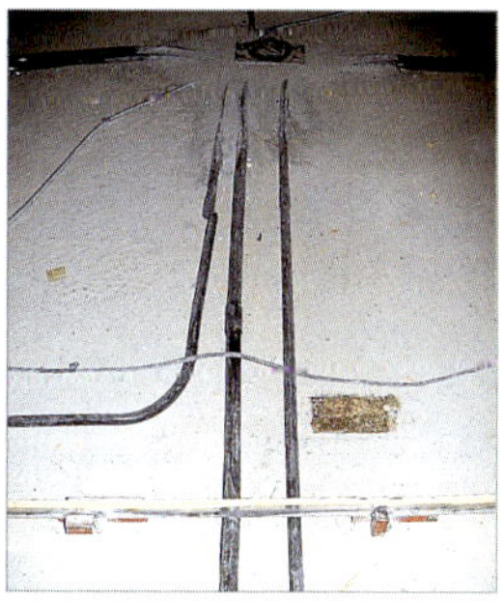
바닥전선관(PVC) 배관

바닥 인터넷 배선

그림 18-28 천장, 벽, 바닥의 전선관 시공 예

2. 배선기구의 설치

1) 콘센트의 위치

사무공간 : 벽길이 2m 이내마다 높이 30cm를 표준으로 한다.

주거공간 : 벽길이 3.6m 이내마다 높이 30cm를 표준으로 하며,

설치위치 및 개수는 실의 용도 및 필요에 따라 도면에 표시된 대로 설치하며, 콘센트의 종류는 특기시방에 따른다.

2) 스위치의 위치

높이 1.2m를 표준으로 하고, 복도와 계단은 2개소 이상에 설치한다. 스위치의 종류는 특기시방에 따른다.

그림 18-29
콘센트, 스위치 박스 시공 예

콘센트 위치 / 벽 스위치 · 콘센트 위치

그림 18-30 전기박스, 콘센트, 스위치의 종류

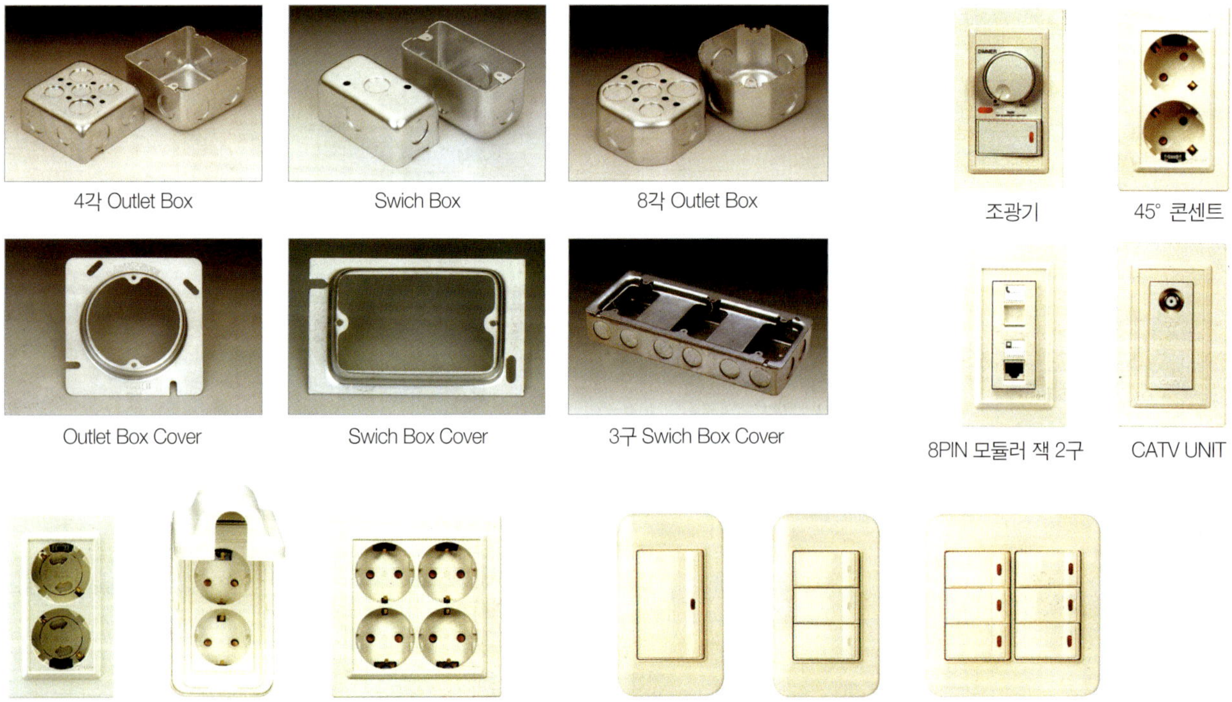

4각 Outlet Box / Swich Box / 8각 Outlet Box / 조광기 / 45° 콘센트

Outlet Box Cover / Swich Box Cover / 3구 Swich Box Cover / 8PIN 모듈러 잭 2구 / CATV UNIT

안전 콘센트 2구 / 방우 콘센트 2구 / 4구 콘센트 / 1로 램프 스위치 1구 / 1로 스위치 3구 / 1로 램프 스위치 6구

조명을 위한 실내전기 작업순서(천장 다운라이트 예)

① 전선관(강제 · PVC) 배관
② 전선 인입
③ Flexible 전선관 설치
④ 타공을 위한 먹줄치기
⑤ 석고보드 천공
⑥ 전선과 전등 연결
⑦ 전등 부착
⑧ 시운전

① 천장 전선관 배관

② Flexible 전선관 설치

③ 석고보드 천공

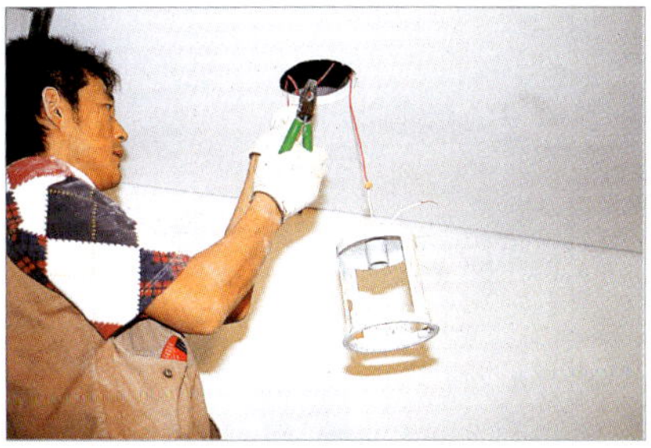
④ 전선과 전등 연결

⑤ 전등부착 (비닐커버 보양)

⑥ 시운전

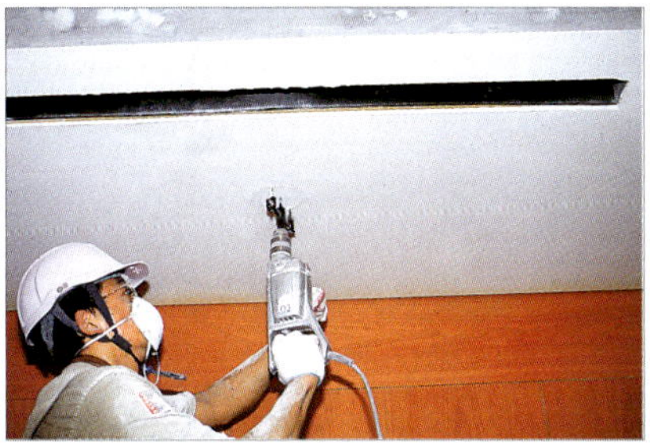
⑦ 석고보드 천공 1

⑦ 석고보드 천공 2

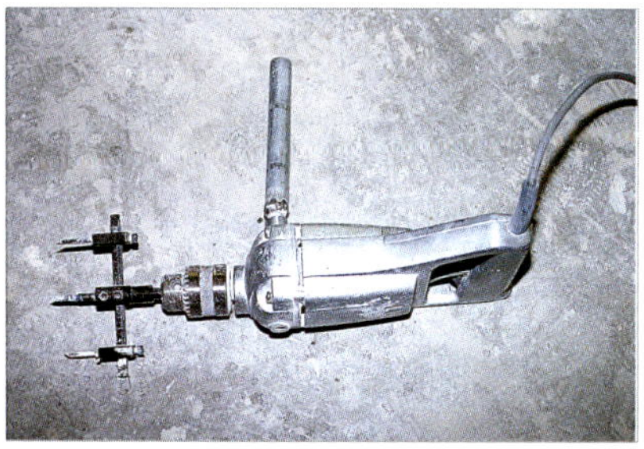
⑧ 서클커터와 전동드릴

그림 18-31 천장 매입등을 위한 석고보드 천공

그림 18-32
천장 매입 Down light의 종류

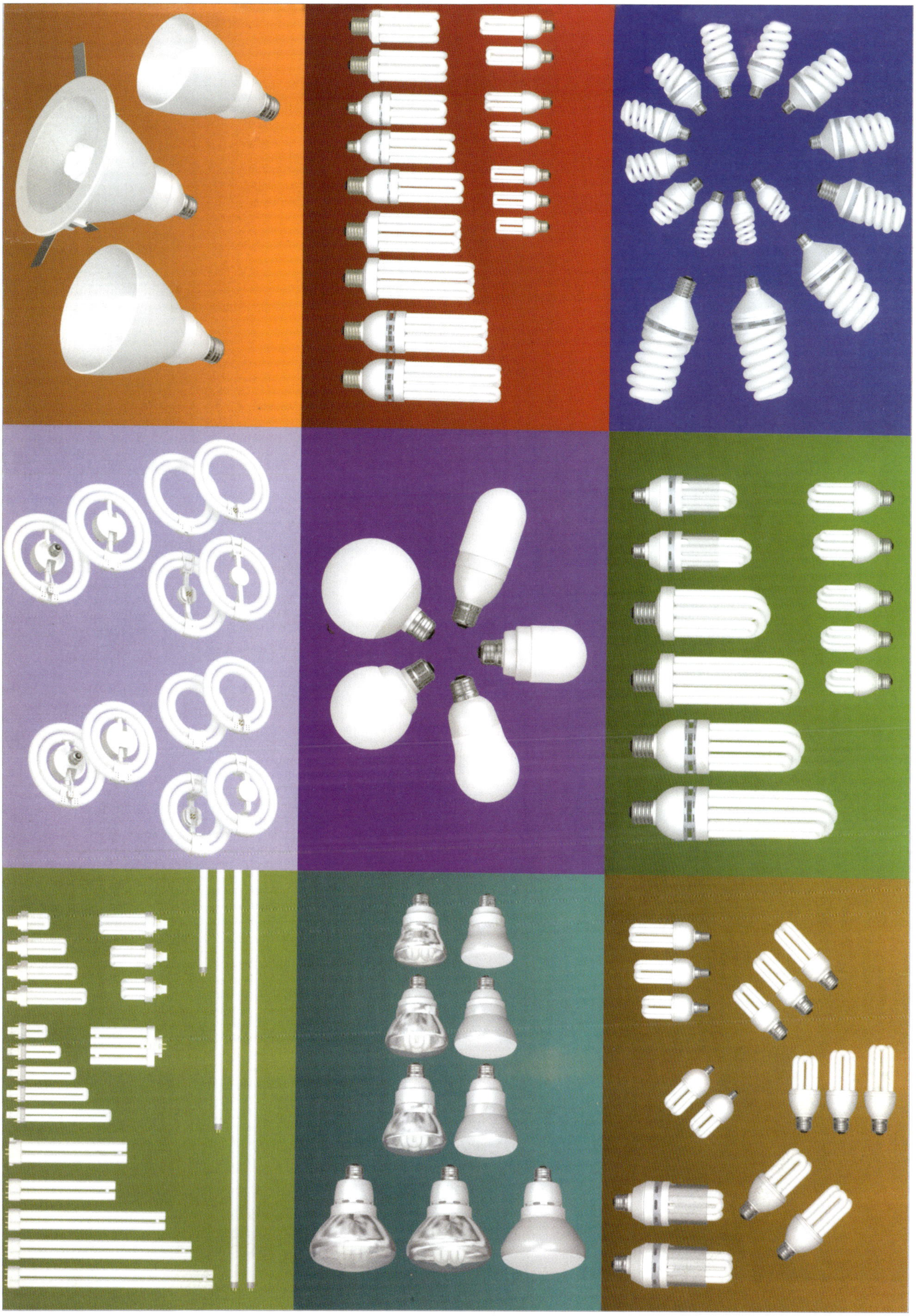

그림 18-33 형광등의 종류

표 18-3 램프의 종류 · 특성 · 용도 · 전력 · 수명-1

	명 칭	종류 및 특성	장 소	전 력	전 광 속	평균수명
	STANDARD LAMP INCANDSCENT LAMP	• 투명, 유백색, 실리카 • 일반백열전구 • 일반가정, 상업용 목적으로 경제적 사용 • 유백색, 실리카-눈부심, 그림자 방지	• 일반가정 • 레스토랑	25W 30W 40W 60W 75W 100W 150W 200W	25W – 230lm 30W – 350lm 40W – 430lm 60W – 730lm 75W – 960lm 100W – 1,380lm 150W – 2,220lm 200W – 3,150lm	• E-27 • 1000~1500hr
	GLOVE LAMP (BALL LAMP)	• 직경에 따라 크기 다양 35mm~95mm • 장식적 목적으로 사용 • 눈부심 없이 부드러운 빛 발산	• 일반가정 현관부분 • 레스토랑	25W 40W 60W 100W	25W – 230lm 40W – 410lm 60W – 685lm 100W – 1,300lm	• E-27 • 1000~1500hr
	REFLECTOR LAMP (R-LAMP)	• 유리구 내부 상부에 반사기 처리 • 스포트용으로 다양하게 사용	• SHOW WINDOW • 판매장 • 접대실 • 아케이드	60W 100W 150W	60W – 530lm 100W – 1,080lm 150W – 1,520lm	• E-27 • 1000~1500hr
	PRESSED GLASS REFLECTOR LAMP (PAR/BEAM LAMP)	• 프레스된 유리구 상부에 반사처리 • 바람, 비 등에 강하여 옥외용으로도 사용 가능 • COOL PAR-LAMP로부터의 열발산을 25% 가까이 줄임	• 열에 민감한 상업용 DISPLAY • 일반 SPOT용 • 옥외용	60W 80W 120W 300W	60W – 650lm 80W – 820lm 120W – 1,500lm 300W – 3,000lm	• E-27 • 1500~2000hr
	DICHROIC HALOGEN LAMP (MR-16)	• 다이크로익 반사판이 부착되어 광선에서 발생되는 열을 66% 감소시킴 • 저볼트(12V)용으로 광도가 높다. • 열에 민감한 전시를 조명용	• 백화점 • 미술관 • 박물관 • DISPLAY	50W 75W	*SP 20W – 5 10,000lm 50W – 7 15,000lm 75W – 10 17,500lm *FL 20W – 20 1,000lm 50W – 20 2,800lm – 40 1,800lm 75W – 20 4,000lm	• E-27 • 1500~2000hr
	KRYPTON LAMP	• 에너지 효율이 좋아 백열전구에 비해 10% 에너지 절전 • 작지만 백열전구에 비해 동등한 POWER로 일반조명의 소비를 개선	• 일반가정 • 백화점 • 전시장 • REST	40W 60W	40W – 480lm 60W – 810lm	• E-27 • 1500~2000hr
	HALOGEN LAMP (PIN) (SINGLE-BASED)	• 할로겐 GAS의 순환을 이용 • 전구의 흑화방지 • 높은 효율, 뛰어난 연색성으로 각종 전시물의 하이라이트 악센트 조명으로 널리사용	• 백화점 • 미술관 • 레스토랑 • 식품점 • 전시장 • 무대조명	50W 75W 100W 150W 250W	50W – 950lm 75W – 1,500lm 100W – 2,200lm 150W – 2,500lm 250W – 4,000lm	• GY6.35 • 750~1000hr

표 18-3 램프의 종류 · 특성 · 용도 · 전력 · 수명-2

	명 칭	종류 및 특성	장 소	전 력	전광속	평균수명
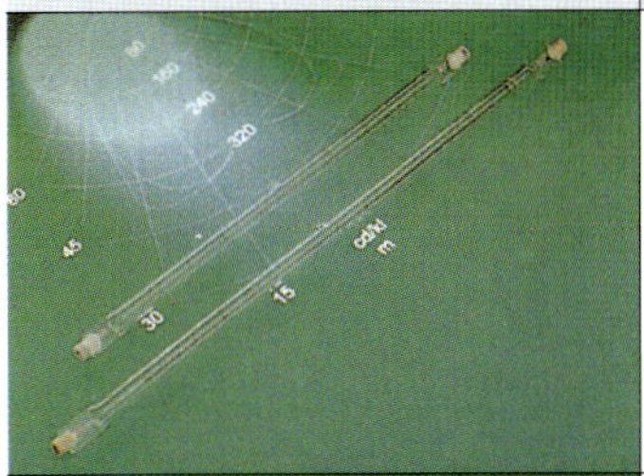	HALOGEN LAMP (DOUBLE-BASED)	• 빌딩의 외곽조명에 적합 • 실내, 외등으로 다양하게 사용 • 많은 양의 광속발광	• 판매장 • SHOW WINDOW • 빌딩외곽	100W 150W 200W 300W 500W	100W – 1,500lm 150W – 2,500lm 200W – 3,200lm 300W – 5,000lm 500W – 9,500lm	• R7S • 1500~2000hr
	HALO STAR (AR-111)	• 할로겐램프 특성과 동일 • 저전압 • 반사경과 램프가 완벽한 광도로 조화를 이룸	• 백화점 • 보석점 • 전시장 • DISPLAY • REST&CAFE	50W	50W – 2,500lm	• G53 • 2000hr
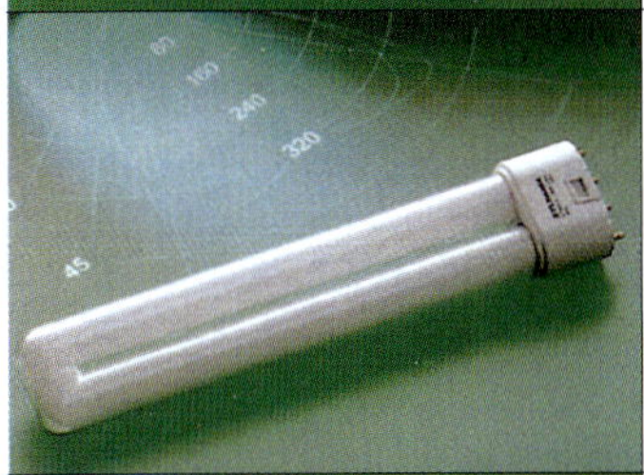	DULUX LAMP (COMPACK FL)	• 저압방전 소형형광전구 INSTNAT START방식 • 높은 빛 발산의 효과의 비상한 질로 쾌적함 • 형광등보다 연색성 우수 • 한정공간내 집중조도 • BALLST 내장형	• 일반가정 • 판매장 • 호텔 • 레스토랑 • 작업실 • SHOE CASE	5W 7W 9W 11W 13W	∗DULUX, PL 5W – 250lm 7W – 400lm 9W – 500lm 11W – 900lm 13W – 900lm	• G23 • E-27 • 5000hr
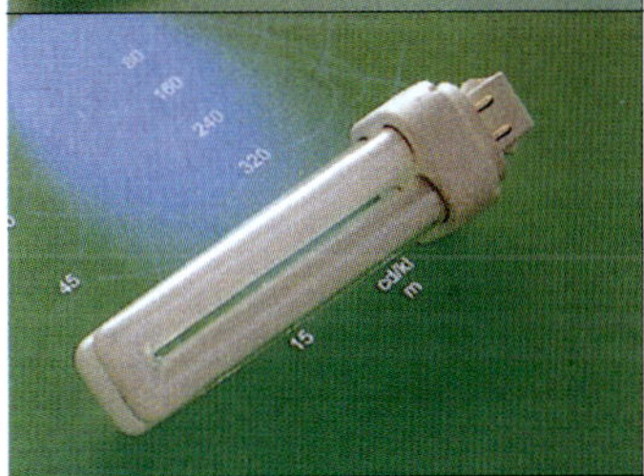	TWIN LAMP	• DULULX램프와 특성면에서는 동일 • 백열전구에 비해 열발생이 1/5	• 일반가정 • 판매장 • 호텔 • 레스토랑&카페	27W	27W – 1,550lm	• GX 10q4 • 6000hr
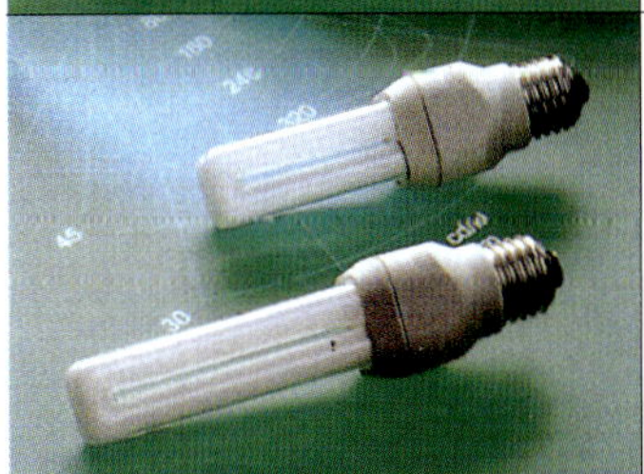	장미전구 (IL, TYPE COMPACK FL)	• 높은 빛 발산의 효과의 비상한 질로 쾌적한 빛 • IL전구에 비해 에너지 절전 • 상수명 • COLOR : 주광색 전구색	• 백화점 • 빌딩 로비 • 진열장 • 오피스텔	17W	17W – 800lm	• E-27 • 6000hr
	METAL HALIDE	• 수은등의 연색성을 개선시키기 위해 할로겐 금속증기(목화물) 주입 • 연색성은 좋으나 광량 보존성이 낮다.	• 터널 • 일반공장 • 주차장 • 전시장 • 학교, 도서관 • 병원복도 • 빌딩 內, 外	100W 250W 400W	100W – 6,300lm 250W – 17,000lm 400W – 24,000lm	• E-40 • 6000~12000hr
	H. Q. I.	• COLOR RENDERING과 높은 빛 발산의 효과에 따라 구분	• 백화점 • DISPLAY • 전시장	75W 150W 250W	75W – 5,500lm 150W – 11,250lm 250W – 20,000lm	• R7S • 6000~12000hr

등기구의 종류–1

샹들리에

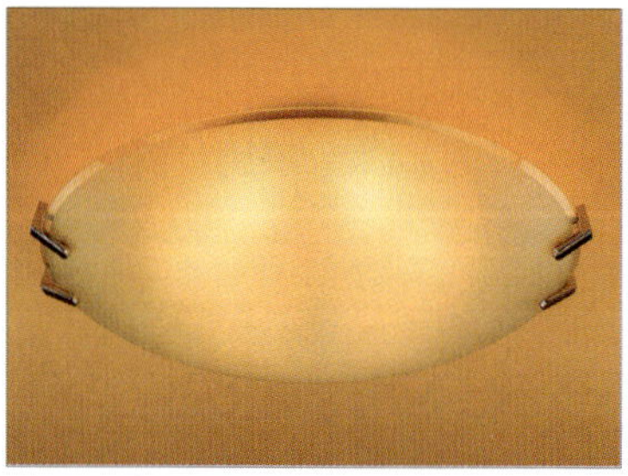

직부등(방)

직부등(거실)

직부등(거실, 방)

펜던트 등

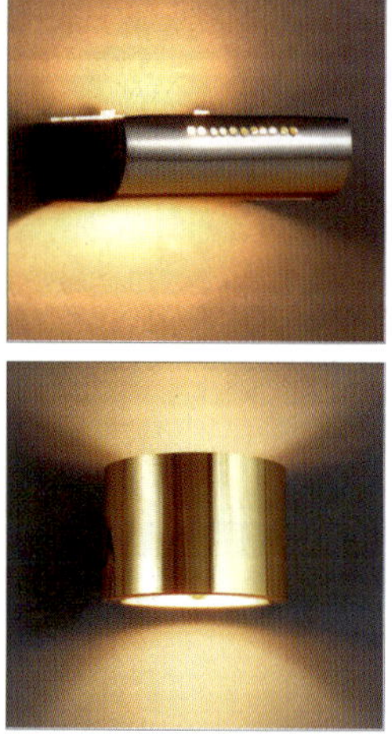

벽부등(Braket)

등기구의 종류-2

Table stand

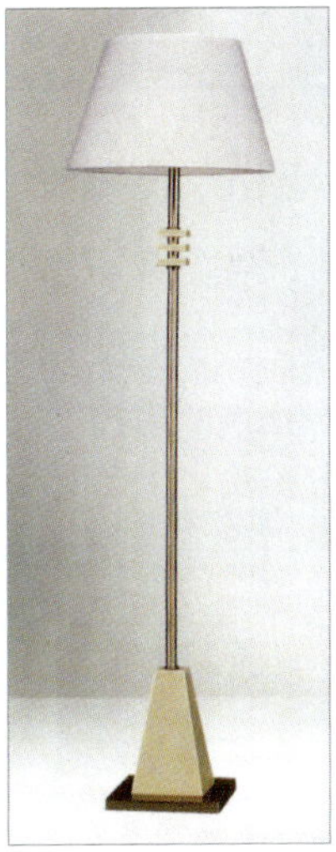
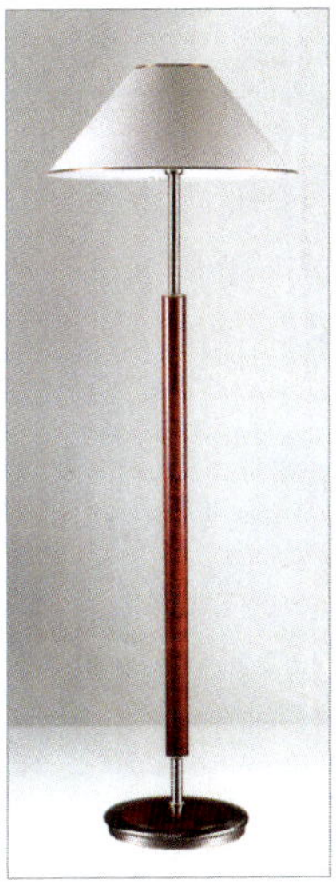

Floor stand

Halogen light (3구) (1구)

Halogen Spot light

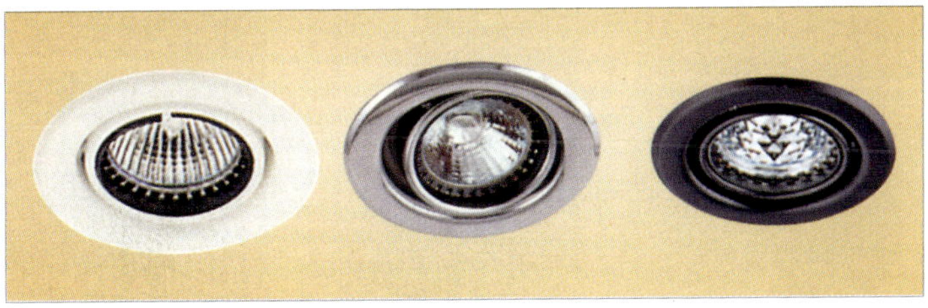

회선 Down light

Halogen Track Spot light

4각 Non-neon

H.Q.I Spot light

원형 Non-neon

Zoom Spot light

18.7 소화설비

실내건축에서 취급해야 할 소화설비는 스프링클러, 감지기, 소방스피커, 유도등, 비상조명등 등이다. 소화설비에는 옥내소화전, 스프링클러의 설치와 소화기 비치 등이 있고 경보실에는 비상경보설비(비상벨 · 자동식 사이렌), 비상방송설비, 누전경보기, 자동화재탐지설비, 가스누설경보기 등이 있다. 화재가 발생했을 때의 피난설비로는 유도등, 비상조명등 등이 있다. 백화점과 같이 살수를 하면 안 되는 곳은 NAF 가스로 소화하며, 하론 또는 CO_2 소화기도 사용한다.

1. 옥내소화전

소화용 급수전으로 4층 이상인 건물을 전층에 설치해야 하며, 설치간격은 수평거리 25m 이하이어야 한다.

2. 스프링클러 (Sprinkler)

화재시 천장에서 부채꼴형으로 물을 자동분사하는 소화전이다. 천장 속에 배수관을 배치하고 배수관의 말단부를 천장에 고정한 후 이 말단에 분사용 Head를 끼운 소화설비이다. 미관상 플러시형과 원형이 많이 사용된다. Sprinkler head의 설치간격은 건물의 용도 및 구조에 따라 1.7~3.2m로 한다. (※ 스프링클러의 설치기준은 소방법 시행령에 따른다.)

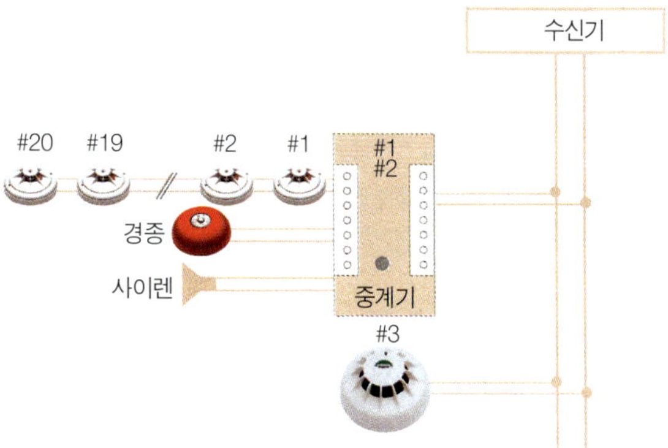

그림 18-34 소화설비 계통도

3. 감지기

열감지기, 연기감지기, 열 · 연기감지기가 있으며, 화재가 감지되면 화재수신기에 화재신호를 발신하는 기구이다. 열감지기 1개의 경계면적은 내화구조에서는 20m², 비내화구조에서는 15m²이며, 연기감지기의 경계면적은 구조에 관계없이 150m² 정도이다.

4. 유도등

화재발생 등 비상의 경우 사람들이 혼란없이 안전한 장소로 피난할 수 있도록 보기 쉬운 장소에 설치해야 한다.

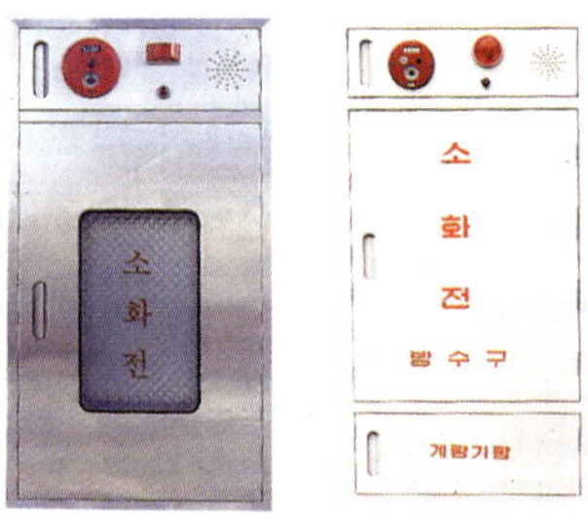

소화전함

호스걸이

감지기

발신기

경종

종합반

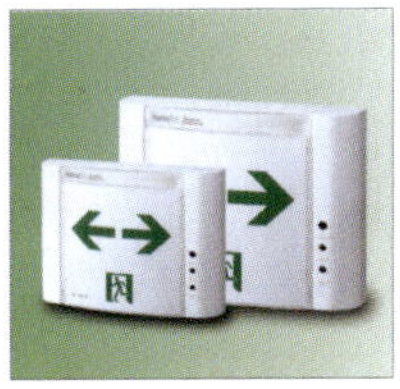
통로 유도등

피난구 유도등(천장매입형)

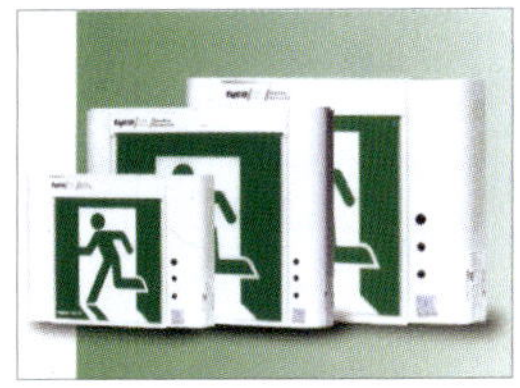
피난구 유도등(벽부착형)

그림 18-35 소화설비기구

● Sprinkler head의 종류

퓨즈블링크형

하향형

상향형

측벽형

원형

유리벌브형

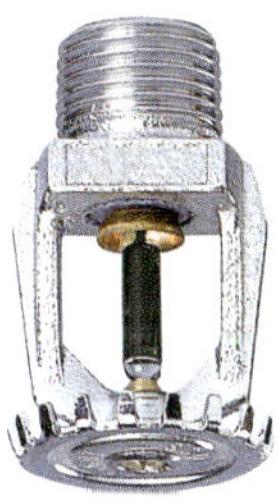
하향형

상향형

측벽형

플러시형

스프링클러 조인트

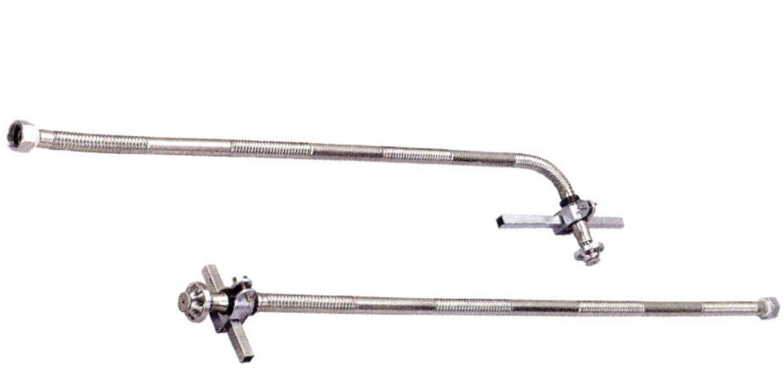

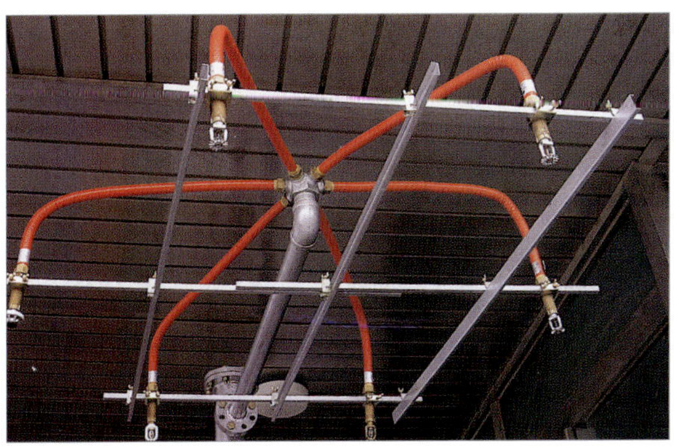

그림 18-36 스프링클러의 종류 및 헤드 고정

바닥에 S.Head 위치잡고
다림추 보기로 S.H. 위치잡기

천장에 먹줄치고 S.H. 위치잡기

스프링클러 배관

스프링클러관(소화관) 단열 · 비닐커버링

스프링클러 연결부 고정

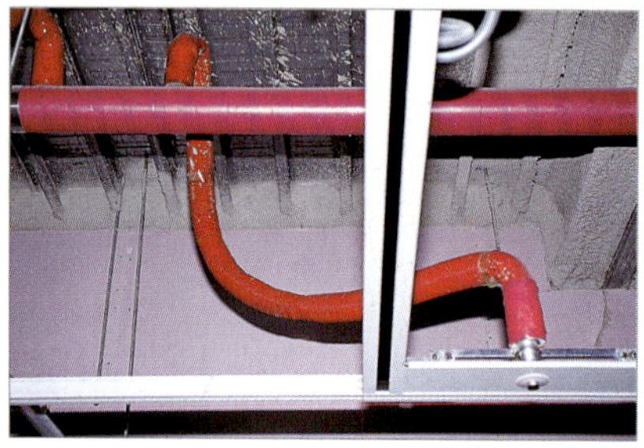

스프링클러 연결부 고정

그림 18-37 스프링클러관(소화관) 시공순서

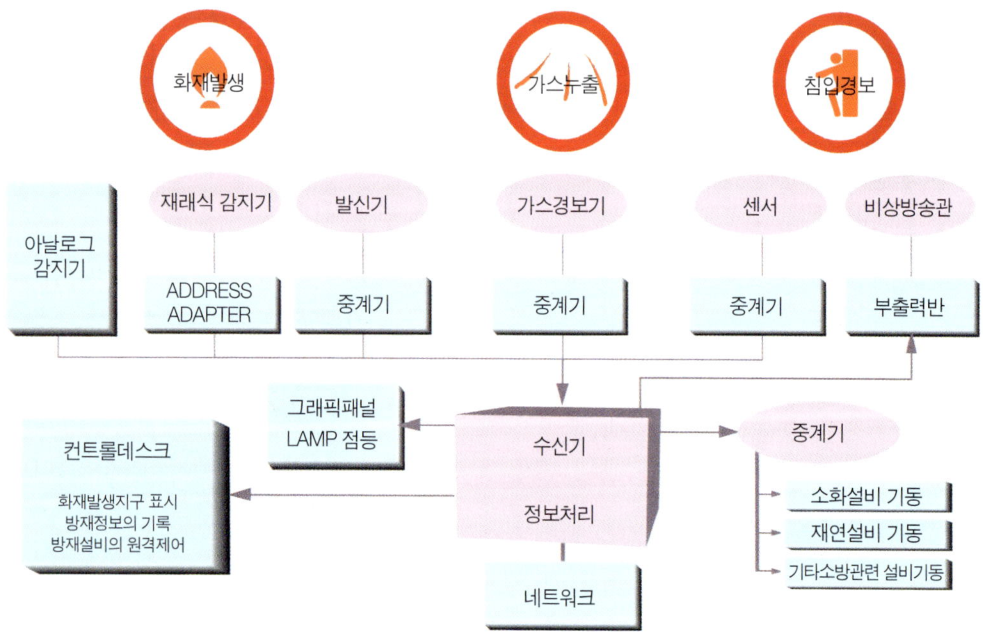

그림 18-38 종합 방재시스템 구성도

분말 소화기

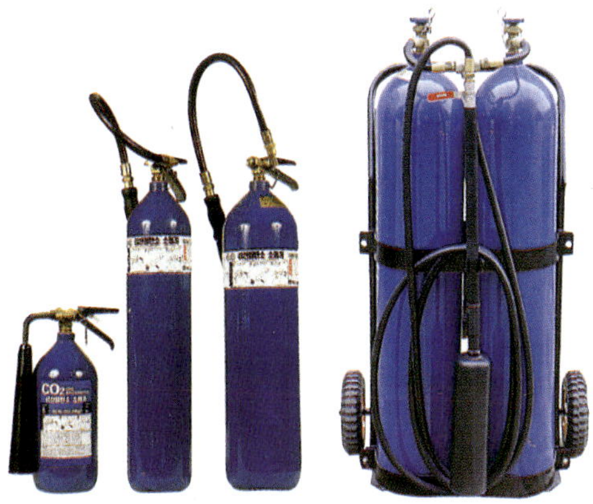

CO_2 소화기

하론 소화기

자동확산 소화기

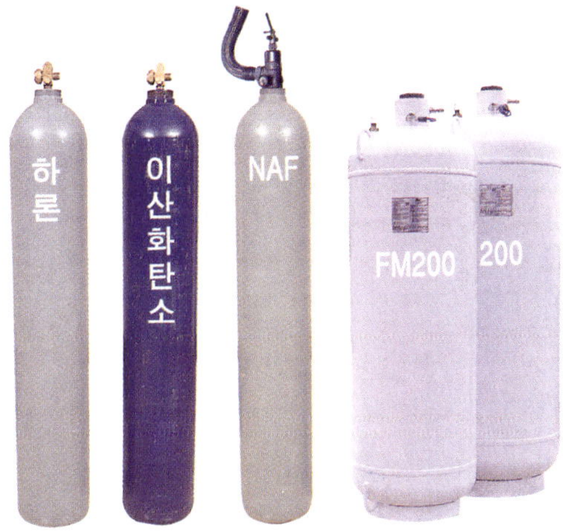

소화용 가스

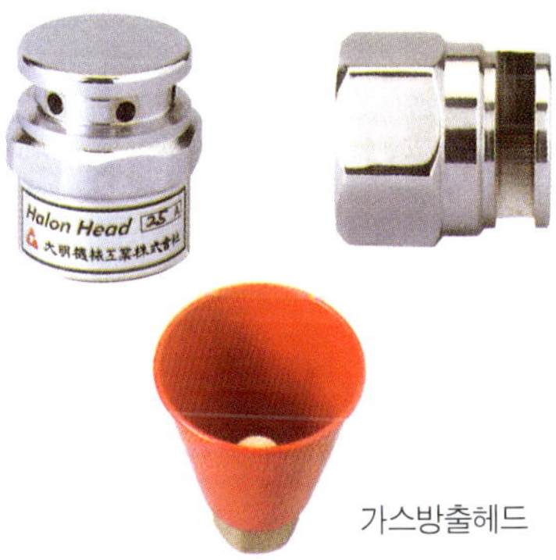

가스방출헤드

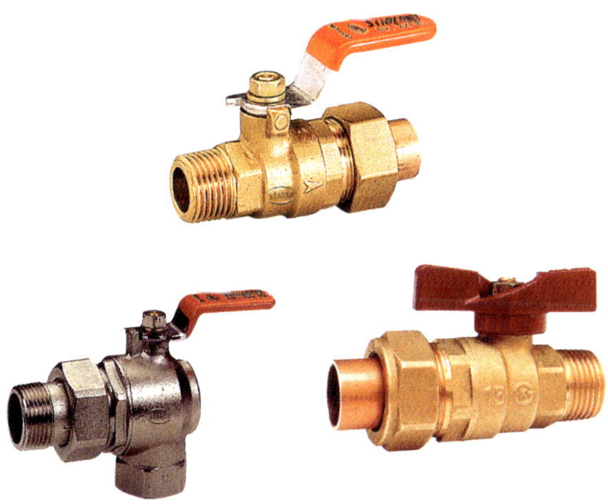

볼 밸브(Ball valve)

그림 18-39 소화기, 방출헤드, 볼 밸브의 종류

김형대

■ 학력, 경력

- 안법고등학교
  경희대학교 건축공학과
  한양대학교 대학원(건축계획)
  홍익대학교 환경대학원(실내건축설계)
- 정주건축 설계사무소
  현대건설 해외건축설계실
  한화건설 해외현장설계실
  (주)계선 인테리어시공현장
- 경희대학교 건축공학과 강사
  상명대학교 실내디자인과 강사
  동서울대학교 건축과 강사
  벽성대학교 실내디자인과 강사
- 전, 인덕대학교 실내건축디자인과 교수

■ 저서

최신 건축시공학, iD실내건축제도, 주택계획설계 외 10권

- 논문

한국적 이미지를 나타내는 아파트 실내디자인에 관한 연구 외 11편

iD 실내건축시공학

2006년 2월 25일 1판 발행
2013년 8월 10일 2판 발행
2022년 7월 15일 3판 발행

저자 | 김형대

발행인 | 강해작
발행처 | 기문당

주소 | 서울시 성동구 무학봉 28길 4-1 전화 | 02) 2295-6171~5
팩스 | 02) 2296-8188
홈페이지 | http://www.kimoondang.com

출판등록 | 1976. 10. 7(1-44)
ISBN | 978-89-6225-666-6 93540